U0924783

海水健康养殖技术丛书

HAISHUI YULEI JIANKANG YANGZHI JISHU

海水鱼类健康养殖技术

张美昭　杨雨虹　董云伟　编著

中国海洋大学出版社
·青岛·

图书在版编目(CIP)数据

海水鱼类健康养殖技术/张美昭,杨雨虹,董云伟编著.—青岛:中国海洋大学出版社,2006.12

(海水健康养殖技术丛书)

ISBN 7-81067-852-3

Ⅰ.海… Ⅱ.①张…②杨…③董… Ⅲ.海水养殖:鱼类养殖 Ⅳ.S965.3

中国版本图书馆 CIP 数据核字(2006)第 023464 号

出版发行	中国海洋大学出版社		
社　　址	青岛市香港东路 23 号	邮政编码	266071
网　　址	http://www2.ouc.edu.cn/cbs		
电子信箱	hdcbs@ouc.edu.cn		
订购电话	0532—82032573(传真)		
丛书策划	魏建功		
责任编辑	魏建功	电　　话	0532—85902121
印　　制	日照报业印刷有限公司		
版　　次	2006 年 12 月第 1 版		
印　　次	2006 年 12 月第 1 次印刷		
成品尺寸	140 mm×203 mm		
彩　　页	8		
印　　张	12.75		
字　　数	277 千字		
定　　价	26.00 元		

高体鰤幼体

点带石斑鱼（A.成鱼，B.产卵前亲鱼）

高体鰤成体

黄姑鱼

黄盖鲽

红鳍东方鲀

黑鲷

假睛东方鲀

黄条鰤

黄鳍东方鲀

黄鳍鲷

鮸鱼

塞内加尔鳎

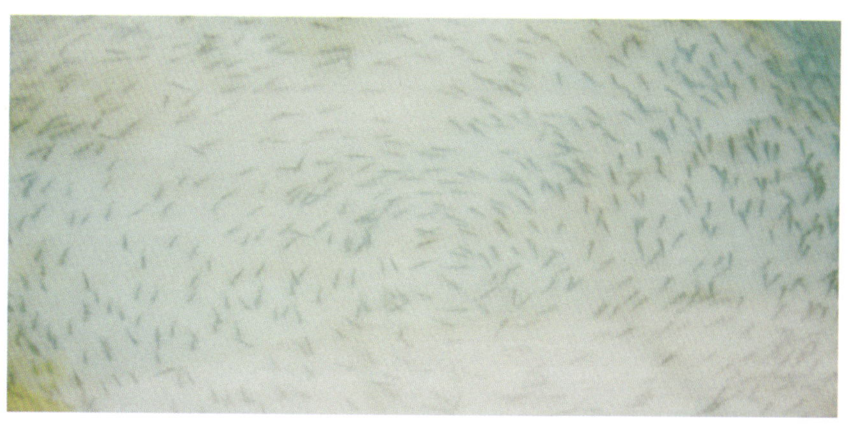

鲈鱼鱼苗

巨石斑鱼

青石斑鱼

鲯鳅鱼种

平鲷

鲻鱼鱼种

云纹石斑鱼（A.成鱼，B.产卵前亲鱼）

真鲷

圆斑星鲽

大黄鱼

赤点石斑鱼

半滑舌鳎

条斑星鲽

小黄鱼

牙鲆

五条鰤幼体

五条鰤成体

日本黄姑鱼

育苗场外景

育苗车间

轮虫培养

网箱养鱼

前　言

我国是世界渔业大国，也是水产养殖大国。然而相当长一段时期，由于技术水平及养殖方式的限制，发展相当缓慢。改革开放以来，水产养殖业不断得到发展和壮大，主要表现在养殖技术的逐步提高、养殖面积的不断扩大、养殖种类的大量增多、养殖产量的大幅增加等方面。但作为该产业中的主力军——海水鱼类养殖，我国与渔业发达国家相比，技术水平还比较低，养殖产量还很有限，生产中还存在许多的问题。特别是近几年来，人们对水产品的安全质量问题越来越重视，绿色无公害的健康食品成为消费的时尚。因此，大力倡导和发展无公害水产品的健康养殖，提高产品的质量和档次，就必须要求养殖业者转变观念，掌握新技术，生产健康的绿色食品，满足人们的绿色消费需求。

本书以当前我国主要海水鱼养殖品种为对象，根据目前生产发展的实际，本着先进与实用的原则，参阅了大量资料，同时参照国家农业部有关单项无公害养殖技术标准的要求，从无公害健康养殖生产的角度，结合编著者的实践经验进行编写。以面向群众、立足技术与知识推广为主旨，力求做到通俗易懂、实用性强、便于操作。内容包括了我国沿海常见的主要养殖鱼类，分别从其生物学、苗种培育及成鱼的健康养殖等方面介绍了生产中的配套技术；概括了海水鱼类养殖的基础知识和养殖模式；同时还列举了正在开发或有待开发养殖的部分经济价值较高的鱼类的生物学知识。该书可供广大海水鱼类养殖生产者、基层水产技术推广人员应用，也可供科研、教育工作者参阅。

限于编者的水平，书中难免有不当之处，敬请读者批评指正。同时对所采用资料的原作者致以谢意。

编著者

2006 年 10 月

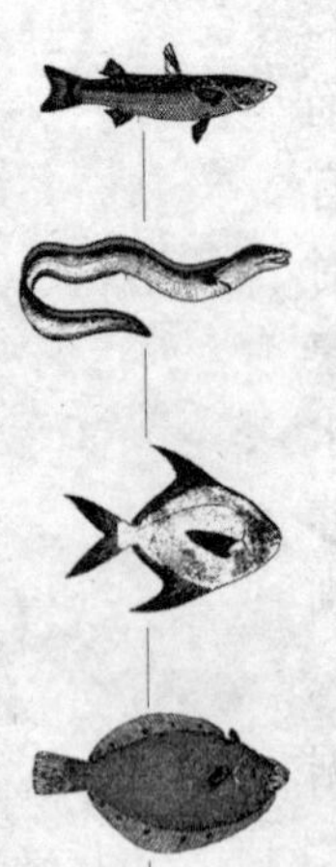

目 次

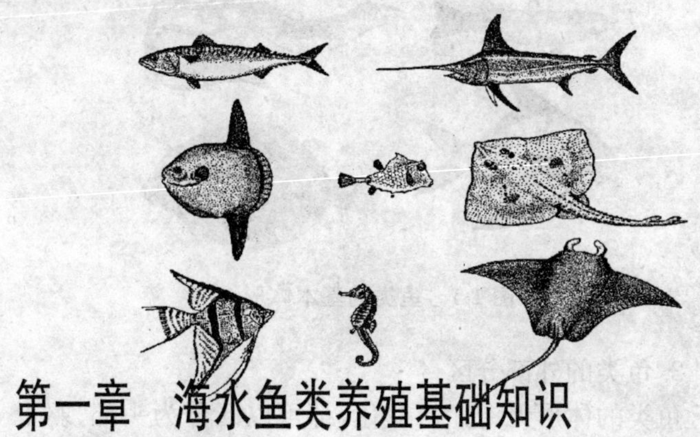

第一章　海水鱼类养殖基础知识

鱼类是终生生活于水中的脊椎动物。经过亿万年的演化和适应，造就了鱼类外部形态和内部结构的多样性。因此，适当地了解鱼类的生物学知识，对养殖工作者是非常必要的。

第一节　鱼类的外部形态与内部结构

一、鱼类的外部形态

1. 鱼类的体形

鱼类在长期的自然发展过程中，为了适应生活及所处的环境条件，形成了不同的体形。归纳起来可分为四种基本类型，即纺锤形、侧扁形、平扁形和棒形(图 1-1)。

图 1-1　鱼类的基本体形

2. 鱼类的外部分区

鱼类的体形无论如何变化，都可以区分为头部、躯干部和尾部三个主要部分(图1-2)。

头部位于鱼体的最前端，主要器官有吻、口、须、鼻、鳃孔等。

躯干部占据鱼体的最大部分，也是食用的主要部分。通常体表有钙质所组成的外骨骼——鳞片(部分鱼属无鳞鱼，如鲇、鳗类等)；并且在体侧中部常布有一条穿过鳞片的、具有水流感受功能的器官——侧线；在躯干部的背、腹、胸位分别有游泳器官——背鳍、腹鳍和胸鳍，具有执行鱼体前进、倒退、拐弯和调节鱼类在水中平衡功能。

尾部是指肛门以后至尾鳍末端的部分，此部分除包括狭长的尾干部、第 2 背鳍的延伸部分外，尚有与背鳍相对应的臀鳍；尾鳍是鱼体上最主要的特征，形状依鱼种而异，通常分为叉形、扇形，也有的退化成鞭状。尾鳍主要功能是推动鱼体前进，起舵的作用。

3. 鱼体的长度测量及名称

鱼体主要常规测量项目如图 1-2 所示。另外，在描述鱼类的主要形态时还常常用到下列几个名词。

(1)吻部：从眼前缘到上颌前端的部位。

(2)眼间隔：鱼头背部两眼之间的距离。

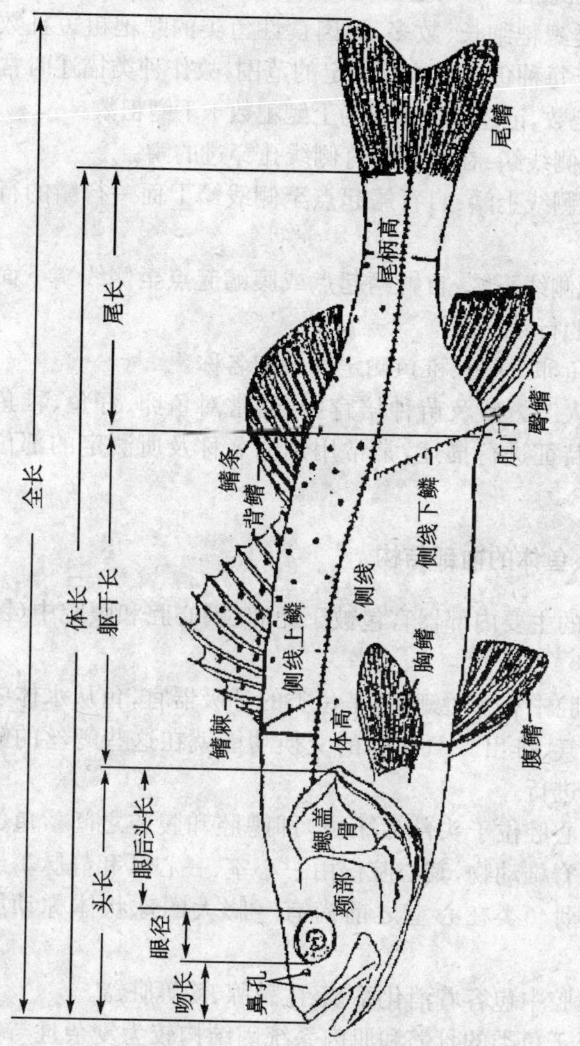

图1-2 鱼类的外形图（花鲈）(引自雷霁霖，2005)

(3)鳃耙：与鳃瓣相对应的在鳃弓上向前内方生长的条状物称为鳃耙。鳃耙主要与鱼的摄食有关，一般浮游生物食性鱼类鳃耙细长、数多，而肉食性鱼类的鳃耙粗短且数少。由于每种鱼鳃耙数有一定的范围，故作种类描述时常记述鳃耙数，记述方法一般为上鳃耙数＋下鳃耙数。

(4)侧线鳞：在鱼体侧有侧线孔穿过的鳞。

(5)侧线上鳞：自背鳍起点至侧线鳞上面一行鳞的行数。

(6)侧线下鳞：自臀鳍起点或腹鳍起点至侧线鳞下面一行鳞的行数。

4. 鱼卵、仔鱼、稚鱼测定部位和名称

在人工繁殖及苗种培育中，通常对鱼卵、仔鱼、稚鱼的发育特征进行描述，常常用到的名称及所测定的部位如图 1-3。

二、鱼体的内部结构

鱼的主要内部器官包被于鳃腔、围心腔和腹腔中(图 1-4)。

鳃腔中有 4 对鳃瓣，是鱼类的呼吸器官，鱼从水体中吸取氧气、排出二氧化碳的交换功能就在这些鳃丝的鳃小瓣上进行。

围心腔位于头部后下方，即鳃腔和腹腔之间。鱼类属低等脊椎动物，其心腔仅由一心室、一心耳和静脉窦组成。硬骨鱼类在心室之前尚有一膨大的球状体称动脉球。

腹腔中包容着消化系统、生殖腺、鳔等脏器。

至于鱼类的骨骼和肌肉系统因结构较为复杂且与养殖技术关系较小，故不作论述。

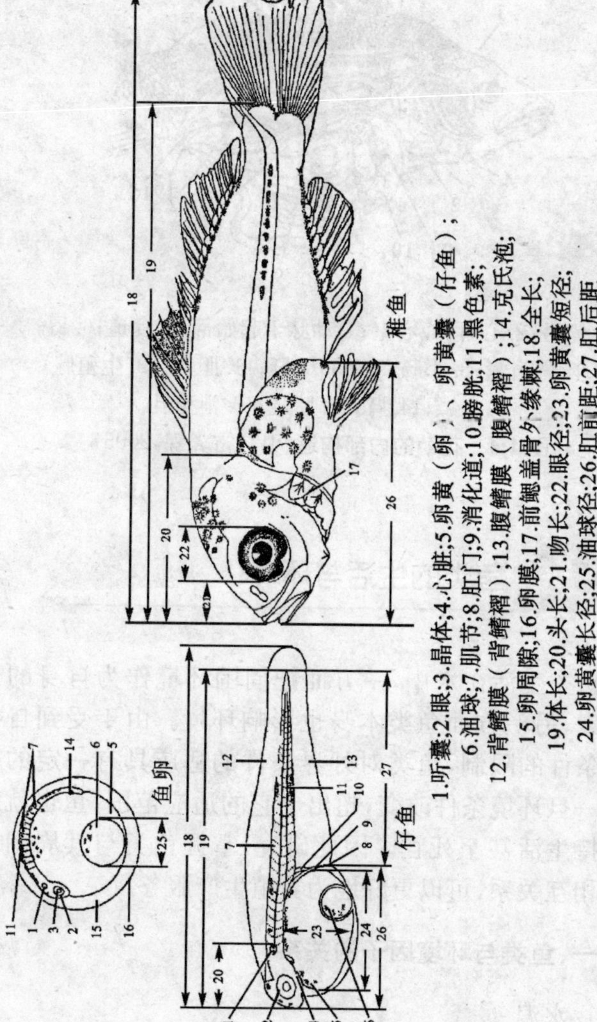

1.听囊;2.眼;3.晶体;4.心脏;5.卵黄（卵）、卵黄囊（仔鱼）;6.油球;7.肌节;8.肛门;9.消化道;10.膀胱;11.黑色素;12.背鳍膜（背鳍褶）;13.腹鳍膜（腹鳍褶）;14.克氏泡;15.卵周隙;16.卵膜;17.前鳃盖骨外缘棘;18.全长;19.体长;20.头长;21.吻长;22.眼径;23.卵黄囊短径;24.卵黄囊长径;25.油球径;26.肛前距;27.肛后距

图1-3 鱼卵、仔、稚鱼测定部位及名称(引自张仁斋，1985)

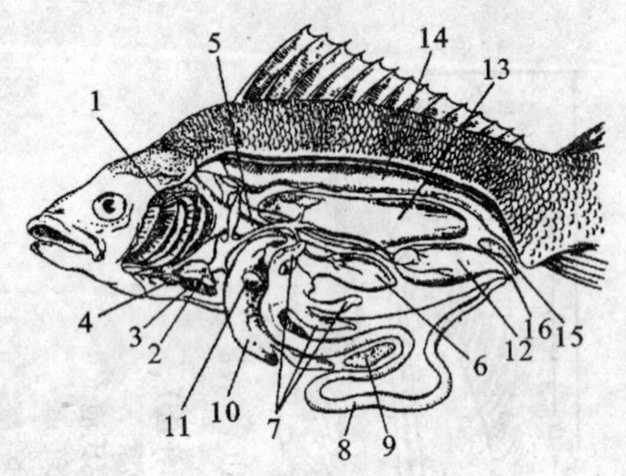

1. 鳃弓；2. 心耳；3. 心室；4. 动脉干起始部；5. 食道；6. 胃；7. 幽门盲囊；8. 小肠；9. 脾；10. 肝；11. 胆囊；12. 生殖腺；13. 鳔；14. 肾；15. 膀胱；16. 泄殖孔

图 1-4　花鲈的内部构造(引自雷霁霖，2005)

第二节　鱼类的生活与环境

鱼类生活在水中，一方面把周围环境作为自身的生活因素，另一方面鱼类本身也影响环境。由于受到自身生理条件的限制，鱼类对外界条件的适应具有一定的范围。一旦环境条件改变，超出了它的适应范围，鱼也就难以维持生活甚至死亡。因此研究、掌握鱼类与其周围环境的相互关系，可以更好地为养殖生产服务。

一、鱼类与环境因子的关系

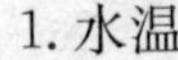

1. 水温

鱼类是变温动物，它们的体温几乎完全随着环境温度的变化而相应地变化。水温直接或间接地影响鱼类的生长和发育。鱼类都具有其生存的最适温度，在此范围内，随着水温的升高，呼吸、摄食、消化机能旺盛，生长迅速。若超过了适温范围，则可导致代谢失调，甚至引起鱼类的死亡。因此，在养殖某种鱼时，最好在其生长的适温范围内，尽量把温度提高，以加速其生长。

根据对温度变化的耐受能力的不同，鱼类可分为广温性鱼类和狭温性鱼类两种类型。前者大多生活在沿海近岸水域（包括内陆水域），适应水温多变的环境，如梭鱼、花鲈等；后者适温范围窄，经受不住温度的剧变，如果温度变化过大，将有导致死亡的危险，如遮目鱼、金枪鱼等热带性鱼类和大麻哈鱼、虹鳟等冷水性鱼类。

2. 盐度

根据对盐度的适应情况，可将鱼类分为四大类群：

（1）海水鱼类：只适应生活于盐度较高的水域，终身生活在海洋内，如大黄鱼、带鱼等。

（2）淡水鱼类：只能适应极低的盐度，终身生活在淡水中，如鲤鱼、鲫鱼等。

（3）洄游性鱼类：对盐度的适应有阶段性，有的鱼类大部分时间适应低盐度的淡水生活，而只有在短期内（生殖时期）才进入海水中生活，如鳗鲡。有些在海中生活的鱼，如大麻哈鱼、鲥鱼等，到了生殖时期即上溯至江河中产卵。

（4）河口性鱼类（又称半洄游鱼类）：大部时间生活于盐度介于淡水和海水之间的河口附近海区，如刀鲚、凤鲚及银鱼中的部分种类。

鱼类能够在不同盐度的水域中正常生活，与其具有完善的生理调节机制有关（图 1-5），但这种调节作用只能局限于一定盐度范围内，如果超越则导致鱼体功能的失调。因此按对盐度适应能力大小，鱼类可分为广盐性和狭盐性两类。

很多鱼对于盐度的缓慢变化，表现出很大的忍耐性，使广盐性鱼类可以从淡水驯化到半咸水，或从海水驯化到淡水中生活。利用这一特点，在生产上出现了海淡水养殖相互兼容的产业，如梭鱼苗的淡水驯化；罗非鱼、鲑、鳟鱼类的咸淡水及海水中养殖等。

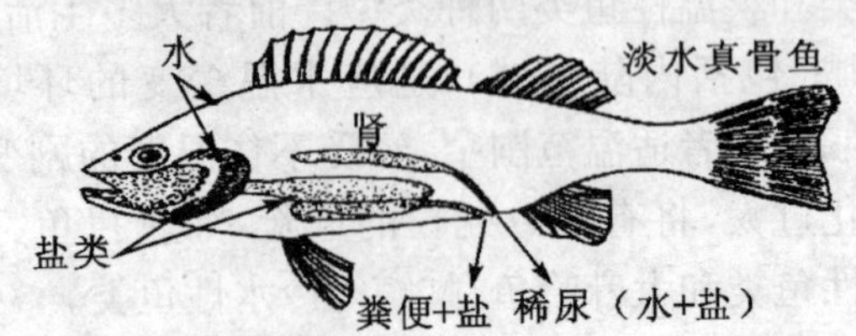

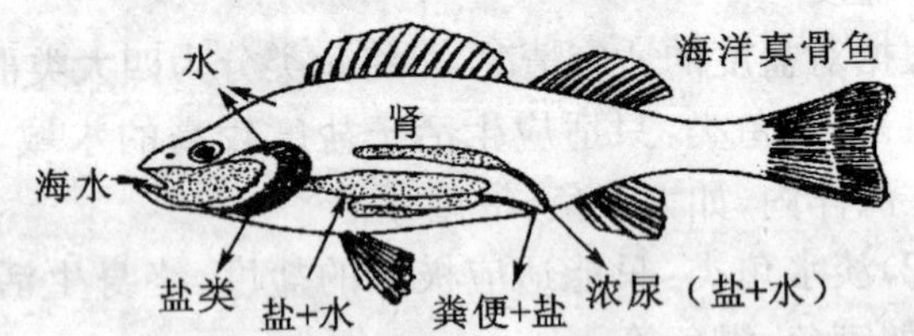

图 1-5　淡、海水真骨鱼类调渗原理比较

（引自童裳亮，1988）

3. 溶解氧

水中的溶解氧，是鱼类生活的重要条件之一。鱼类如同其他动物一样，如果没有氧气通过血液循环，进入机体各组织，则不能保证鱼类新陈代谢的正常进行，鱼类就不能生存下来，所以水体中的溶解氧对鱼类的生命活动极为重要。

水中溶解氧含量随着温度的升高而降低，海水的含氧量又比淡水少（表 1-1），因此生活于海水的鱼类，表面上看要比淡水鱼类更容易出现缺氧现象。

表 1-1 不同温度下海、淡水中的饱和溶解氧含量

水温℃	淡水含氧量		海水含氧量(盐度 32)	
	mL/L	mg/L	mL/L	mg/L
0	10.22	14.60	8.21	11.74
5	8.93	12.76	7.23	10.34
10	7.89	11.27	6.44	9.21
15	7.05	10.07	5.79	8.28
20	6.35	9.07	5.26	7.52
25	5.77	8.25	4.81	6.88
30	5.28	7.55	4.43	6.33

通常情况下，自然水域中的鱼类不存在缺氧现象。但在人工集约化养殖中，由于高密度鱼群的需氧量增加，加上水中有机物的耗氧，致使水中溶解氧不足，引起鱼类缺氧“浮头”。如得不到及时救治，则大批鱼会死亡。对池塘养鱼来说，出现上述现象，多在夏秋高温季节的晨曦前后；冬季缺氧多发生在北方地区的冰雪封冻期。

溶解氧不仅对鱼类有直接影响，而且对鱼类能产生间接影响。充足的溶解氧，能促进好气性细菌对有机物的分解，加快水体内物质循环速度，有利于天然饵料的繁殖生长等；相反，若水体氧气条件低劣，有机物分解迟缓，从而败坏水质，对鱼类将起到毒害作用或不良影响。

溶解氧主要是由大气中溶入和浮游植物或其他水生植物的光合作用产生，其消耗，主要是水生生物的呼吸和有机物分解。在池塘精养换水不便的条件下，溶解氧的消耗比较显著，经常表现出较明显的昼夜变化、季节变化和垂直变化。

4. 酸碱度(pH)

酸碱度即指水中氢离子浓度，一般以 pH 表示。它也是水环境的一个重要指标，能够直接影响到鱼体的生理状况。pH 的变化受很多因子影响，主要决定于水中游离二氧化碳和碳酸盐的比例，同时还与水中生物的光合作用和呼吸作用有关。另外，水体中的离子交换缓冲系统对稳定水体本身的 pH，也起到至关重要的作用。

海水的 pH 通常为 8.0～8.4，完全适应于一般鱼类的要求。当 pH 超出极限范围时，往往会破坏鱼类皮肤黏膜和鳃组织，而直接造成危害。

5. 其他气体

水中的二氧化碳、硫化氢、氨等也是对鱼类影响较大的因素。虽然二氧化碳对养殖鱼类的直接危害并不十分明显，但在密封条件下运输鱼苗、鱼种时，有可能发生二氧化碳中毒现象，应特别注意。

硫化氢是在溶解氧不足时，含硫的有机物经嫌气性细菌分解产生，因此硫化氢的存在与否，可以反映出水体是否存在缺氧或无氧。硫化氢对鱼类的毒害作用很强，易与血红蛋白中的铁化合而使其失去载氧能力。因此在小水体的精养条件下，要防止硫化氢的产生。

氨亦是在缺氧或氧气不足的情况下，含氮有机物分解而成，通常在水中是以氨和铵离子的形式共存。铵离子对鱼类基本没有毒性，而氨对于鱼类是极毒物质。因此，可以通过降低温度和减小 pH 的方法，使氨转化为铵离子，减小其毒性。

6. 光线

光的照射强度、照射时间对鱼类的生活，有着重大影响。很多鱼对于光线有明显的趋光性，这一原理目前已

被应用到灯光捕鱼。多种鱼的仔鱼在水层中的分布，都随着光线的昼夜变化而变化。光线对鱼类的摄食、胚胎发育、性腺发育、颜色等都有一定的影响。

7. 底质及悬浮物

底质有沙砾、软泥、岩石及珊瑚礁等类型。底质与鱼类的繁殖、索饵和越冬具有密切关系。

海水中悬浮微粒在许多方面对鱼类产生影响。在悬浮微粒过多时，透明度降低，不利于天然饵料的繁生，亦会使鱼类造成呼吸困难和窒息现象。不过鱼类也有很好的适应方式，其皮肤分泌的黏液能使水中悬浮微粒很快地下沉，以致使鱼体周围有一层清水。

二、鱼类与生物因素的关系

鱼类与其他水生生物之间的关系甚为密切，也非常复杂，主要表现为残食、共生、共栖、寄生、食物竞争等形式。但实质上都是表现为营养间的关系，彼此相互依存，相互制约。由于其关系复杂，而且除与病害之间的关系与养殖有关外，其他关系与养殖不太密切，因此，此处不再详述。

第三节 海水主要养殖鱼类

我国海水鱼养殖的历史，虽然已有 400 余年，但真正快速发展的时间只不过 20 多年。20 世纪 80 年代大规模发展的网箱养鱼，改变了我国海水鱼养殖业的状况。目前，我国海水鱼养殖业已进入了欣欣向荣的阶段，主要表现在养殖规模的不断扩大、养殖技术的不断提高、养殖品种的不断增加、养殖理念的不断更新。

从理论上讲，大凡海水鱼类都是可以进行人工养殖的，但大多数鱼并没有、至少目前还没有养殖价值。因此当前作为养殖、特别是商业性养殖的种类只有百种左右，大规模养殖的种类则更少。针对这些主要养殖鱼类，并结合我国水域特征，尽量发挥本地优势，自主选择合适的已养品种、驯化野生种类和引进外地的优良品种开展养殖，实现养殖的多样性，以避免出现一哄而上、养殖品种过于集中的弊病，现将有关养殖主要鱼种及其生态类型列于表 1-2。

从表 1-2 可见，当前海水鱼类主要是近岸浅海高经济价值的暖温、暖水种和少数冷温种。从食性上看，除少数腐屑、杂食性的以外，大多数都是肉食性的，因此，海水养鱼属于高投入、也是高产出的养殖产业。

表 1-2　海水养殖鱼类名录、生态类型与养殖地区表

鱼的种类	适温生态类型	养殖现状	主要养殖地区	备注
条纹斑竹鲨 *Chiloscyllium plagiosum*	暖温	网箱	中国	
中华鲟 *Acipenser sinensis*	暖水	小规模增、养殖	中国	黄鱼、苦腊子
遮目鱼 *Chanos chanos*	暖水	中等规模的池塘养殖	中国、东南亚	虱目鱼、细鳞鱼
鲥鱼 *Macrura reevesii*	暖水	小规模池养	中国	三来、鲥刺
斑鰶 *Clupanodon punctatus*	暖水	小规模池养	中国、韩国	油鱼、扁鰶
大西洋鲑 *Salmo narka*	冷温	网箱养殖	北欧	

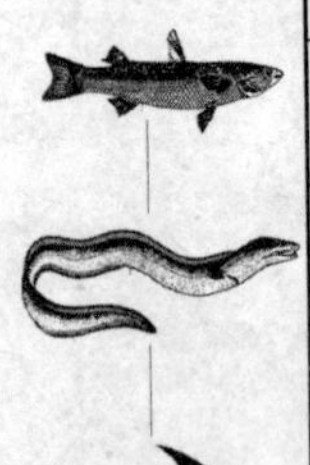

(续表)

鱼的种类	适温生态类型	养殖现状	主要养殖地区	备注
大鳞大麻哈鱼 *Oncorhynchus tschawytscha*	冷温	放流、网箱小规模	美国、日本	
硬头鳟 *Salmo gairdneri*	冷温	网箱养殖	北欧、英国、法国、美国	
虹鳟 *Salmo indeus*	冷温	网箱养殖	中国、日本、韩国	鳟鱼
银大麻哈鱼 *Oncorhynchus kisutch*	冷温	网箱养殖	美国、加拿大、日本	
香鱼 *Plecoglossus altivelis*	冷温	海水放流增殖	中国、日本、韩国、俄罗斯	海苔鱼、鲜苔鱼、油香鱼
日本鳗鲡 *Anguilla japonica*	暖温	池塘、工厂化	中国、日本	白鳝、鳗鱼
欧洲鳗鲡 *Anguilla anguilla*	暖温	池塘、工厂化	中国、日本	河鳗
康吉星鳗 *Conger myriaster*	暖温	网箱、工厂化	中国、日本	星鳗
大西洋鳕 *Gadus morhua*	冷温	小规模网箱	挪威	大头鱼
三斑海马 *Hippocampus hippocampus*	暖水	工厂化养殖	中国	
大海马 *Hippocampus kuda*	暖水	工厂化养殖	中国	
日本海马 *Hippocampus japonicus*	暖温	工厂化养殖	中国、埃及、俄罗斯、法国	

（续表）

鱼的种类	适温生态类型	养殖现状	主要养殖地区	备注
鲻 *Mugil cephalus*	暖水	池塘养殖	中国、日本、美国、意大利、东南亚	乌鲻、青眼鲻
金鲻 *Mugil auratus*	暖水	池塘养殖	意大利、希腊、俄罗斯	
大鳞鲻 *Mugil macrolepis*	暖水	池塘养殖	中国、印度	
厚唇鲻 *Mugil labrosus*	暖水	池塘养殖	意大利、法国	
梭鱼 *Mugil soiuy*	暖温	池塘养殖	中国、韩国、日本、俄罗斯	红眼梭
棱梭 *Liza carinatus*	暖温	池塘养殖	中国	
四指马鲅 *Eleutheronema tetradactylum*	暖水	池塘养殖	中国、印度、巴基斯坦	
花鲈 *Lateolabrax japonicus*	暖温	池塘、网箱	中国、日本、韩国	寨花、鲈鱼
尖吻鲈 *Lates calcarifer*	暖水	池塘、网箱	中国、泰国、新加坡、马来西亚	红目鲈、海鲈
条纹鲈 *Roccus saxatilis*	暖温	池塘、工厂化养殖	美国、法国、西班牙、中国、日本	条纹狼鲈
青石斑鱼 *Epinephelus awoara*	暖水	工厂化、网箱养殖	中国	青斑、泥斑

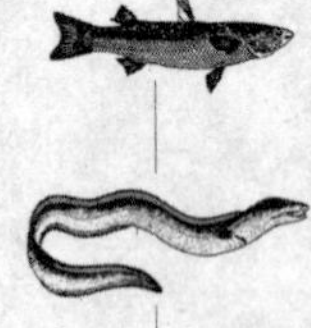

（续表）

鱼的种类	适温生态类型	养殖现状	主要养殖地区	备注
赤点石斑鱼 *Epinephelus akaara*	暖水	工厂化、网箱养殖	中国、新加坡、日本	红斑、花斑
点带石斑鱼 *Epinephelus coioides*	暖水	工厂化、网箱养殖	中国	
宝石斑鱼 *Epinephelus areolatus*	暖水	小规模网箱	中国	
驼背鲈 *Cromileptes altivelis*	暖水	小规模网箱	中国	老鼠斑
锯鮨 *Centropristes striatus*	暖水	网箱	美国	
黄条鰤 *Seriola aureovittata*	暖水	网箱	中国、日本	黄健牛
五条鰤 *Seriola guinqueradiata*	暖水	网箱	日本	
高体鰤 *Seriola dumerili*	暖水	网箱	中国、日本	杜氏鰤、紫鰤
拟鲹 *Pseudocaranx dentex*	暖水	网箱	日本	
卵圆鲳鲹 *Trachinotus avatus*	暖水	网箱	中国	鲳鲹、黄腊鲳
金枪鱼 *Thunnus thunnus*	暖水	网箱	日本	
军曹鱼 *Rachycentron canadum*	暖水	网箱	中国、日本	海鲡、海干
鲯鳅 *Coryphaena hippurus*	暖水	网箱	澳大利亚、新加坡	铡刀鱼、荫凉鱼、鲳鱼
胡椒鲷 *Plectorhynchus cinctus*	暖水	网箱	中国、日本	打铁婆

(续表)

鱼的种类	适温生态类型	养殖现状	主要养殖地区	备注
斜带髭鲷 *Hapalogenys nitens*	暖水	网箱	中国	唇唇
断斑石鲈 *Pomadasys hasta*	暖水	网箱	中国	头鲈、石鲈
三线矶鲈 *Parapristipoma trilinetus*	暖水	网箱、池塘	中国	
大黄鱼 *Pseudosciaena crocea*	暖水	网箱、池塘大规模	中国	大黄花鱼
鮸状黄姑鱼 *Nibea miichthioicles*	暖水	网箱	中国	白鮸
浅色黄姑鱼 *Nibea chui*	暖水	网箱	中国	
鮸鱼 *Miichthys miiuy*	暖水	网箱	中国	鳘鱼、鳘子
褐毛鲿 *Megalonibea fusca*	暖水	网箱	中国	
黄姑鱼 *Nibea albiflora*	暖水	网箱、池塘	中国、日本	黄婆鸡
眼斑拟石首鱼 *Sciaenops ocellatus*	暖水	网箱、池塘	中国、美国	红拟石首鱼、美国红鱼
云纹犬牙石首鱼 *Cynoscion nebulosus*	暖水	网箱、池塘	美国	斑点海鳟
多须石首鱼 *Pogonias cromis*	暖水	池塘	美国	
羊头原鲷 *Archosaryus probatocephalis*	暖水	池塘	美国	
黑鲷 *Sparus macrocephalus*	暖水	网箱、池塘	中国、日本	黑加吉、海鲋

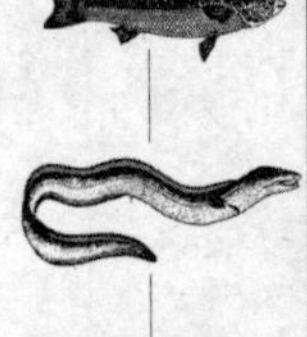

(续表)

鱼的种类	适温生态类型	养殖现状	主要养殖地区	备注
平鲷 *Rhabdosargus sarba*	暖水	网箱	中国	黄锡鲷
灰鳍鲷 *Sparus berda*	暖水	网箱	中国	
黄鳍鲷 *Sparus latus*	暖水	网箱	中国	黄脚立、黄翅
金鲷 *Sparus anrata*	暖水	网箱、池塘	中国、澳大利亚、新加坡	
真鲷 *Pagrosomus major*	暖水	网箱	中国、日本、韩国	红加吉、加吉鱼
条石鲷 *Oplegnathus fasciatus*	暖温	网箱	日本、中国	
黄斑篮子鱼 *Siganus oramin*	暖水	网箱	中国	
勒氏笛鲷 *Lutjanus russelli*	暖水	网箱	中国	
紫红笛鲷 *Lutjanus argentimaculayus*	暖水	网箱	中国	红鲅、银纹笛鲷
白斑笛鲷 *Lutjanus bohar*	暖水	网箱	中国	
锄齿鲷 *Evynnis japonicus*	暖水	网箱、池塘	日本	
二长棘鲷 *Parargyrops edita*	暖水	网箱、池塘	中国	
红鳍笛鲷 *Lutjanus erythopterus*	暖水	网箱	中国、新加坡	红鱼、红鸡
细鳞鯻鱼 *Therapon jarbua*	暖水	池塘、港养	中国	

（续表）

鱼的种类	适温生态类型	养殖现状	主要养殖地区	备注
尼罗罗非鱼 *Tilapia nilotica*	暖水	网箱、池塘	世界性	金色罗非鱼
奥丽亚罗非鱼 *Tilapia aurea*	暖水	网箱、池塘	世界性	兰罗非鱼
红罗非鱼 *Tilapia* sp.	暖水	网箱、池塘	中国、美国、日本	
斑石鲷 *Hoplegnathus punctatus*	暖水	网箱	中国、日本	
篮子鱼 *Siganus fuscescens*	暖水	网箱	中国	
中华乌塘鳢 *Bostrichthys sinensis*	暖水	池塘	中国	
大弹涂鱼 *Boleophthalmus pectinirostris*	暖水	池塘	中国	花跳
许氏平鲉 *Sebastodes fuscescens*	冷温	网箱	中国、日本、韩国	黑鲪、黑寨、黑老婆
褐菖鲉 *Sebastiscus marmoratus*	冷温	网箱、池塘	中国、日本、韩国	红寨
鬼鲉 *Inimicus japonicus*	冷温	网箱、池塘	日本	海蝎子
大泷六线鱼 *Hexagrammos otakii*	冷温	网箱	中国、日本、韩国	黄鱼
牙鲆 *Paralichthys olivaceus*	暖温	网箱、池塘、工厂化	中国、日本、韩国	扁口、牙片
大西洋牙鲆 *Paralichthys dentatus*	暖温	池塘、工厂化	美国、中国	夏季鲆
漠斑牙鲆 *Paralichthys lethostigma*	暖温	池塘、工厂化	美国、中国	南方鲆

（续表）

鱼的种类	适温生态类型	养殖现状	主要养殖地区	备注
大菱鲆 *Scophthalmus maximus*	冷温	工厂化	英国、德国、挪威、中国	
拟鲬鲽 *Hippoglossoides platessoides*	冷温	工厂化	英国、挪威、西班牙	
海鲽 *Platessa platessa*	冷温	工厂化	英国	
圆斑星鲽 *Verasper variegatus*	冷温	工厂化	中国、日本	花片
条斑星鲽 *Verasper moseri*	冷温	工厂化	日本、中国	
黄盖鲽 *Pseudopleuronectes yokohamae*	冷温	工厂化	中国、日本、韩国	黄盖、小嘴、沙板
石鲽 *Platichthys bicoloratus*	冷温	工厂化、网箱、池塘	中国、日本、韩国	石板、石夹
欧鳎 *Solea solea*	冷温	工厂化	英国	
塞内加尔鳎 *Solea senegalensis*	暖温	工厂化	西欧、中国	
半滑舌鳎 *Cynoglossus semilaevis*	暖温	工厂化、池塘	中国	鳎目、龙力
绿鳍马面鲀 *Navodon septentrionalis*	暖温	网箱	日本、中国	剥皮鱼、面包鱼
黄鳍东方鲀 *Takifugu xanthopterus*	暖温	池塘、网箱	中国、日本	
红鳍东方鲀 *Takifugu rubripes*	暖温	池塘、网箱	中国、日本	黑廷巴
假睛东方鲀 *Takifugu pseudomnus*	暖温	池塘、网箱	中国、日本	

（续表）

鱼的种类	适温生态类型	养殖现状	主要养殖地区	备注
暗纹东方鲀 *Takifugu obscurus*	暖温	池塘、网箱	中国	
双斑东方鲀 *Takifugu bimaculatus*	暖温	池塘、网箱	日本	
虫纹东方鲀 *Takifugu vermicularis*	暖温	池塘、网箱	日本	面廷巴

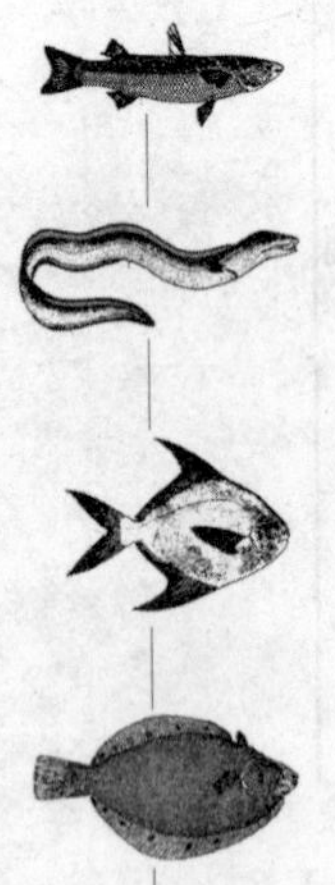

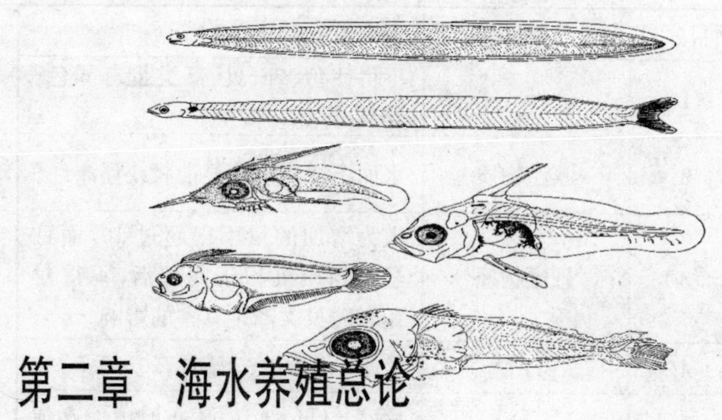

第二章 海水养殖总论

第一节 养殖水环境

一、养殖用水水质条件

水是鱼类赖以生存的基本环境条件，水质的好坏直接影响到鱼类的产量和质量，为此我国制定了渔业水质标准(表 2-1)。近年来由于无公害安全食品的提出，对水产品的质量标准要求更高，为适应这一需求——生产无公害食品，对于海水养殖用水，农业部又颁布了更为严格的要求：《无公害食品 海水养殖用水水质标准》(NY 5052—2001)(见附录 1)。

表 2-1 渔业水质标准(GB 11607—89)(mg/L)

项目序号	项目	标准值
1	色、臭、味	不得使鱼、虾、贝、藻类带有异色、异臭、异味
2	漂浮物质	水面不得出现明显油膜或浮沫
3	悬浮物质	人为增加的量不得超过 10,而且悬浮物质沉积于底部后,不得对鱼、虾、贝类产生有害的影响
4	pH 值	淡水 6.5～8.5,海水 7.0～8.5
5	溶解氧	连续 24 小时中,16 小时以上必须大于 5,其余任何时候不得低于 3,对于鲑科鱼类栖息水域冰封期其余任何时候不得低于 4
6	生化需氧量(5 天,20℃)	不超过 5,冰封期不超过 3
7	总大肠菌群	不超过 5 000 个/升(贝类养殖水质不超过 500 个/升)
8	汞	≤0.000 5
9	镉	≤0.005
10	铅	≤0.05
11	铬	≤0.1
12	铜	≤0.01
13	锌	≤0.1
14	镍	≤0.05
15	砷	≤0.05
16	氰化物	≤0.005

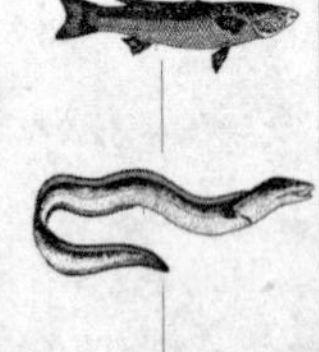

（续表）

项目序号	项目	标准值
17	硫化物	≤0.2
18	氟化物(以 F 计)	≤1
19	非离子氨	≤0.02
20	凯氏氮	≤0.05
21	挥发性酚	≤0.005
22	黄磷	≤0.001
23	石油类	≤0.05
24	丙烯腈	≤0.5
25	丙烯醛	≤0.02
26	六六六(丙体)	≤0.002
27	滴滴涕	≤0.001
28	马拉硫磷	≤0.005
29	五氯酚钠	≤0.01
30	乐果	≤0.1
31	甲胺磷	≤1
32	甲基对硫磷	≤0.000 5
33	呋喃丹	≤0.01

二、养殖用水的处理

海水鱼类养殖一般有工厂化流水养鱼、网箱养鱼、池塘养鱼等类型，无论以何种方式养殖，其水质条件必须满足国家规定的标准。但在工厂化流水养鱼过程中，特别是利用工厂化养殖设施进行苗种培育时，对水质的要求更为苛刻。因此为了满足生产的需求，一般对符合水质要求的较清澈的海水，也要经沉淀——过滤——消毒——充氧——调温等程序处理后，方可输入车间使用。

1. 沉淀

将水中的悬浮颗粒依靠重力的作用，从水中分离出来。沉淀过程简单易行，分离效果比较好，是水处理的重要工序之一。这一过程的完成一般是在沉淀池中进行。沉淀池按其形态和结构可分为多种形式，每种沉淀池都有其自身的优缺点，使用时应根据具体情况，合理选择。

2. 过滤

海水经过沉淀处理后，一般还需要进行过滤方可进入育苗车间（养成车间）。过滤一般有专用的滤池，其种类也很多（表 2-2）。目前海水养殖系统中应用最多的是以砂为滤料的快速滤池，主要有砂滤池、砂滤罐及重力式无阀砂滤池等。

表 2-2　滤池的分类

分类方式	类型
按过滤流向分类	下向流、上向流、双向流、辐射流（水平流）
按阀门的设置分类	四阀、双阀、单阀、无阀、虹吸滤池
按滤料分类	单层、双层、三层、混合滤料滤池
按冲洗方法分类	水反洗（小阻力）、中水头反洗（中阻力）、高水头反洗（高阻力）、气和水反洗、水反洗与表面冲洗
按药剂投加情况分类	沉淀后水过滤、接触絮凝过滤
按运行方式分类	间歇过滤、连续过滤

（1）砂滤池：未经过滤的海水从顶部进入，依靠水的

重力由滤床(砂层)流下,汇集到底部的贮水空间,净水从一侧流出。砂滤池体积大、用砂量多、滤速慢,但处理后的水质较好。

(2)砂滤罐:利用泵的压力,对水施加一定的压力流过滤层(多为砂层)。砂滤罐滤速较快,体积较小,所用滤料较少,同时要有反冲洗装置。虽使用管理方便,但处理的水质相对差一些,生产费用也高。

(3)重力式无阀砂滤池:具有水处理量大、处理速度快、水质好的特点,而且具有自动反冲洗的功能,是成鱼养殖过程中最常使用的过滤方法(图 2-1)。

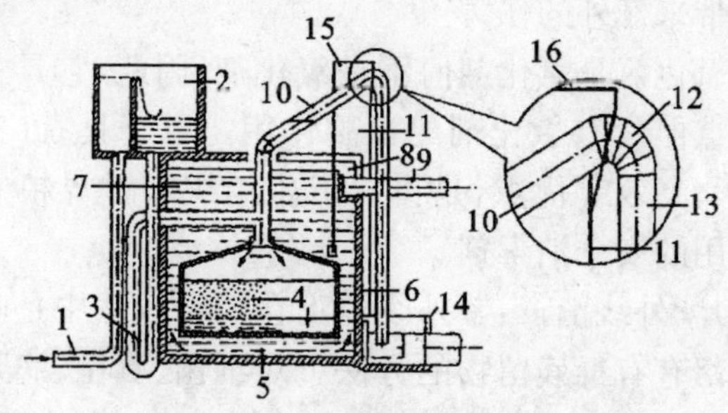

1. 进水管;2. 进水分配箱;3. U 形水封管;4. 滤层;5. 集水区;6. 连通管;7. 冲洗水箱;8. 出水槽;9. 出水管;10. 虹吸上升管;11. 虹吸辅助管;12. 抽气管;13. 虹吸下降管;14. 撑水井;15. 虹吸破坏管;16. 虹吸破坏斗

图 2-1 重力式无阀砂滤池(引自连建华,2000)

另外还有一些物理的、生物的过滤方法,如活性炭吸附、气浮分离法、生物滤池等,也逐渐应用到养殖生产中。

3. 水体消毒

其目的是防止生产中病害和敌害生物的侵害。目前较为流行的方法有紫外线、氧化剂(如氯、臭氧、溴、碘、高锰酸钾等)、某些重金属离子(银、铜等)及阳离子型表面活性剂等。

(1)氯化作用:用各种形态的氯给水消毒,价格便宜,经验成熟,是目前应用最为广泛的方法之一。生产中可以采用的氯种类很多,一般有氯气、次氯酸钙和次氯酸钠等次氯酸盐及二氧化氯等。它们都是典型的强氧化剂,在水中能与其他许多物质发生化学反应而形成新的化合物。因此,利用氯做消毒剂需要有足够的接触时间,以便让氯发挥效力,然后再采用活性炭吸附、硫代硫酸钠中和等方法,把剩余的氯气和氯化物清除掉,否则,会给养殖的苗种带来额外的伤害。

二氧化氯是氧化剂但不是氯化剂,因此,它具备氧化剂的优点但没有氯化剂的毒副作用。由于具有广谱、快速、低毒、高效等优点,是世界卫生组织和世界粮农组织推荐使用的安全消毒剂。

(2)紫外线消毒:紫外线消毒在消毒方法中是唯一不在水中留有有毒残留物的方法。对细菌、真菌、病毒和其他小型生物都具杀灭作用,虽然对其杀灭机制尚不了解,但已有相当多的事实表明紫外线能与核酸发生某种反应。产生紫外线辐射的杀菌灯种类很多,但要注意灯的使用寿命。

(3)臭氧消毒:臭氧是有3个氧原子的分子,是氧的同素异形体,纯净的臭氧在常温常压下为蓝色气体,是一种具有刺激性气味的有毒气体,使用时应特别注意。

臭氧消毒的效力高是由于它具有很强的氧化性及超强的穿透细胞壁的能力,可以分解一般氧化剂难以破坏的有机物,能对水中的硫化物、氨、氰化物进行降解。同时,臭氧具有迅速分解成氧的特性,处理后的水含有饱和

的溶解氧。因此，用臭氧水处理，既能迅速杀灭细胞、病毒，降低硫化物、氨等有害物质，又能增加水中溶解氧，从而达到净化养殖用水的目的。

臭氧能直接对水生生物和人产生毒害，而且用臭氧处理水电耗大、成本高。

表 2-3　几种常用的消毒方法比较

项目	液氯	臭氧	二氧化氯	紫外线照射
使用剂量（mg/L）	10.0	10.0	2～5	—
接触时间（分钟）	10～30	5～10	10～20	短
对细菌	有效	有效	有效	有效
对病毒	部分有效	有效	部分有效	部分有效
对芽孢	无效	有效	有效	无效
优点	便宜、成熟、有后续消毒作用	除色、臭、味效果好，现场发生，溶解氧增加，无毒	杀菌效果好，无气味，有定型产品	快速、无化学药剂
缺点	对某些病毒、芽孢无效，残毒，产生臭味	比氯贵，无后续作用	维修管理要求较高	无后续作用，无大规模应用，对浊度要求高
用途	常用方法	应用日益广泛，与氯结合生产高质量水	小水量生产	小规模应用较多

4. 增氧技术

增氧是水产养殖系统的关键性问题。常用的增氧机有重力式、水面式、涡轮式、扩散式。此外，纯氧增氧也是工厂化养鱼的重要方式，可提高水体载鱼量，促进鱼体生长，但设备及其运转费用偏高。

第二节 鱼类人工繁殖

鱼类的人工繁殖是指鱼类在人工控制条件下，使亲鱼的性腺发育成熟，并采取适当的措施，使亲鱼发情、产卵及孵化。因此，鱼类的人工繁殖一般分为亲鱼培育、催产、产卵及孵化 4 个阶段。

一、鱼类繁殖常用的生物学名词

(1)性成熟：指鱼性腺第一次发育成熟，鱼性成熟一生仅 1 次，达到性成熟的鱼常称为成鱼，性成熟以前的鱼称为幼鱼。性腺第一次发育成熟时的年龄，称为性成熟年龄。

(2)性腺成熟：指鱼性腺发育成熟，性腺成熟的鱼才能进入繁殖期，因此鱼一生通常可以有若干次性腺成熟期。

(3)绝对繁殖力：雌鱼体内怀卵的数量，也称为怀卵量。

(4)相对繁殖力：雌鱼单位体长（厘米）或单位体重（克或千克）怀卵的数量，即怀卵量除以体长或体重。

(5)成熟系数：性腺重占去内脏后的体重的百分比。

(6)排卵：卵子在成熟变化中，当达到次级卵母细胞

时,滤泡膜破裂,卵子从滤泡中解脱出来,成为游离流动的成熟卵的过程称为排卵。

(7)产卵:成熟游离的卵子在适宜的生理生态环境条件下,由卵巢腔内产出体外的过程。

(8)卵生:雌鱼将成熟的卵产到体外,在体外进行受精和发育的过程;或成熟卵在雌鱼体内受精,受精卵产到雌鱼体外进行体外发育的过程。

(9)卵胎生:成熟的卵在雌鱼体内受精,并在雌鱼体内发育,但胚体发育的营养靠自身的卵黄,除水分和矿物质外,与母体基本不发生营养联系。

(10)胎生:成熟卵在雌鱼体内受精,体内发育,其营养不仅靠本身的卵黄,而且依靠母体供给。

二、亲鱼培育

亲鱼培育是鱼类人工繁殖的首要环节,如果亲鱼培育不好,就不能获得理想的结果。

1. 亲鱼的来源

亲鱼可以从养殖的成鱼中选留培育,也可以在繁殖季节从产卵场捕获。成熟的亲鱼可直接采卵进行人工授精,或尚未成熟的亲鱼进行暂养供催产用。

2. 亲鱼的选择

挑选亲鱼要从以下几方面考虑:雌雄搭配比例、性成熟年龄、同龄中个体大小等,而且体质健壮,发育正常,没有伤病的个体。

3. 亲鱼的培育

对于养殖的亲鱼要加强培育,在培育过程中,放养密度要合理,饲料的营养要全面,要保证饲料的数量和质量。保持良好水质,特别要注意水温、盐度、溶解氧及水流等环境条件的剧烈变化及防止水质污染。

三、催产

催产就是用人工方法对性腺发育成熟的亲鱼进行催产剂(激素)注射,刺激性腺进一步成熟,从而获得成熟的卵子及精子。掌握催产季节,选择适合催产的亲鱼,在适宜的水温范围内,使用有效的剂量注射,是进行人工催产的必要条件。

用于人工催产的激素称为催产剂。目前生产上广泛使用的催产剂有鱼类的脑垂体、人绒毛膜促性腺激素(HCG)、地欧酮、促黄体素释放激素(LRH)及其类似物系列(LRH-A)等。

催产剂一般用生理盐水制成悬浊液,一般每尾鱼控制在 1～2 mL,采用体腔或肌肉注射。体腔注射是从胸鳍基部凹陷处进针,针头与体轴成 45°角刺入,把催产液注入鱼体。肌肉注射从背鳍与侧线间的肌肉处进针,先用针头稍挑起鳞片,刺入肌肉,把催产液注入鱼体。刺入的深度要视鱼体的大小灵活掌握。

一般亲鱼注射 1～2 次,也有少数注射 3～4 次。亲鱼从末次注射催产剂后到发情产卵所需要的时间称为效应时间,它随亲鱼的种类、成熟度、水温及盐度等不同而不同。

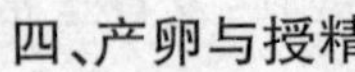

四、产卵与授精

雌、雄亲鱼经注射催产剂后,或不采取措施让其自行产卵、排精,完成受精作用,称为自然受精。有时亲鱼注射催产剂后,由于种种原因可导致滞产,引起卵子过熟,丧失受精能力。因此,鱼排卵后还需及时进行人工授精,才会有好的受精效果。

人工授精就是通过人为的措施，使精卵混合在一起完成授精作用的方法，主要有干法、湿法两种。干法人工授精是精卵混合前，不用水稀释。做法是用手轻压雌鱼腹部将卵子挤入盆内，然后再向盆内挤入雄鱼精液，用手或羽毛轻轻搅拌 1～2 分钟，使精卵混合，然后加入少量干净海水，搅拌 1～2 分钟后，静止 2 分钟，再用干净海水洗卵 2～3 次即可。湿法人工授精是先将挤出的精、卵分别用水稀释激活，然后再混合的做法。具体操作时，先将盆内放入少量干净海水，将精、卵子挤入水中，一旦激活马上混合，完成授精作用。

受精后的鱼卵一般采用容积法和重量法来计数。容积法一般适用于浮性卵，是先用量筒量出卵子的体积，再乘以单位体积的卵数。重量法是先称全部卵子的重量，再乘以单位重量的卵数。

五、孵化

鱼类的胚胎发育受许多外界因素的影响。因此，我们应该根据胚胎发育生理生态特点，创造适宜的孵化条件和进行细致的管理工作。

1. 影响孵化率的环境因素

孵化用水必须经沉淀、过滤之后才能使用。在孵化过程中要特别注意水温的控制。鱼类的胚胎发育要求有一定的温度范围，在适宜的温度范围内，孵化时间随水温的上升而缩短。但提高孵化水温将促使孵出的仔鱼变小，某些器官发育出现异常。水温在短时间内剧烈变化，还会引起胚胎畸形或死亡。另外还要根据鱼类的各自生理特点，控制好盐度、溶解氧、光照等理化因子的变动情况，尽量使之保持恒定，防止突变。

2. 孵化工具及管理

常用的孵化工具有孵化网箱、孵化缸、桶及水泥池等。

孵化的方法一般采用静水、流水充气孵化。根据不同的孵化方法，要调节好水的流速及充气量，使受精卵在水中能均匀分布而不堆集。同时要防止敌害生物进入及受精卵流失等，认真做好记录，注意水温、盐度、溶解氧及胚胎发育等变化。

3. 受精率、孵化率及出苗率的计算

受精率＝受精卵数/总卵数×100%

孵化率＝孵出苗数/受精卵数×100%

出苗率＝出苗数（下塘数）/受精卵数×100%

第三节　苗种培育

有时苗种培育人为地划分为两个阶段：孵化后至完成变态，育成 2.5～3 cm 的夏花称为鱼苗培育。夏花鱼苗经过一段时间的培育，育成 10 cm 以上的鱼种称鱼种培育，因该阶段的许多培育方法及技术要点都与鱼苗培育、成鱼养殖有相同之处，因此，本书不详细划分，统称为苗种培育。

目前苗种培育主要有工厂化育苗和池塘育苗两种方法。

一、工厂化育苗

这种育苗方式是在人为控制条件下进行的，包括水

处理、活饵料培养、水温及充气增氧等。它不受天气影响，敌害易控制，育苗比较稳定，但投资大、成本高。

1. 培育池

苗种培育池有圆形、方形及八角形等形状，建筑材料有玻璃钢、砖混结构等。面积控制在 20～50 m^2，深度不超过 2 m，池底有一定的坡度(3%～5%)，便于水流的冲刷，防止污物的堆积。

2. 水质调控

育苗用水要经过沉淀、过滤、消毒后方可使用。育苗过程中，要保证水温、盐度等因子的稳定，要有充足的溶解氧等。为达到这些基本的要求，最为有效而经济的改善水质的方法是换水。培育早期，仔、稚鱼活动能力差，换水易贴网致伤，多采取添水的办法，中、后期随着鱼苗长大，投饵量增加，池水污染加重，换水量应逐渐增大，甚至改为流水培育。常用的换水设备示意如图 2-2。另外，在育苗池中添加单细胞藻类或光合细菌等来净化水质，已成为目前健康养殖的重要手段。

滤水网目应随着鱼苗的生长，由小到大调整，在鱼苗不至于逃逸的情况下，网目越大越好。换水网应经常更换、清洗和消毒，切忌多池混用，以避免疾病传播。

3. 饵料系列与投喂

如今育苗所用饵料系列以简单化的趋势发展，主要是从开口时的轮虫，到中期的卤虫无节幼体，直到末期的配合饲料。当然还可根据鱼种的不同、当地的饵料条件，辅以贝类幼体、桡足类、鱼、虾、贝肉糜等。

鱼苗孵出后每天需要向培育池中添加微藻(主要是小球藻)或光合细菌，藻液密度为 50 万细胞/毫升，其目的不仅是调节池中的水质，还可为投喂的轮虫提供饵料。

待鱼苗开口摄食时，及时向培育池投喂开口饵料——轮虫。投喂密度为10个/毫升左右，具体情况要视水池内鱼苗的数量、池水中轮虫的剩余数量来随时调整。

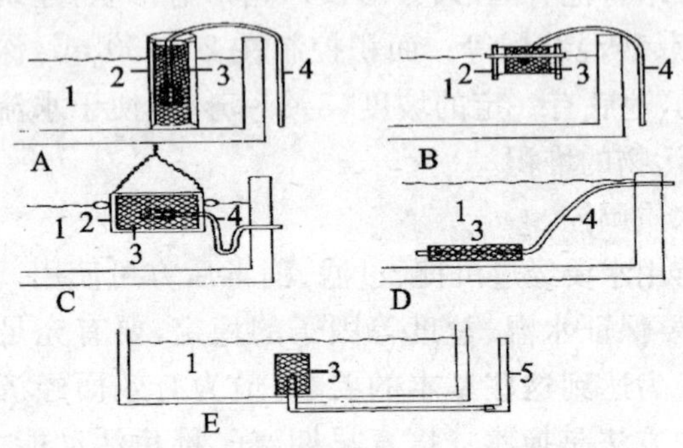

A,B. 网箱虹吸换水法　C. 压力换水法

D. 自流换水法　E. 联通控位换水法

1. 池水；2. 网框；3. 滤水网；4. 水管；5. 控水位旋转管

图 2-2　换水网具示意图(引自王克行，1997)

培育10～20天后，仔鱼可以改用卤虫无节幼体继续喂养。投喂密度为0.1个/毫升，每天最好投喂2～3次。此外，要检查培育池中是否有残饵，如没有残饵，下次投喂量要增加。如果发现池中有残饵，应停止投喂。一旦仔鱼完全摄食卤虫无节幼体，投喂量应逐渐增加。但应遵循少量勤喂的原则，注意不要投喂过量。

待培育15～20天后，可以给仔鱼投喂粒径为300 μm的商品饲料。在食性转化期间，有必要在投喂商品饲料的同时，继续投喂原先使用的饵料。随着鱼体的增大，商品饲料的投饲量应逐渐增加。最好每隔1～2小时投喂一次，这样可以保证仔鱼几乎吃完所投的饲料，保持良好的水质。

需要注意的是人工培养的轮虫营养不全面，难以满足鱼苗生长的营养需要，在使用前应进行营养强化培育。

轮虫的营养强化方法是将浓缩轮虫投入浓度为2 000万个细胞/毫升的小球藻中，轮虫密度控制在300～1 000个/毫升，同时按商品说明书向其中添加乳化鱼油等市售强化制剂，充气条件下，强化时间为6～12小时。

卤虫无节幼体同样需强化后使用，将分离出的幼体直接用乳化鱼油强化12小时以上。

4. 日常管理

育苗过程中，除上述水质调节和饵料投喂之外，还应注意下列问题：

(1)充气：充气量不宜太大，一般随鱼体增大略有增大。

(2)水面清污：由于饵料的投入，水面经常有一层油膜状的有机物泡沫，混杂着卤虫壳等，应随时清理。水面清污可以改善水与空气的接触，提高水中的溶氧量，防止细菌的大量繁殖。此外，仔鱼有上浮水面吞气的要求，特别是开鳔类鱼苗。水面清污可采用多种方法，最简单的莫过于用一只大的杯子或瓢，轻轻地舀取水面上的污物，但这种方法较费时间。另一种方法是用泡沫棒去污，先将两根棒连在一起，棒的一端垂直于培养池壁，在水面轻轻地移动，然后连同污物一起提到池外清洗。

(3)池底吸污：根据池底污物沉淀的情况，随时进行池底吸污。吸污一般采用虹吸法，在虹吸过程中，千万不要搅动池底。结束后，最好计数死鱼数，以查明原因。如发现有活的仔鱼被吸出，应及时放回原池。

(4)疾病防治：即使有良好的育苗管理措施，病害也会经常发生，其第一标志就是鱼苗每天的死亡数有所上升，症状包括食欲不振、行动迟钝、异常。这时要仔细观察鱼的体表和鱼的活动情况，彻底检查鱼体的各个部位（包括鳃、鳞、鳍），查明病原并采取相应的治疗措施。

二、池塘鱼种培育

这种育苗方式，人较难控制，易受天气的影响，但投资少、成本低、效益好。目前除部分种类因水温、盐度、充气及饵料要求不能在池塘中培育外，大部分种类都可采用池塘进行苗种培育。

1. 清塘

池塘应排水晒塘1～2周，除去过量淤泥，保留5～10 cm，最好进行耕翻后整平。然后用药物清池，一般在鱼苗下塘前7～10天进行。具体清塘方法见本章成鱼养殖一节。

2. 施肥培养饵料生物

老塘可不施或少施基肥，新塘应施足基肥，每亩[*]施300～500 kg有机肥料。利用茶饼或氨水清塘可不另施基肥。施肥后约10天，轮虫、桡足类无节幼体等饵料生物即可大量繁殖起来。

3. 鱼苗放养

初孵仔鱼第4～5天，鱼苗平游，并能主动摄食时下塘（有时还可直接将受精卵放入池中孵化）。放苗时间应根据当时水温和饵料生物的自然繁殖情况而定，要选择饵料大量繁殖期间放苗。鱼苗下塘应带水操作，每亩放养8万～10万尾为宜。随着鱼苗的长大，要及时分塘进行培育，一般在3 cm、10 cm左右长各分池一次。

[*] 本书为照顾养殖业业户习惯，仍以亩表示养殖面积。

用药物清塘的池水，放苗前应先进行“试水”，以检验药物的残留状况，当鱼苗正常时才可往池塘放苗。同时检查池中饵料生物的种类组成和数量是否适合鱼苗的需要。

鱼苗下塘时应注意池内水温、盐度，要与孵化池内的水温、盐度较接近。放苗宜选在晴天早晨8～9时。雨天或天气突然变化、降温等不宜放苗。放苗时应注意风向，防止鱼苗被风吹到岸上。放苗时要轻轻搅动池水，使鱼苗尽快扩散，防止鱼苗集中在一起。由于鱼苗细嫩，操作时要特别小心。

4. 饲养管理

鱼苗饲养管理的中心工作就是保持池水的肥度和防止水质恶化。

(1)追肥和投饲：早期和中期以施肥和泼豆浆相结合，培养活饵料供鱼苗摄食。然后根据池水的肥瘦程度和池内饵料生物种类和数量组成情况，进行追肥，以有机肥料为主，隔4～5天每亩追肥约100 kg。对植物食性鱼种后期应投喂米糠、豆饼糊及人工配合粉末饲料；肉食性鱼种则应投喂鱼、虾、贝肉糜或配合饲料。每天上、下午各喂1次。

(2)调节水质：鱼苗饲养过程中，应根据鱼苗的成长和水质肥瘦程度，逐渐适当加注新鲜海水。初期池内保持一定水位，水浅池内水温易升高，水质易变肥；中期由于施肥和投饲，鱼体生长迅速，池水应逐渐加深至满位。

(3)巡塘：鱼苗在培育过程中，一般早、晚各巡塘1次，主要观察鱼苗活动情况和水色变化情况，以便确定施肥和投饲的数量。随时捞起池中死鱼、杂草及污物。巡塘时发现问题要及时处理。

鱼苗经数月培育，体长达 10 cm 左右后，即可选择晴天拉网分档计数，然后进行运输、出售和放养到其他水域养成食用鱼，或并塘越冬。

第四节　养殖类型

一、工厂化流水养殖

工厂化流水养鱼又称集约化流水养鱼、全封闭工厂化循环水流水养鱼、陆基养鱼等，是一种现代化的养鱼方式。与陆地的池塘养殖相比，该方式占地面积少、节约土地；养殖密度高、单位面积产量高，产出大；循环用水、可有效保护水环境；可控程度高、受外界的干扰少。因此，该养殖方式也是生产无公害健康产品的最佳选择。

（一）养殖工程与设施

工厂化流水养鱼是一个系统工程，它是根据养殖对象的生态习性和养殖生产要求所设计建造的全人工控制系统，主要包括：养殖车间、供水设施、调温设施、水处理系统等多个子系统。因此，要建好一座海水养鱼厂，第一要有一个切合实际、布局周密的规划，全面考虑资源、能源的合理配置和环境保护；第二是要发挥土建工程的优势，以养鱼系统为中心，形成各附属设施相协调的统一整体，设计建造的养殖车间，最好是多功能车间；第三是优选（或研制）高效的水处理单元，并完善循环系统配套工程以实现养殖水体的循环利用和经济运行；同时考虑到交通方便、电力供应、淡水水源等配套资源。

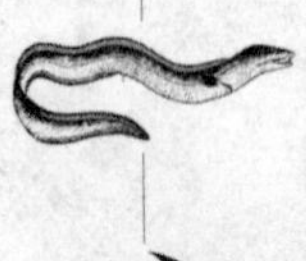

养殖车间是一个养殖厂的主体，整个养殖车间的建设

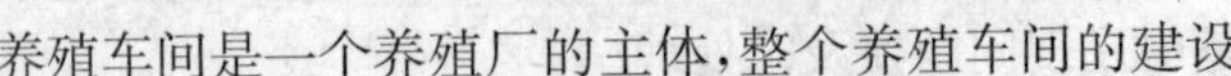

要求透光、保温、可利用面积大、牢固、实用且造价低廉。

(二)饲养管理技术

1. 准备工作

进行养殖之前,要对整个系统试运行,发现问题及时解决。特别是新建养殖池用于苗种培育时,需提前浸泡、洗涮,以免碱性物质的溶出,使池水 pH 升高。养殖池在使用前必须经过严格的洗涮和彻底的消毒处理,一般使用浓度为 50～100 mg/L 的漂白粉或 20～30 mg/L 的高锰酸钾溶液浸泡和洗涮后,再用干净的海水冲洗干净即可。

2. 鱼种放养

工厂化养殖鱼类大都采取单品种养殖,因此放养的鱼种要求规格整齐、健康活泼、无病无伤。关于放养的规格,要根据具体的养殖计划,如商品鱼的出池时间、养殖的周期、资金周转的情况等综合考虑。一般来说,大规格鱼种对环境的适应能力较强、成活率高、养殖周期短;小规格鱼种价格较为便宜,但必须能完全摄食配合饲料,方可购买。

放养密度要根据鱼池结构、水交换情况、水质、饵料、鱼的种类及规格大小、养殖的技术水平等综合考虑。

3. 饵抖及投喂

目前在工厂化养鱼过程中,使用的饲料种类较多,有生鲜饵料、软颗粒饲料、硬颗粒饲料等。生鲜饵料营养较全面,适口性也较好,鱼类摄食后生长较快,但缺点是污染水质,贮藏、供应有一定的难度。软颗粒饲料多以生鲜原料为主加工而成,虽然营养更加全面,但同样存在生鲜饵料的缺点。硬颗粒饲料是养殖鱼类最好的选择,它营养全面,投喂方便,并可有效控制投喂量,减少残饵对水质的污染。无论使用哪一种饲料,所使用的饲料原料均应符合各类原料标准的规定，不得使用受潮、发霉、生虫、腐败变质及受到石油、农药、有害金属等污染的原料。所加工生产的渔用配合饲料的安全指标限量应符合表 2-4 的规定。

表 2-4　渔用配合饲料的安全指标限量

项目	限量	适用范围
铅(以 Pb 计)(mg/kg)	≤5.0	各类渔用配合饲料
汞(以 Hg 计)(mg/kg)	≤0.5	各类渔用配合饲料
无机砷(以 As 计)(mg/kg)	≤3	各类渔用配合饲料
镉(以 Cd 计)(mg/kg)	≤3	海水鱼类、虾类配合饲料
	≤0.5	其他渔用配合饲料
铬(以 Cr 计)(mg/kg)	≤10	各类渔用配合饲料
氟(以 F 计)(mg/kg)	≤350	各类渔用配合饲料
游离棉酚(mg/kg)	≤300	温水杂食性鱼类、虾类配合饲料
	≤150	冷水性鱼类、海水鱼类配合饲料
氰化物(mg/kg)	≤50	各类渔用配合饲料
多氯联苯(mg/kg)	≤0.3	各类渔用配合饲料
异硫氰酸酯(mg/kg)	≤500	各类渔用配合饲料
噁唑烷硫酮(mg/kg)	≤500	各类渔用配合饲料
油脂酸价(KOH)(mg/kg)	≤2	渔用育苗配合饲料
	≤6	渔用育成配合饲料
	≤3	鳗鲡育成配合饲料

(续表)

项目	限量	适用范围
黄曲霉毒素 B_1(mg/kg)	≤0.01	各类渔用配合饲料
六六六(mg/kg)	≤0.3	各类渔用配合饲料
滴滴涕(mg/kg)	≤0.2	各类渔用配合饲料
沙门氏菌(cfu/25 g)	不得检出	各类渔用配合饲料
霉菌(cfu/g)	$\leqslant 3\times10^4$	各类渔用配合饲料

投喂量要根据鱼体大小、天气好坏、水温高低等情况确定,以鱼体饱食量的80%左右为宜,不可喂得太饱。要定期抽样测量,以此调整投喂量。投喂时要根据鱼的抢食情况,确定投喂的速度,以饲料沉入池底前被抢食完毕为度,切忌抢时间、争速度的投喂方法。喂完10分钟后,检查池底残饵的情况,作为下次投喂的参考依据。

4.日常管理

在日常管理中要重点做好以下几项工作:

(1)水质调控:定时测定主要的水质指标,随时调整水的流量,及时进行排污,防止水质的突然变化。特别要注意水温、光照、溶解氧、盐度、pH、氨氮、亚硝酸盐和硫化物等的变化,根据所养鱼类的生理要求,进行适当的调整。

水质调控的方法多种多样,最直接的方法就是加换新水。对封闭式循环流水养鱼来说,要注意水处理系统的正常运转情况。

(2)随时观察:每天要进行巡池检查,观察鱼的活动和摄食情况,观察鱼病发生情况,经常检查进、排水系统有无堵塞、破损及逃鱼等问题发生,设备运转是否正常,发现问题要及时解决。

(3)适时分池:根据池内鱼的生长情况和规格大小,适时进行分池,保持适宜的养殖密度。

二、网箱养殖

网箱养殖是一种密集型、集约化的养殖方式。这种养殖方式在放养、投喂、起捕等管理操作环节方面具有灵活、机动的特点;同时由于养殖鱼类的活动,使得箱体内外的水流在不停的交换,残饵和粪便等代谢物被随时带出箱外,保证箱内的水质清澈,使鱼类生活的环境接近自然的生活条件,保证养殖鱼类的健康发展。然而要获得比其他养殖模式更高的经济效益,生产出品质优良、健康无公害的商品鱼,则要有一套科学的管理体系。

(一)养殖海区的选择

众所周知,鱼类只能生活在一定的环境条件下,必须选择适合养殖鱼类生长的环境,使其最大限度地满足该鱼的生活需要,而且要符合网箱养殖的一些特殊要求。因此,在选择网箱养殖的地点时,主要考虑以下几点:

1. 水质环境

经常用来判断水质对鱼类生长有影响的主要因子有水温、盐度、溶解氧、pH、氨氮、重金属离子等。正常的自然海水,一般都能满足养殖鱼类的生长要求。但在选择海区时要充分考虑到这些项目,其各项指标的大小,都应控制在国家规定的《渔业水质标准》及农业部发布的《无公害食品·海水养殖用水水质》的范围内(见本章第一节)。

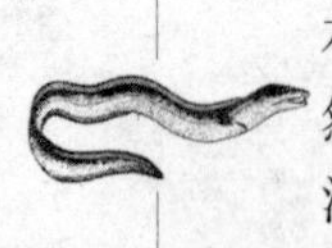

2. 海区的环境

(1)水流:要根据养殖鱼类的生活习性,选择潮流畅

通、流速适中、流向平稳的海区。一般要求网箱内的流速在0.2 m/s以内，无旋涡流为宜。

(2)水深和透明度：水深的选择应根据网箱的大小来确定。为避免网底被海底礁石磨破，并减少海底的淤泥和残饵粪便的污染，必须保证网箱底部与海底有2 m以上的距离，特别是在低潮位时。对于海水的透明度，虽然需要保证水质的清澈，但过大的透明度，容易使网箱附生附着物，影响水的交换；若太低，会影响鱼的摄食。因此，透明度在0.5～3.0 m较为合适。

(3)海藻：较浅的岩礁海区，往往杂藻丛生，虽有利于水质净化，但大型藻类的过盛繁殖与附着，也会阻拦水流的速度，影响水的交换。因此，网箱最好设置在海藻较少的海区。

(4)风浪：要选择风浪不大的内湾或岛礁环抱挡风的海区，尽量避免网箱受到风暴的袭击。

(5)底质：以地势平坦、坡度小、底质为砂质或泥砂质的海区为好。

(6)其他：网箱养殖的海区要保证无直接的污染源污染。同时要考虑到航运、游览、交通等条件，最好有电力供应等。

(二)网箱的结构

从目前网箱养殖的情况看，基本分为内湾浅海小型网箱和浅海大型深水网箱两大类。

1.内湾浅海小型网箱

内湾浅海小型网箱主要有浮动式网箱、固定式网箱和沉降式网箱三种。目前我国使用的主要是浮动式网箱。其结构一般由框架、箱体、浮子及固定装置四部分组成，这种形式的网箱是将网衣挂在浮架上，借助于浮架的浮子使网箱浮于水的上层，网箱随潮水的涨落而保证养鱼水体的稳定，可随意移动，操作简便。

(1)网衣(箱体)：网衣是网箱的主体，其材料一般为聚乙烯网线(也有尼龙、金属等)。目前国内的养殖网箱一般为人工或机械编结的有结节网衣。无结节网衣的安全性要比有结节的网衣差，所以日常管理中要加强对网衣的安全检查。

箱体的大小和形状要与框架相一致，使箱体充分伸展。网箱大，可节约成本，但不易操作。

箱体的设置有单层和双层两种，采用单层者居多。单层网衣水流畅通，操作方便，但不安全；双层网衣在安全有保证的情况下，为了水流的畅通，一般是内层网目小，外层网目大，但也相应增加了成本。

既然要节约成本而又便于操作，那么，网衣网目的大小也要随鱼体的大小而变化，大鱼要用大的网目，小鱼用小的网目。安全起见，最好以破损一目、不至于逃鱼为度。这样可增加水的交换，有利于鱼的活动、摄食，加速养殖鱼类的健康生长。

(2)框架：框架的作用是支撑箱体，使网衣充分扩展，保证箱体内部的空间，以利于养殖鱼类的活动。在我国较为常用的有：木结构组合式框架(图 2-3)和钢结构三角形框架(图 2-4)。

(3)浮力装置：作为浮力装置的设施，要求本身重量轻，浮力大，且价格合理。常用的有浮筒、浮球、泡沫塑料、竹竿、软木等。目前被广泛使用的泡沫塑料，规格一般为长 90 cm、直径 50 cm 的圆柱形，浮力可达到 150 kg。

(4)固定装置：将网箱固定在海区的一定位置，而不被潮流冲走，同时还能随潮汐涨落。一般有锚绳、铁锚、

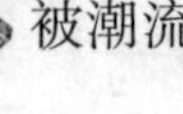

沉子及其他固定件等。为使网箱不变形，网衣底部四周也要绑上沉子。

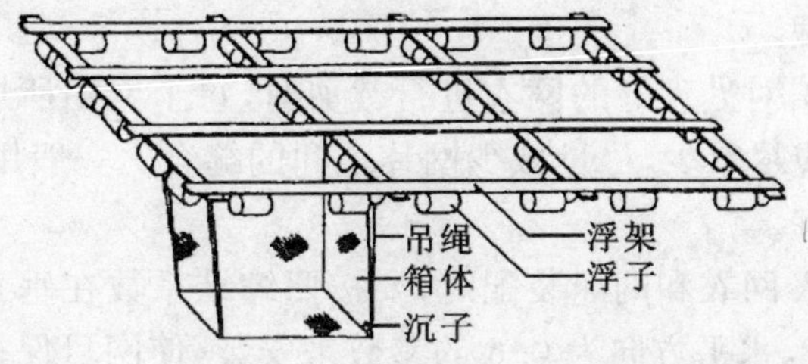

图 2-3　木结构浮式网箱示意图(引自雷霁霖，2005)

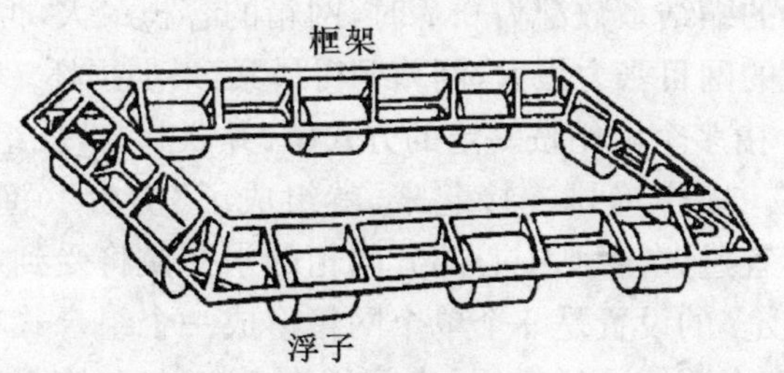

图 2-4　三角钢结构沉降式网箱框架示意图

(引自雷霁霖，2005)

(5)其他配套设施：管理房间(或仓库)、操作平台、交通船等。若海区流速过大，还需设挡流网。

(6)网箱的安装、设置：首先要根据要求，将选好的网衣进行裁剪，通过穿、绕、拼的方法，装配成一定形状的箱体，然后将框架按图 2-3 及 2-4 所示进行组装，再将组装好的框架固定在选好的海区，最后将网衣悬挂在框架上。

在完成上述工序时，需要注意以下几点：

A. 需自己裁剪安装时，首先要对所买网片进行拉伸定型处理，减少使用中的伸长，特别是手工编结的有结节网衣，更应该使结节牢固。这一过程，网衣工厂一般已做过处理。

B. 对处理好的网衣进行裁剪时，每个网箱所用的网片数应尽量少，尽量减少网片之间的缝合。一般用 2～3 片最好。

C. 网衣和网绳装配时，要按照缩结系数在垂直方向为 0.8，水平方向为 0.6 的参数来安装，使网目保持菱形的自然状态。所谓缩结系数是指网片装纲后，网片的长度和网片在网目拉直后的比。实际上，网片在水平和垂直方向的缩结系数都为 0.7 时，网箱的容积最大，但这种状态下的网目张力最大，网箱绷得最紧，最易损坏。

D. 由多个网箱按一定的方式串、并联起来，就组成了“渔排”。多个渔排连接起来，就组成了“渔台”(渔场)。渔排不宜过大，否则中心部分网箱的水交换将受到影响。目前，较多的设置是 9 个单个网箱形成一个组合式单体，然后，多个单体通过缆绳，中间留有 5 m 左右的距离，串联起来，按潮汐涨、落的流向，顺向设置形成一个长方形的渔排。每个渔排的间距要求在 30 m 左右。

E. 浮力的大小要留有充足的余量。一般要求每个网箱用 6～8 个泡沫塑料浮子。组成渔排时，中心部位可适当减少，以节约成本。

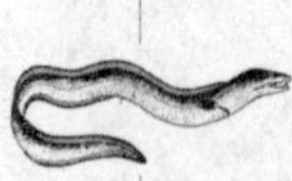

F. 固定网箱的锚绳要足够长，一般要求打锚的位置与网箱上缘的连接点成 45°～50°的夹角，或锚绳的长度为水深的 4 倍以上。当然，锚要固定好，锚绳要能抵御一定的风浪袭击。一般用 3 000～6 000 丝的聚乙烯绳。

G. 敞开式网箱的箱口要高出水面 40～50 cm，以防逃鱼。

2. 浅海大型深水网箱

浅海大型深水网箱养鱼又称抗风浪深水网箱养鱼，该养殖模式对设备和技术的要求较高，除要求网箱强度具有较大的抗风浪能力（可抵御7～8级风）外，还要求配置自动投饵系统、死鱼及残饵收集系统、水下监测系统及养殖工作平台等设备，是一种高投入、高产出的养殖模式。

深水网箱养殖与传统网箱养殖相比较，具有明显的优点：

（1）抗风浪能力强，深水网箱所采用的都是新型材料，又能潜置在水下，所以一般的风浪不会对它构成危害。

（2）机械化程度高，养殖容量大，效率高。

（3）防附着能力强，延长网箱使用寿命。

（4）减少近岸环境污染，提高养殖鱼种的品质：因养殖海区离岸较远，相对较深（一般大于30 m），远离了环境相对恶化的区域，而且网箱空间大，增加了鱼类的活动范围，使养殖的鱼类较接近自然状态下的生长。

但对机械化程度不高、养殖管理水平还较为落后的我国来说，使用深水网箱养殖，会给生产管理带来一些难度。首先，先期的生产成本投入过大，不利于推广；第二，配套设备要完善，才能提高管理水平。

目前，开展深水网箱养殖最好的国家是挪威，而我国只是刚刚起步，无论是网箱的建造，还是养殖管理水平，都还比较落后，在此，就不作具体的介绍。

（三）饲养管理

1. 养殖种类的选择

一般选择生长快、肉味鲜美、商品价值高，而且适宜于高密度养殖、抗病力强的种类。同时还可根据鱼种之间的不同生物学特性，进行混养，以提高经济效益。

2. 放养密度

放养密度同养殖海区的环境和鱼体大小有关。一般潮流畅通、鱼体较小，放养密度可大些；若鱼体较大，放养密度可小些。另外，水流交换比较差的海区，以及网箱内饲养耗氧量较大的鱼类，放养密度要小些。同时，随着鱼体的不断长大，要适时分箱，以保证箱内的合理密度。

3. 饲料及投喂

网箱养鱼的饲料同工厂化养鱼一节，有生鲜饵料、软颗粒饲料和人工配合颗粒饲料等。

投喂方法要视鱼种的大小，一般情况下，小规格苗种，可投喂 3～4 次/天；大规格鱼种可 1～2 次/天。投喂量的多少，主要根据水温、季节、鱼体大小、数量多少及摄食情况等综合考虑。

4. 日常管理

每天测定水温、盐度，并记录死鱼尾数、天气等情况。经常检查网衣及浮架有无损坏，防止逃鱼。注意清除网衣上的附着生物，必要时要进行换网。特别要注意台风及暴雨等自然灾害的影响，加强安全措施。

三、池塘养殖

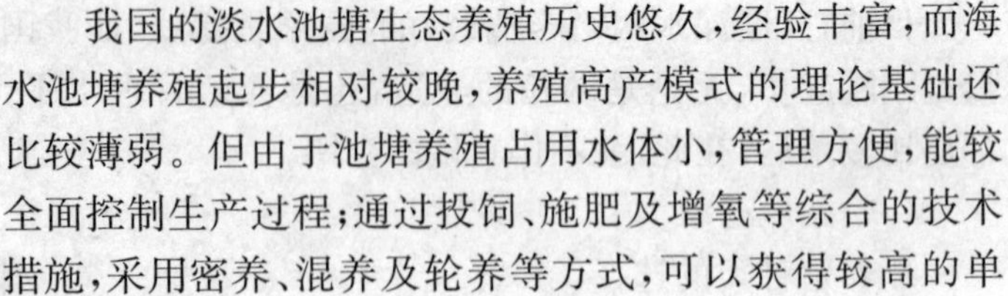

我国的淡水池塘生态养殖历史悠久，经验丰富，而海水池塘养殖起步相对较晚，养殖高产模式的理论基础还比较薄弱。但由于池塘养殖占用水体小，管理方便，能较全面控制生产过程；通过投饲、施肥及增氧等综合的技术措施，采用密养、混养及轮养等方式，可以获得较高的单

位面积产量,生产灵活、投资小、周期短、见效快、生产较稳定是其养殖特点。因此,海水池塘养鱼也正逐步发展成为我国沿海各地的主要养殖模式。

池塘综合养殖要想达到优质、高产、高效和可持续发展的目的,就必须在“水、种、饵”的物质基础上,采取“密、混、轮”的方法,加强“防、管”的措施,切实做好池塘养殖结构的、环境的和生物的综合调控。这八字的具体内容是:

水:优良的水质环境条件。

种:质优体健、规格合适、整齐量足的苗种。

饵:营养全面、适口、量足。

密:合理密养。

混:多种鱼类及虾、蟹、贝及同种之间的多种规格的混养。

轮:轮捕轮放及始终保持合理的密养。

防:防止浮头泛池、防治病害。

管:精心的科学的饲养管理。

(一)池塘环境条件

1. 水源和水质

鱼池应靠近水源充足、水质好的沿海,要选择潮流畅通、潮差大、注、排水方便的地方。除海水外,最好有淡水,可调节池水盐度。

水源要没有污染,特别要注意四周有无化工厂、农药厂、印染厂、电镀厂、制革厂及造纸厂等的污水排放,以免污染水质。

2. 底质

底质以泥沙质为好。要求底形平坦——有利于水的交换及操作管理,有适量的淤泥(厚 10 cm 左右)——可以提高池水的缓冲能力。淤泥过少,不利于池水的稳定;淤泥过多,有机质增多,细菌分解有机质将大量耗氧,导致水质恶化。

3.池塘的形状、面积和深度

池塘一般以长方形较理想,面积不宜太大,水深也要适中,不但要适应鱼类的生长条件,还要做到管理方便、易于控制。

(二)清池

清池是健康养殖的前提,是改善池塘环境条件的有效措施,其主要目的是杀死野杂鱼及病原生物(细菌、寄生虫等),减少敌害和鱼病的发生。同时还可改善底质,加速腐殖质的分解。

目前有许多清池的方法,但一般采用曝晒、冰冻及药物清池等相结合的方法。首先排干池水,晒干塘底,除去多余的淤泥,修堤补洞,耕翻平整池底。然后选择晴天的上午进行药物清池。清池的药物较多,目前常用的有生石灰、巴豆、茶饼、鱼藤精、漂白粉、氨水等。

1.生石灰清塘

生石灰遇水后产生化学反应,放出大量的热,产生具有强碱的氢氧化钙,在短期内使水的酸碱度迅速提高到11以上,可杀死野杂鱼、细菌、寄生虫等敌害生物。方法有干法和带水清塘两种。干法清塘是先在池底均匀挖几个小坑,将生石灰放入小坑内,加水化开后,在全池均匀泼洒,一般每亩用量为50～60 kg;带水清塘,一般1 m水深每亩用量为125～150 kg,加水化开后全池均匀泼洒。

2.漂白粉清塘

漂白粉有强烈的杀菌和杀死敌害生物的作用。方法是将漂白粉放入桶内,加水溶解后全池泼洒。用量为每

立方米水体 20 g。

操作时要站在上风头，以防中毒及腐蚀衣服和皮肤。漂白粉腐蚀性强，极易受潮失效，故不宜装在金属容器内，要装在密封的塑料袋或陶瓷器内，存放在干燥阴凉处。生石灰和漂白粉混合使用效果比单一使用好。

3. 鱼藤精清塘

鱼藤精内含 25%鱼藤酮，为黄色结晶体，可杀死野杂鱼和水生昆虫，但对浮游生物、细菌及寄生虫等没有作用。方法是将鱼藤精加水 10～15 倍，装入喷雾器中全池喷洒。用量为每立方米水体 2 g。

4. 氨水清塘

氨水呈强碱性，能杀死野杂鱼和其他水生动物，但对植物和水生昆虫等杀死效力差。由于其兼顾施肥的特点，也被广泛使用。用法是将氨水加几倍塘泥搅拌均匀后全池泼洒，加塘泥目的是减少氨水挥发，也可直接全池泼洒。池水深 20 cm 时，每亩用量 10～15 kg。

(三)鱼种放养

目前的海水池塘养殖大多是以单养为主，而且放养的规格较为整齐一致。即使采取混养的方式，其次要品种单一、所占的比例也相对偏低，根本没有达到多种鱼类及虾、蟹、贝及同种之间的多种规格的混养模式，更达不到轮捕轮放的要求。所以，海水生态高产池塘养殖的任务艰巨，养殖理论亟待提高，养殖经验亟需总结。

混养主要是根据不同鱼的食性、分布水层等生活习性，而进行合理分配。以一种鱼为主体，几种鱼混养在一起，但种类也不宜过多。因鱼种阶段，食性搭化不明显，有一定共食性，混养品种多，会产生争食，以致出塘的鱼种大小不一、规格不整齐。

主要养殖种类确定后，要根据养殖周期，结合本地条件，选择体质健壮、规格整齐、大小合适的苗种，确定合理的放养密度，一次放足有利于管理。

（四）施肥和投饵

施肥和投饵是综合养殖高产的最根本措施之一。池塘养殖始终贯穿着施肥、投饵与水质调控的复杂关系，一方面要求施肥、投饵做到“匀、好、足”，以利于水质稳定，另一方面保持池水的“肥、活、爽”，以便能大量投饵施肥，使鱼既有一个良好的生活环境，又可获得充足的饲料。要处理好这些关系，就要求管理人员在全面了解的情况下，抓住关键，促进其转化和发展。

1. 施肥

根据养殖对象及来源情况，确定肥料种类及施肥量，然后根据饲养季节的水温、养殖对象摄食生长情况等制订各月的施肥量。施肥分基肥和追肥两种。

（1）施基肥：在冬季池塘排水清塘后即施基肥，可将发酵的有机肥遍施于池底或积水区的边缘，经日光曝晒数天，适当分解矿化后，翻动肥料，再晒数天，即可注水。此种施肥法在苗种培育时，经常使用。

（2）施追肥：追肥少施勤施，每隔 10 天左右施肥一次，每次用量为基肥的 1/3 左右。具体用量看水色、透明度、水温、天气、鱼的长势等灵活掌握。这种施肥一般用在主养滤食性鱼类的池塘，对于养殖肉食性鱼类为主的池塘基本不用。

2. 投饵

首先根据各种饵料转换系数与预期的各种鱼的产量换算得出全年总投饵量，然后根据水温与鱼的摄食生长状况制订各月和日投饲率。在投喂方法上，主要掌握“四

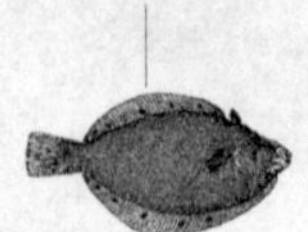

定”：一定质，饵料要求新鲜适口；二定位，饵料投喂在固定的食台、食场内；三定时，一般每日投喂 1～3 次；四定量，应根据计划量，看天气、看水温、看水质及看鱼的吃食情况确定每天的具体投饵量，正常情况下以当天吃完为度。

（五）日常管理

1. 水质管理

清池后，引水培育水质，保持水质“肥、活、爽”。肥，表示水中营养盐类丰富，饵料生物多；活，表示水色常变化，说明池中浮游植物的优势种交替变化；爽，表示水中溶解氧较好，透明度适中。根据鱼类生长需要，还要经常注排水，调节水质，给予鱼类适宜的生活环境，同时为施肥投饵创造有利条件。

2. 防止鱼类浮头

鱼类浮头是因为水中溶解氧不足而引起的，造成鱼类浮于水面吸气，严重时会造成短时间内大批死亡。其原因是水质过肥、水温高、光照条件差、浮游植物光合作用弱、水体中溶入的氧量低于鱼类及其他水生生物的消耗，致使溶解氧过低。为防止浮头的发生，应从日常管理工作抓起，平时经常注排水，调节水位和水质，施肥投饵适量，放养密度适中，搭配比例合理，定期使用增氧机。

浮头发生时，应及时加入新鲜海水或打开增氧机。因退潮水源有困难时，可利用相邻塘进行对口换水。浮头严重时，可进行一边排水，一边进新鲜海水，直至浮头消除为止。

第三章 遮目鱼养殖

遮目鱼 *Chanos chanos* 属鼠鱚目 Gonorhynchiformes（或鲱形目 Clupeiformes）遮目鱼科 Chanidae 遮目鱼属 *Chanos*（图 3-1），又名虱目鱼，俗称麻虱鱼、国姓鱼、海港鱼、海草鱼、细鳞仔鱼。暖水性鱼类，广泛分布于热带和亚热带地区，在我国的福建以南沿海均有分布，其中以台湾、海南数量较多。遮目鱼具有营养丰富、肉味鲜美、生长迅速、食物链短、适应力强、病害少等特点，非常适合于池塘养殖。特别是与其他鱼类或虾蟹类混养，在不增加饵料投入的情况下，也能获得较理想的产量，是推广生态养殖的一种优良品种。

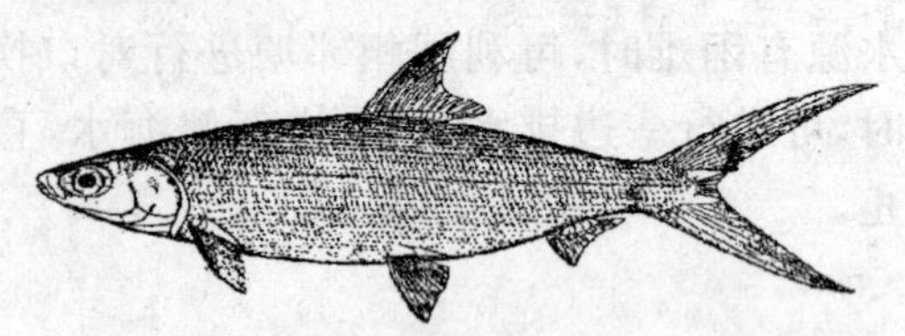

图 3-1 遮目鱼（引自王以康，1958）

第一节 生物学特性

一、形态特征

遮目鱼的身体近似纺锤形，稍侧扁，头前部较平扁，口小，吻圆钝，两颌无齿，鳃耙细密。上颌正中具一凹陷，下颌缝合处有一凸起，上下颌的凹凸处相嵌；眼较大，脂眼睑厚且完全遮盖着眼，故称为遮目鱼。

身体的鳞片为小圆鳞。背鳍和臀鳍基部有发达的鳞鞘，胸鳍和腹鳍基部有肥大的腋鳞。尾鳍基部有 2 片大鳞。侧线发达，身体背部青绿色，体侧和腹部银白色。

二、生活习性

遮目鱼为暖水性鱼类，平时栖息于外海，常集群活动，生殖期游向河口及近岸水域，性活泼、喜跳跃。生长适宜的水温为 24℃～35℃，18℃以下生长停滞，12℃停止摄食，10℃以下一般难以生存，致死水温为 8.5℃和 42.7℃。盐度适应范围广，既可在高盐度的海洋中生活，亦能在近岸半咸水或淡水中生长，但盐度低于 16 或高于 32 时，生长缓慢。

遮目鱼是一种杂食性鱼类，以植物食性为主。主要摄食蓝藻类、绿藻类、硅藻类、动植物有机碎屑，同时也摄食小型甲壳类、软体动物、轮虫等。在人工养殖条件下也可摄食人工配合饲料。

三、生长与繁殖

遮目鱼的生长速度很快，池塘养殖的生长速度，取决于饵料供应、放养密度以及水温。环境条件适宜的情况下，一般当年个体体重可达 500 g 以上。自然界中见到的成鱼最大个体体长可达 150 cm、体重 15 kg。

遮目鱼的性成熟年龄是 6～8 龄，8～9 龄时大量达到性成熟。性成熟的年龄不仅有地区差异，同一地区的不同养殖方式也有差别。在海水网箱养殖的遮目鱼 5 龄即可成熟产卵，而淡水池塘养殖 10 年也未必性成熟。

遮目鱼的生殖季节，各地不同，菲律宾为 4～7 月，盛期在 5～6 月；印度尼西亚为 4～5 月及 9～11 月 2 次，盛期在 9～10 月；海南岛为 4～6 月及 8～10 月 2 次。每年生殖季节亲鱼游到近岸水深 5～20 m 的开阔水面，在具有砂质或珊瑚底的海域产卵，产卵海区的水温为 26℃～31℃，盐度为 28～34.5。

个体怀卵量因鱼体大小而异，体长为 100 cm 左右的雌鱼，怀卵量为 300 万～600 万粒，大的个体怀卵量可高达 900 万粒。

第二节 人工繁殖

获得成熟亲鱼的两个途径是直接从海区捕获性成熟的亲鱼和池塘养殖选留亲鱼。

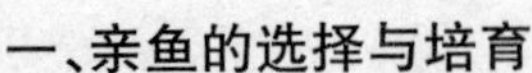

一、亲鱼的选择与培育

在产卵季节，从自然海区捕得性腺成熟度较好的、用

作人工繁殖的亲鱼，应及时送到产卵场。在运输过程中，要仔细操作，防止鱼体受伤。亲鱼可暂养在网箱或池塘中，控制性比为 1∶1。在池塘中暂养亲鱼，若要实现自然成熟、产卵，其亲鱼的放养密度以每尾鱼占水面 20～40 m^2 较好；若要实施人工催产，亲鱼的密度可为每尾鱼占水面 5 m^2 左右。

对于池塘养殖选留的亲鱼，在强化培育期间，注意调节水质，最好保持培育的水温为 22℃～30℃。在盐度 8～39 的范围内可以自然成熟，但产卵的盐度必须处于或高于标准海水的盐度。投喂充足的饲料，如米糠、面粉、豆饼和配合饲料等，但饲料中必须含有 32%～40%的粗蛋白，才能促进性腺成熟。投喂量控制在鱼体重的 2%～5%，而且要保证饲料的质量。

二、催产

遮目鱼在人工养殖条件下，就可在池塘中自然产卵。但达到自然产卵的亲鱼较少，因此需注射激素诱导后才可自行产卵，但受精率不理想，多数情况下采用人工授精。

一般所用催产剂为绒毛膜促性腺激素（HCG）和促黄体激素释放激素类似物（LRH-A）。一般雌鱼剂量为 HCG 1 200～1 400 IU/kg 鱼体重与 LRH-A 为 50 μg/kg 鱼体重；单独注射 HCG 10 000 IU/kg 或单独注射 LHRH-A（注射用促黄体激素释放激素类似物）250 μg/kg鱼体重，1～5 次，其效果都比较理想。另外还有将丙酮脱水干燥的鲑鱼、大麻哈鱼或鲤鱼脑垂体与 HCG 混合使用的例子。

三、人工授精与孵化

人工授精的做法一般采用麻醉剂先将鱼彻底麻醉，

然后人工挤出精卵，进行干法授精。

孵化工作可在水泥池、玻璃钢水槽、帆布水槽中进行。孵化容器的大小以 4～10 m^3 为宜，在水温 26.4℃～30.9℃、盐度 30～34、微弱充气的条件下孵化，一般 25～28.5 小时可孵出仔鱼。

四、胚胎发育

遮目鱼的受精卵呈透明球形，无油球，卵径约 1.2 mm，稍带淡黄色，卵黄呈小颗粒状。受精卵在盐度 30 的海水中，缓慢地下沉，而未受精的卵子，则很快地下沉到孵化器底部。若将海水盐度提高到 34，所有卵子都漂浮到水表面或近水表面。盐度为 18～33 时均可孵化，盐度低于 16 不能孵化或孵化后仔鱼死亡。孵化盐度最好控制在 25 以上。其胚胎发育的进程及形态特征见表 3-1、图 3-2。

表 3-1　遮目鱼的胚胎发育(水温 26.4℃～29.9℃，盐度 30～34)

发育期	受精后的时间(时:分)	形态特征
受精卵	开始	卵球形、无黏性、透明、颗粒状卵黄(淡黄色)、无油球、平均卵径 1.13 mm
单细胞期	1:00	胚盘形成
2 细胞期	1:15	第一次卵裂(径裂)
4 细胞期	1:25	第二次卵裂(与第一次相垂直)
8 细胞期	1:40	第三次卵裂
16 细胞期	1:50	第四次卵裂
32 细胞期	2:05	第五次卵裂
64 细胞期	2:25	第六次卵裂(分裂球)

(续表)

发育期	受精后的时间(时:分)	形态特征
128细胞期	2:55	第七次卵裂
多细胞期	3:35	后期卵裂
桑葚胚期	4:10	由许多细小细胞组成的类桑葚胚盘
后囊胚期	6:00	胚盘开始覆盖卵黄
中卵黄侵入期	8:00	卵黄侵入约完成一半
后卵黄侵入期	9:00	原肠在形成中,卵黄侵入2/3
原肠期	9:45	卵黄侵入完毕,卵黄栓和胚孔可见,胚胎轮廓形成
神经胚期	10:35	胚胎原基具5～6对肌节
胚胎分化	11:15	具9～10对肌节的胚胎,克氏囊可见
胚胎分化	13:00	具19～20对肌节的胚胎,头和尾明显分化
胚胎分化	14:30	呈“C”形的胚胎产视杯和听囊可见
胚胎分化	15:40	胚胎延长,成一腰带圈绕卵黄
胚胎分化	18:30	奇鳍褶出现,尾部开始与卵黄分离
胚胎分化	20:00	尾部延长,看到正在跳动
胚胎分化	24:00	胚胎开始颤动
胚胎分化	28:00	胚胎全部形成,准备孵出
胚胎孵化	28:20	靠近头部处的卵膜破裂
胚胎孵化	28:28	头部先从卵膜挣脱出来
胚胎孵化	28:29	胚体从卵膜挣脱出来,尾端仍留在膜内
胚胎孵化	28:29	仔鱼完全出膜

(引自苏锦祥,2000)

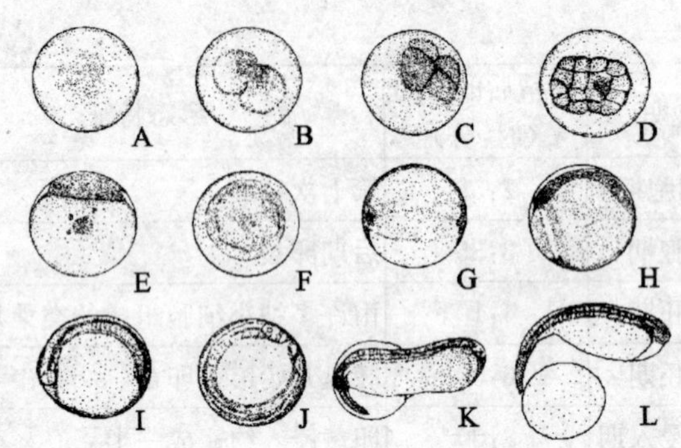

A. 受精卵；B. 2 细胞期；C. 4 细胞期；D. 16 细胞期；
E. 囊胚期；F. 原肠期；G. 原肠后期；H. 胚体形成早期；
I. C 形胚体；J. 胚体后期；K. 孵化；L. 初孵仔鱼和卵膜

图 3-2　遮目鱼的胚胎发育（引自陆忠康，2001）

五、仔、幼鱼发育特征和生活习性

遮目鱼仔、幼鱼的生长发育特征见表 3-2、图 3-3。

表 3-2　遮目鱼仔、幼鱼的生长发育

仔鱼孵出后天数	全长(mm)	形态及特性
初孵仔鱼	3.5	卵黄囊大，头突于卵黄前方，黑色素分布于鳍褶、头部、躯干部、卵黄囊
半天仔鱼	4.7～4.8	卵黄囊变成纺锤形
1 天仔鱼	5.1	眼边缘及沿肌节、背、腹缘出现黑色素，胸鳍芽出现，游泳能力弱，随水漂流
2 天仔鱼	5.1	肌节背、腹缘黑色素增多，眼发黑，口形成，仍有少量残余卵黄。具有趋光性，孵化后 50 小时仔鱼开始摄食

（续表）

仔鱼孵出后天数	全长(mm)	形态及特性
3 天仔鱼	5.1	卵黄耗尽，鳍褶上黑色素消失，肌节腹缘黑色素增多，背缘出现两列黑色素，身躯黑点明显，消化道发育良好，浮游水面摄食，已有集群趋光性
4 天仔鱼	5.2	体干部背缘两列黑色素合并为一。仔鱼游泳活泼，集群趋光向充气石处逆游
11～12 天仔鱼	6.4～9.3	背鳍及臀绪从体侧分离，软鳍条数分别为背鳍 12、臀鳍 6～7、尾鳍 20
31 天幼鱼	14.3	体背部及两侧有许多黑色素，头部、背鳍及臀鳍上也出现几个黑色素
35 天幼鱼	22.6	腹鳍完全形成
74 天幼鱼	121.0	与成鱼相似

（引自苏锦祥，2000）

第三节 苗种培育

苗种培育可以在室外的土池或室内的水泥池进行。生产中一般采用室内工厂化育苗方式，将初孵仔鱼培育到长 1.5 cm 左右，然后再放入池塘中继续培育成大规格鱼种的“接力”模式，也可直接将受精卵或初孵仔鱼放入室外池塘进行培育。在此主要介绍工厂化育苗。

一、鱼苗培育

培育池的面积一般为 20～50 m^2，水深为 1 m 左右。育苗用水最好符合以下要求：水温 23℃～33℃，最适盐度为 27～28，不能低于 16，溶解氧为 5 mg/L 以上，光照强度最好能进行调节。

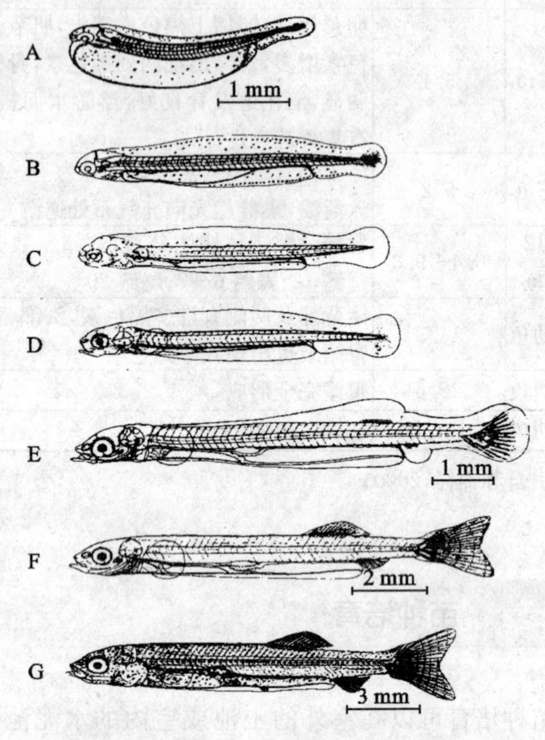

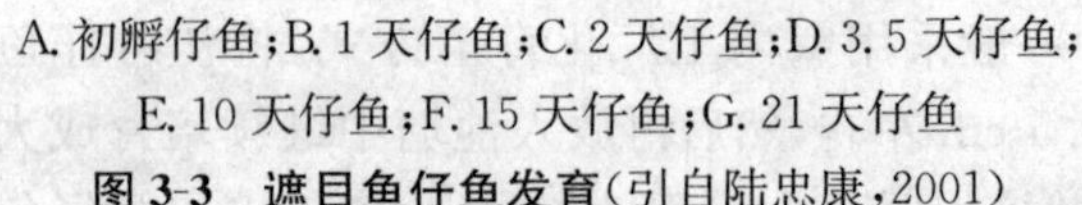

A. 初孵仔鱼；B. 1 天仔鱼；C. 2 天仔鱼；D. 3.5 天仔鱼；E. 10 天仔鱼；F. 15 天仔鱼；G. 21 天仔鱼

图 3-3　遮目鱼仔鱼发育（引自陆忠康，2001）

放养密度一般为 5 000 尾/平方米左右（室外可适当减少至 2 000 尾/平方米左右）。

遮目鱼仔鱼的饵料系列包括微藻（小球藻、等鞭金藻、扁藻等）、贝类受精卵、轮虫、卤虫无节幼体、桡足类、配合饲料等。

初孵化第一天的仔鱼,可在育苗池加入单胞藻,并接种轮虫。两天后开口摄食,此时仔鱼能摄食单胞藻、贝类受精卵及小个体的轮虫,亦可投喂豆浆和蛋黄。仔鱼孵化后 3～4 天,可大量摄食轮虫,此时应加大轮虫投喂量,使池水中轮虫密度保持在 10～20 个/毫升。

孵化后 9～10 天的仔鱼除投喂轮虫外,还应逐渐增加适量的卤虫无节幼体、桡足类及配合饲料,直至 20 天以后,当鱼苗转变为黑苗后,即可转入池塘培育。

二、鱼种培育

池塘面积不宜太大,以 0.3～0.5 公顷、水深 40～50 cm 为好。水质要稳定,水温、盐度等理化因子的指标要满足遮目鱼的生长要求。

苗种培育过程中最为关键的技术在于事先培植好池塘内的饵料生物,主要是植物性的饵料,包括蓝藻类、硅藻类、绿藻类等,另外原生动物、枝角类、桡足类等也是遮目鱼的良好饵料。

首先将池塘内的水排干,曝晒至池底龟裂,潮湿处用生石灰清塘,以杀灭敌害生物。然后翻耕整平池底,注水 10 cm 左右,太阳曝晒,把池水蒸发干涸。再注水,再晒干,重复 2～3 次。然后往池中施基肥,一般每公顷施用米糠 300～1 000 kg、厩肥 500～1 000 kg、人粪尿2 000 kg 等,也可以施豆饼、花生饼等肥料。让所有肥料在水中溶解,形成藻床,再次注水至水深 30～45 cm,准备放养鱼苗。

放苗时要注意池塘的水质条件是否与培育池相一致,特别是温度、盐度等。放养的密度要适宜,一般为 30～50 尾/平方米,密度大天然饵料不易满足,鱼生长慢。

若底栖藻类繁殖不足时，可补喂豆浆、面粉、熟蛋黄等，后期改用花生饼、米糠及配合饲料等作为补充饵料。

鱼种培育过程中，要加强管理，要根据池塘中天然饵料的多少决定追肥的时间及数量；配合饲料的投喂要视鱼体的生长及摄食情况而定。随着鱼种的不断长大，应逐渐增加水的深度。要特别注意因暴雨所造成的灾害，以免池水盐度和温度突然大幅度下降，导致鱼苗大量死亡。

第四节 成鱼养殖

海水养殖遮目鱼，主要有池塘养殖、围网养殖、网箱养殖等方式。后两种方式养殖遮目鱼，由于其生性活泼喜跳跃，养殖过程中鱼体容易被擦伤，因此并不普遍。目前还是以池塘养殖为主，常见的有小面积的精养和大面积的粗养两种方式。小面积多采用单养，大面积多采用鱼虾混养的模式。在此，主要介绍小面积的精养方式。

一、池塘环境

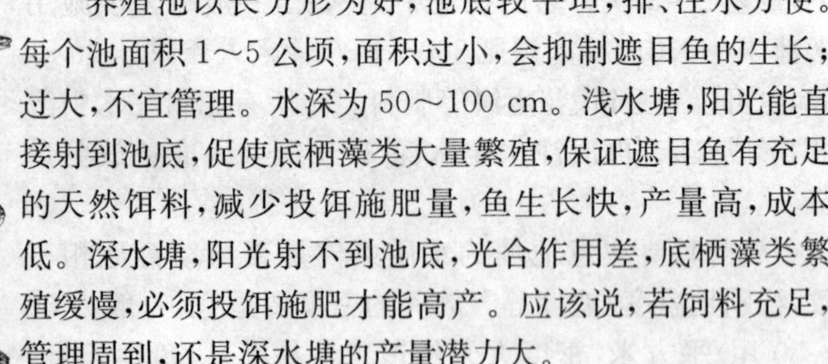

养殖池以长方形为好，池底较平坦，排、注水方便。每个池面积 1～5 公顷，面积过小，会抑制遮目鱼的生长；过大，不宜管理。水深为 50～100 cm。浅水塘，阳光能直接射到池底，促使底栖藻类大量繁殖，保证遮目鱼有充足的天然饵料，减少投饵施肥量，鱼生长快，产量高，成本低。深水塘，阳光射不到池底，光合作用差，底栖藻类繁殖缓慢，必须投饵施肥才能高产。应该说，若饲料充足，管理周到，还是深水塘的产量潜力大。

二、苗种放养

放养密度根据各地气候条件、鱼种规格、养殖方式、池塘条件不同而有所变化。要取得遮目鱼养成高产，就要以投放越冬大规格鱼种为主，并搭配当年鱼苗，按池塘的最大容量和商品鱼规格以及池塘条件合理密养。一般每亩放养 600～1 000 尾，其中大(160～200 g)、中(50～67 g)、小型(3.3～5 g)越冬鱼种的尾数分别为 300～500 尾、200～300 尾、100～200 尾。如果池塘底栖藻类生长茂盛，加上人工投饵施肥，放养量可增加 20%左右。

为了充分利用水体中各种饵料，发挥水体生产潜力，达到高产的目的，当前国内外养遮目鱼多采用鱼虾混养的模式，效果较好。

三、施肥与投饵

1. 施肥

在池塘养殖过程中，主要工作之一是施肥，遮目鱼需大量摄食底栖藻类，原施基肥被藻类所消耗，肥效逐渐减退，尤其在阴雨季节，易使天然饵料缺乏。因此，根据气候与水色的变化应适当追加有机肥或无机肥，目的是使池内底栖藻类不断生长与繁殖，满足鱼类摄食的需要。

追肥需在晴天进行，肥料以鸡、猪粪和少量牛粪、杂草堆肥等有机肥为主，结合施一些化肥，如尿素等。施肥量根据池塘底质、水质肥沃程度而定，保持底栖藻类繁殖旺盛、池水透明澄清为最佳。

2. 投饵

由于池塘高密度饲养遮目鱼，底栖藻类一般满足不了鱼类的生长需要，应适时地向池塘投喂人工饲料，如米糠、花生饼、豆饼、稻谷粉、玉米粉以及人工配合饲料等。所投饵料除直接供给鱼类摄食外，残饵经发酵后有助于底栖藻类生长，每天的投饵量要视底栖藻类的多寡和鱼类的数量而定，以少量勤施为原则。一般按池鱼总重量的 3% 投喂，在鱼类生长旺季，可增加至 5%，并做到“定时、定点、定质、定量”。

四、饲养管理

主要工作是经常巡塘，注意水质、水色、池底藻类的状况，清除敌害，修补堤坝等。

在夏季高温期，每天清晨必须到池边巡池 1 次，观察鱼是否浮头、水色、水质等情况，以便准确掌握施肥量和投饵量。在养成中要注意闸门防拦工作，防止凶猛肉食性鱼类入池。

在遮目鱼养殖中危害最大的敌害是摇蚊幼虫。由于每年 6～7 月份降雨量大，池水盐度较低，摇蚊幼虫便大量产生，严重危害池底藻类和土壤中的有机质，破坏藻床使底栖藻类枯萎、上浮枯死。通常用双硫磷、倍硫磷、速灭松等杀灭。

五、越冬

遮目鱼在水温 18℃以下生长停滞，水温降至 13℃时，活动能力明显降低。因此，当鱼未达到上市规格，而水温又降到 10℃以下时，就要考虑安全越冬。越冬池不宜太大，除必要的清淤、清池外，还可搭建防风墙或加盖塑料顶棚，当然有条件的话，室内水泥池越冬效果更好。

越冬期管理主要是投饵与换水。天气暖和，风平浪静时，遮目鱼会游到浅处摄食，每天要投一些人工饵料。投饵、鱼的排泄物和浮游生物繁殖会引起池水水质恶化，所以要经常换水，视水质、水温、潮汐情况而定，最好每周换 1 次水。换水要注意水温变化，在暖和有太阳时进行。

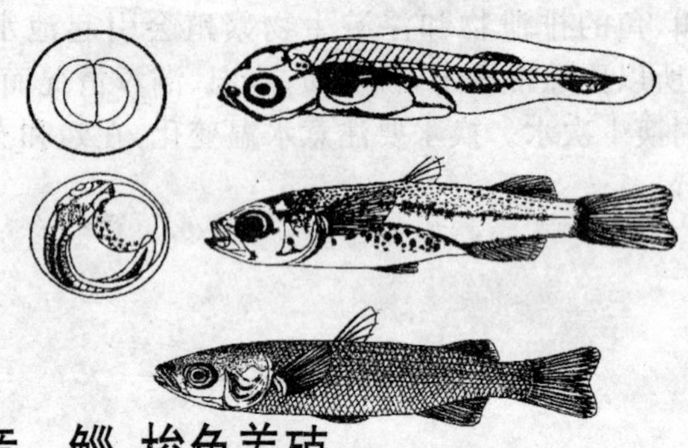

第四章　鲻、梭鱼养殖

鲻科鱼类是世界性分布的经济鱼类，其中最主要的经济代表种为鲻鱼 *Mugil cephalus* 和梭鱼 *Liza haematocheila*，分别属于鲻形目 Mugiliformes 鲻科 Mugilidae 的鲻属 *Mugil* 和鲮属 *Liza*。鲻俗称乌鲻、黑鲻、白眼、乌头、斋鱼、胖头等(图 4-1)。梭鱼又称赤眼梭、红眼梭、赤眼鲻、红目、肉棍子等(图 4-2)。在我国，鲻科鱼类的分布总趋势是南方种类多、北方种类少，在南方沿海主要以鲻鱼为多，北方沿海则以梭鱼为多，因此，有“南鲻北梭”的说法。由于它们具有广温性、广盐性，又是植物食性鱼类，食物链短、生长快、疾病少、肉味好，已成为世界范围主要的养殖鱼类。鉴于两种鱼的生活习性非常相似，因此，本章将两者综合在一起加以介绍。

图 4-1 鲻(引自张春霖,1955)

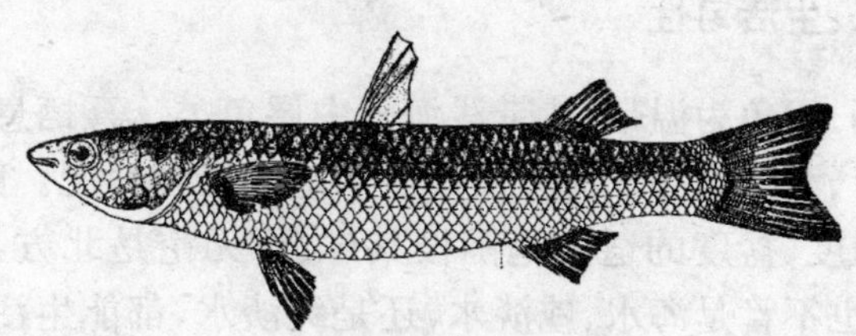

图 4-2 梭鱼(引自张春霖,1955)

第一节 生物学特性

一、形态特征

鲻、梭鱼体形相似,呈圆筒形,两侧稍扁。两者体色稍有区别,鲻头部及体侧背方呈青灰色,体侧下方及腹面为银白色,体侧上半部有几条暗色纵带,胸鳍基部有一黑色斑块;梭鱼背部灰褐色,腹部灰白色,体上侧有数条黑淡褐色纵纹,各鳍为浅灰色。两者比较详细的形态上的区分,可参阅表 4-1。

表 4-1　鲻、梭鱼主要形态差异

种类	脂眼睑	纵列鳞(枚)		第一背鳍起点距吻端与至尾鳍基部距离	臀鳍条	胸鳍基部腋鳞
		体侧	背鳍前方			
鲻	发达,前至瞳孔	38～41	14～15	相等	8	有
梭鱼	不发达,仅存眼缘	41～47	16～24	较近	9	无

二、生活习性

鲻、梭鱼为温带、热带浅海上中层鱼类。喜栖息于沿海近岸、浅海湾和江河入口咸淡水地区摄食育肥。鲻、梭鱼对温度、盐度的适应范围极其广泛,无论是北方,还是南方,也不管是海水、咸淡水,还是纯淡水,都能生活。鲻鱼能在水温3℃～35℃的水域中生存,适宜水温为12℃～32℃,生长最适水温为20℃～28℃,致死低温为3℃。梭鱼能忍受0℃～35℃的水温,生长适宜水温为18℃～28℃,致死低温是－0.7℃,之所以在我国的南方鲻鱼多、北方鲻鱼少,温度可能是其主导因素之一。鲻、梭鱼性活跃,具有较高的耗氧量,池中氧量2 mg/L以上,活动正常,当氧量降低至1.75～0.87 mg/L时,便产生浮头现象。

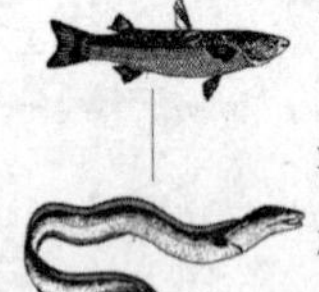

鲻、梭鱼的食性很广,属杂食性鱼类,以刮食沉积在泥表腐败的有机物质和藻类为主。主要食物有硅藻、有机碎屑、丝状藻类、桡足类、多毛类和摇蚊幼虫,也食小虾和小型软体动物。养殖中常用繁殖藻类或用青草与粪肥混合发酵,作为直接饵料或起施肥的作用。此外,也常用饼类或糠类作为饲料投喂。

三、生长与繁殖

不同的地区、不同的水域,鲻、梭鱼的生长速度不同。

相同条件下的同一水域中，不同的发育阶段或性别之间，其生长速度亦有差异。在咸淡水鱼塘养殖当年的鱼苗，到年底一般体重可长到0.5～0.6 kg，个别的可长到0.75 kg。鲻在前期体重增加相当慢，但到第一次性腺成熟以后，体重快速增长，雌鱼体重增加比雄鱼快。

鲻鱼性成熟的年龄与温度有密切的关系，一般水温高的水域，鲻鱼成熟早些，雄鱼为2～3龄，雌鱼为3～5龄，体长为300～500 mm。

梭鱼的生长比鲻鱼慢，在4龄前，随年龄增长而增长，在3～4龄时生长最快，5龄以后生长速度逐步减慢。1龄鱼的全长可达150 mm、体重50 g左右；2龄鱼平均全长200 mm、体重200 g；3龄鱼全长可达350 mm、体重500 g以上。雌、雄鱼生长上的差别，到性腺开始成熟时才显著地反映出来，雌鱼生长比雄鱼迅速。

梭鱼雄鱼一般2龄可达到性成熟，大量成熟为3～4龄，雌鱼3龄开始成熟，4龄大量成熟。人工养殖的梭鱼，可提早一年成熟。性成熟最小个体雄鱼体长为190 mm，体重约为120 g；雌鱼的体长为325 mm，体重约为350 g。

鲻、梭鱼通常为雌雄异体，平时外观上无明显差别。但在生殖鱼群中，雄鱼显得细长，雌鱼腹部较大，有时可以见到泄殖孔的红肿。偶然能发现雌、雄同体的鲻鱼。

第二节　人工繁殖

一、亲鱼的选择与运输

1. 亲鱼的来源

亲鱼的来源：一是在生殖季节，从海区捕获成熟的亲鱼；二是从养殖的成鱼中挑选已近成熟年龄的体质健壮、无伤无病的个体进行强化培育。具体情况可以因地制宜。从长远考虑还是以人工养殖的亲鱼为好，自养自繁，亲鱼“野性”少些，催产效果好，同时便于有计划安排生产，对发展生产更有保证。

2. 亲鱼的运输

亲鱼最好就地取材，就地培育，尽量避免长途运输。若要长途运输，可采用厚的尼龙袋充氧麻醉运输，常用的麻醉药有喹哪啶、巴比妥钠和乙醚等。

在水温 10℃时，用 5～10 mg/L 的喹哪啶水溶液麻醉亲鱼，麻醉状态可持续 24 小时以上，亲鱼下池塘后复苏良好。用 10～15 mg/L 的巴比妥钠水溶液能麻醉亲鱼 10 多个小时，亲鱼下塘后 5～10 分钟即苏醒。用乙醚麻醉，先用棉球蘸一点乙醚（体重 1 kg 左右的用 0.5 mL），塞入亲鱼口内，经 2～3 分钟，亲鱼麻醉后，即可运输，可麻醉 2～3 小时。

二、亲鱼培育

1. 培育池的要求

亲鱼培育池的大小要适宜，若塘过大，捕捞操作不方便；如果池塘太小，水环境变化大，长期培育也不适宜。一般要求面积 2～5 亩，水深 1.5 m 左右，池底为平坦的沙泥池为宜。

2. 放养密度

放养密度按池塘具体条件而定，鲻鱼一般每亩为 100～150 kg，梭鱼一般每亩水面放养不超过 100 kg。雌、雄亲鱼可以混养在一起，其搭配比例为 2∶3。

3.亲鱼培育的主要措施

(1)施肥、投饵:饵料是亲鱼性腺正常发育的重要因素。亲鱼饵料的数量与质量,直接影响到亲鱼性腺发育的好坏。因此,合理施肥、投饵是培育亲鱼的关键。

鲻、梭鱼在自然条件下主要摄食单胞藻类、底栖的小型动、植物及其他有机碎屑。因此,施肥培养饵料生物,是非常重要的。施肥量及施肥次数应根据水色和池中饵料生物量而定,一般是控制池水的透明度为35 cm,在高温季节要适当减少施肥量,避免缺氧泛池。对于新开挖的池塘,则应施足有机肥,每亩800～1 000 kg。

人工饲养亲鱼除施肥以外,要适当投喂饲料,如米糠、麸皮、鱼粉、人工配合饲料等,但必须使粗蛋白的含量达30%以上。日投喂量为鱼体重的5%～8%。

(2)调节水质:保持水质清新,改善水环境状况,提高亲鱼的食欲,促进性腺生长发育。培育期间要经常换水,改善池水水质状况。产前要进行"盐水过渡"及流水刺激,保证盐度达到产卵孵化的要求。

三、人工诱导产卵与孵化

达到性成熟的鲻、梭鱼在池养条件下,雌鱼卵巢能正常发育,但不能在池塘里自行产卵,必须采取人为的方法,把一定剂量的外源激素注入亲鱼体内,促使亲鱼性腺成熟或产卵。

所用的外源激素的种类、催产时间、催产剂的用量等要根据亲鱼的性腺发育程度,结合水温等外界条件加以确定。

正确选择成熟的亲鱼是保证催产成功的关键。根据亲鱼腹部的大小、弹性和松软程度等来鉴别亲鱼是否成熟。雄鱼要选体质健壮、无损伤的，用手轻压鱼的腹部，即有乳白色精液从生殖孔流出。雌鱼要选择腹部饱满、富有弹性、泄殖孔红润外翻的。注意刚产过卵的雌鱼，泄殖孔也红润外突，但其腹部十分松软，且凹陷。

鲻、梭鱼常用的催产剂有鲤、鲫、鲻、梭鱼的脑垂体(PG)、促黄体生成素释放激素类似物(LRH-A)和绒毛膜促性腺激素(HCG)等三大类型。各种激素对每千克鲻、梭鱼的有效剂量大致如下：

脑垂体：鲻鱼 10～20 个、梭鱼 17～30 个或 15～20 mg、鲤鱼 14 个或 15～20 mg、鲫鱼 11～40 个。

HCG：3 500～10 000 IU。

LRH-A：125～300 μg。

采用脑垂体(最好用同种类或血缘关系较近的)和 LRH-A 混合注射效果较佳，其剂量为脑垂体 10 mg＋LRH-A 150 μg。

催产时应根据具体情况灵活掌握催产剂用量。如果亲鱼成熟较好，且水温较高时，催产剂用量可适当减少；反之，亲鱼成熟度较差、水温较低时，要适当增加催产剂用量。

一般采用两次注射：第一次注射总剂量的 1/5～1/3，第二次再将剩余的药量全部注入鱼体。两次注射间隔时间通常为 12～24 小时。雄鱼如果成熟好，可不注射或在雌鱼注射第二次时进行一次注射，剂量为雌鱼的一半；如果成熟度差，也可同雌鱼一样分两次注射。一般采用肌肉或体腔注射。后者效果较佳，但要特别小心，免得损伤内脏。

催产过程中，清新的水流刺激对提高催产率有很大的影响。经激素处理的雌、雄亲鱼放入产卵池，大多数情况下鲻鱼能够自行产卵，而梭鱼要进行人工授精。授精

采用干法或湿法均可。

鲻鱼卵球形、透明，呈浮性，卵膜表面光滑，无花纹，富有弹性，具1个微黄色的油球，这是成熟卵的最明显特征。将受精卵置于孵化缸（桶）、孵化网箱或水泥池等进行孵化。若采用流水孵化，放卵密度可达1 000～2 000粒/升；若采用水泥池等静水孵化，密度一般不超过10粒/升水体。

四、胚胎发育

鲻科鱼类的胚胎发育与其他硬骨鱼类一样，均为盘状卵裂。但不同种类所需的条件不尽相同（表4-2），其具体发育特征以鲻、梭鱼的胚胎发育特征为例，分别见表4-3和图4-3。

表4-2 几种鲻科鱼类的胚胎发育条件

品种	适宜水温（℃）	适宜盐度	溶解氧（mg/L）
鲻	18～24	24.39～35.29	>5.0
梭鱼	15～20	>7	
大鳞梭鱼	17～29	35	
棱梭鱼	14～22.5	22.27～23.57	>3.0

表4-3 鲻鱼胚胎发育（水温21℃～24℃，盐度32.4～32.9）

发育阶段	受精后时间	卵和胚胎发育特征的描述
成熟卵	—	卵球形、浮性、透明，卵径0.93～0.95 mm。具1个油球或几个小油滴聚集在一起，在卵膜上具有不规则精细花纹

（续表）

发育阶段	受精后时间	卵和胚胎发育特征的描述
2 细胞期	1 h 10 min	受精后 30～40 分钟，卵间隙和胚胎形成，50～60 分钟开始第一次卵裂，持续时间大约 30 分钟
4 细胞期	1 h 40 min	在第一次卵裂 10 分钟后开始第二次分裂，两次卵裂面互相正交，分裂球轮廓清晰
8 细胞期	2 h 10 min	第三次卵裂面与第二次卵裂面正交，并平行于第一次卵裂面
16 细胞期	2 h 30 min	第四次卵裂面平行于第二次卵裂面
32 细胞期	2 h 50 min	第五次分裂
分裂后期	3 h 50 min	胚胎已出现三层分裂球
桑葚期	3 h 50 min～6 h 10 min	细胞分裂加速，胚盘由许多分裂球组成
囊胚期	6 h 10 min～9 h 35 min	个体分裂球不明显，卵黄逐渐被胚盘包进
原肠胚早期	9 h 35 min～11 h	胚盘连续扩大，在胚盘边缘形成胚环，胚盾的胚芽出芽
原肠胚后期	11 h～14 h 20 min	卵黄被胚盘包围，胚盾明显，神经管初期形成
胚体形成期	15 h 15 min	胚胎前端包含头部，尾端未分化，胚孔几乎完全闭合
听囊形成期	18 h～23 h	视沧和听囊逐渐形成，出现 6～7 对肌节，晶体形成不完全，出现 9～14 对肌节时，出现黑色素细胞
脑分化期	33 h 40 min	脑分化完成，形成 17～19 对肌节，心脏正在形成
心脏搏动期	34 h 10 min～40 h	心脏开始搏动，尾部自由运动，胚体扭动，出现更多的黑色素细胞和黄色素细胞，消化管形成

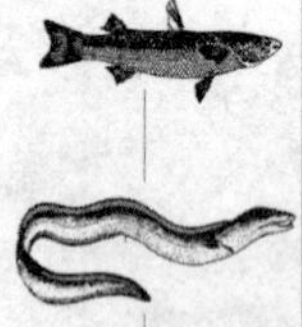

(续表)

发育阶段	受精后时间	卵和胚胎发育特征的描述
膜状鳍形成	50 h 40 min～55 h 10 min	尾部鳍褶形成，色素较浓，心脏跳动加速，尾端接近头部，卵黄逐渐减少
孵化期	59 h～65 h	即将孵出，尾部与头部直接接触，胚胎频繁急剧颤动，仔鱼孵化出膜

(引自苏锦祥，2000)

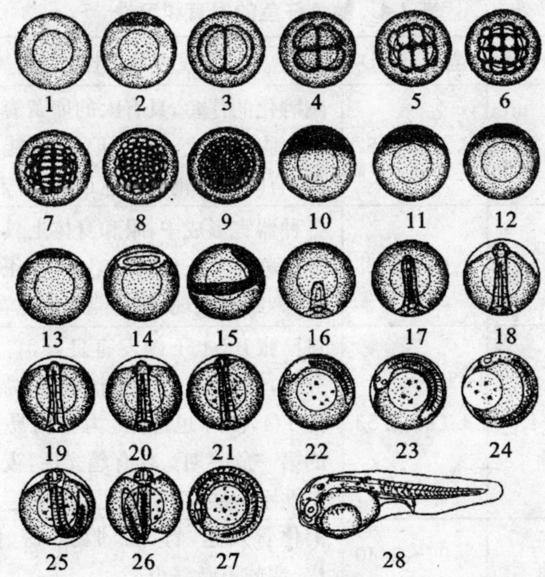

1. 受精卵；2. 胚盘隆起；3. 2 细胞期；4. 4 细胞期；
5. 8 细胞期；6. 16 细胞期；7. 32 细胞期；8. 64 细胞期；
9. 128 细胞期；10. 多细胞期；11. 高囊胚期；12. 低囊胚期；
13. 囊胚晚期；14. 原肠早期；15. 原肠中期；16，17. 原肠末期；
18，19. 神经胚期；20，21. 耳囊期；22，23，24. 尾芽期；
25. 晶体出现期；26. 心脏搏动期 27. 即将出膜；28. 初孵仔鱼

图 4-3　梭鱼的胚胎发育(引自苏锦祥，2000)

五、仔、稚鱼的发育和习性

刚孵出的仔鱼大小与卵径、亲鱼大小有密切关系。不同鱼种也有所差别，如鲻鱼的全长为 2.5～3.5 mm，梭鱼为 2.4 mm，大鳞梭鱼为 2.13～2.50 mm。具体的发育特征、生活习性与摄食活动以鲻鱼为例，见表 4-4。梭鱼的胚后发育见图 4-4。

表 4-4 鲻鱼仔鱼的发育和习性

孵化后天数	全长(mm)	发育和习性
1	2.56～3.52	刚孵化的仔鱼，具有大的卵黄囊和油球。腹部朝上，头向下，游泳能力微弱，有时上下稍微急速运动，口未开
2	2.64～3.28	各种器官形成中，眼和身体上具有较多色素。全长比以前略短，口正在发育，胸鳍已出现，嗅窝能清楚地看到
3～4	3.11～3.53	口已张开，上下颌发育良好，胃肠已分化，能摄食，卵黄囊收缩，仅为初期的 1/4，油球也缩小，为鱼苗易死亡的第一危险期。具有趋光性，夜间分布在水上层
5～7	3.06～3.40	消化管发达，胃、肠、胆囊、脾、鳔形成，油球不断缩小
8	3.35～3.80	油球完全消失，鳃系形成，开始加速生长
10～13	3.45～5.10	鳍褶向后移，鳃丝非常发达，体表变黑色，具有强趋光性，尾下骨形成，这是鱼苗易死亡的第二危险期，成活率很低

（续表）

孵化后天数	全长(mm)	发育和习性
14～15	3.85～5.70	开始成群游泳，尾部棒状骨形成，臀鳍和第二背鳍基部出现7～9根鳍条，鳃片已形成
16～19	5.4～6.6	身体上有许多黑色斑点，从鳃部沿着腹部到肛门出现明亮银白色素。多在水表面游动，有时也到水的中层
20～21	6.0～7.65	在白天显示趋光性，晚上漂浮在水面，身体有时呈褐色，有时呈银绿色
22～24	8.25～10.9	鳍条形成。背鳍和腹鳍的鳍膜几乎完全退化。在鳞片上出现1～3圈轮纹。体银白色，在白天仔鱼集群游泳于上层，在晚上仔鱼漂浮于水表层，有趋光性
25～28	8.8～15.0	所有鳞片和鳍条都已形成，体银绿色。已有牙齿出现，两个鼻孔已分隔
29～32	16.6～20.7	十分敏感，小群聚集，在白天游向中层和下层，晚上继续漂浮
34～35	22.2～26.2	白天仔鱼大群沿着水池循环游泳，晚上单独漂浮。体草绿色，有时在背部后端出现银白色
37～40	23.1～29.3	摄食习性发生一些变化，傍晚摄食。对光敏感，在光下不再较长时间聚集
45	27.5～32.8	对环境抵抗力强，适宜放养

（引自苏锦祥，2000）

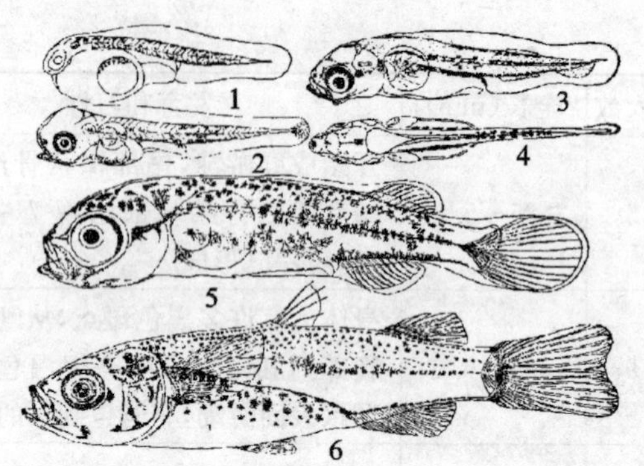

1. 全长 2.40 mm 的仔鱼；2. 全长 3.50 mm 的仔鱼；
3. 全长 3.80 mm 的仔鱼；4. 全长 4.50 mm 的仔鱼(背面观)；
5. 全长 8.10 mm 的仔鱼；6. 全长 15.5 mm 的稚鱼

图 4-4　梭鱼的仔、稚鱼发育(引自张仁斋，1985)

第三节　苗种培育

一、室内工厂化培育

1. 育苗设施

育苗池可用水泥池或玻璃钢及其他材料做成，长方形或圆形。每个池面积为 10～40 m^2，深 1～2 m。

2. 放养密度

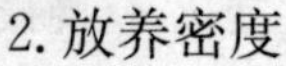

孵化后 4～5 天的鲻、梭鱼仔鱼，每立方米水体放 2.0 万～2.5 万尾。

3. 饵料

贝类的受精卵或担轮幼虫及小个体轮虫是仔鱼开口的理想饵料。第 5 天，仔鱼可摄食小于 150 μm 的浮游动

物。第 9 天开始大量地摄食轮虫。此阶段若天然饵料不足,可结合具体情况,补喂适当煮熟的鸡蛋黄。投喂量为每 20 万尾鱼苗喂 1～2 个蛋黄,将蛋黄用 150 目筛绢过滤后投喂。蛋黄切不可多喂,时间亦不宜长(喂 7 天左右即可)。孵化后第 8 天开始补充投喂桡足类、卤虫无节幼体,一直到苗种培育结束。开始 10 天投喂卤虫幼体,保持水体中的密度为每毫升 1～2 个,以后根据鱼苗摄食情况尽量满足。到培育的第 20 天,鱼苗全长达 15～18 mm 时,可投喂糠虾、人工配合饲料等,逐步训练鱼苗吃植物性饲料。经 25 天左右的培育,鱼苗全长可达 22～27 mm,育苗工作即可结束。

4. 日常管理

室内育苗密度高,要控制好水质,保证有良好的水环境。一般采取换水和充氧加以控制。育苗中不停充气,开始时保持水深 0.8～1.0 m,前 3 天可只充气不换水,到第 5 天大量吃食后要换水,并随着鱼苗长大逐渐加大换水量。通过充气和换水,使池水溶氧量达 6～8 mg/L,氨氮控制在 2 mg/L 以下。

二、池塘培育

1. 池塘准备

清池、肥水等可参阅第二章池塘养鱼部分。

2. 鱼苗入池

当仔鱼开始平游,并能主动摄食时(仔鱼出膜后第 4～5 天)入池培育。下塘时间最好选在晴朗无风天气,鱼苗下塘要带水搬移。放养量一般根据池水水质、饵料的数量与质量、鱼苗体质等灵活掌握,通常以每亩 8 万～10 万尾为好。

下塘前1～2天要进行试水，即从池中舀出一盆水，放进几十尾鱼苗，观察清塘药物是否已经完全消失。

鱼苗入池后，仔鱼对饵料生物的大量消耗，很快会使天然饵料不足而无法满足仔鱼的需求，因此除追肥继续培养天然饵料外，还可结合泼洒豆浆的方法予以补充。每天每亩用黄豆1 kg，后期增加至2.5 kg。当鱼苗长到1.5～2.0 cm长以后，可投喂豆饼糊、米糠、玉米面等，每天上、下午各投饵1次。池塘需随鱼苗的生长和水质肥瘦逐渐增加水量或换水，每次换水约20 cm深。经25天左右精心培育，鱼苗可长到2.5～3.0 cm长，这时要拉网锻炼，及时分塘。锻炼的目的是增强鱼苗的体质和对外界环境的抵抗力，使之在运输和分养过程中减少死亡，提高成活率。拉网会使鱼苗受惊跳动，增加了运动量，使肌肉结实，同时使鱼苗在密集环境中加速黏液的分泌和粪便的排泄，减少运输中的水质污染，便于运输。

三、鱼种的饲养

3 cm左右长的鱼苗逃避敌害侵袭和取食能力仍较差，在较大的水面养殖，成活率不高。最好进一步培育鱼种至10 cm左右长，然后再放入各类水域养成。

此阶段培育池的基本条件大体和鱼苗池相同，但面积可大些，一般2～5亩较合适。养殖方式可分单养鲻、梭鱼苗或与其他鱼苗混养。

1. 单养

放养密度主要取决于养成鱼种的规格要求，结合饲料、肥料、池塘条件综合考虑。培育鲻鱼苗体长10 cm以上的大规格鱼种，每亩一般放养体长3 cm左右的鲻苗8 000尾较为合适。梭鱼单养池每亩放养6 000～8 000

尾，当年年底可育成长 10 cm 以上的大规格鱼种。

2. 混养

混养鲻、梭鱼苗一般在淡水或较低盐度的水体中进行，以搭配草鱼苗为多，3 cm 左右长的鲻鱼每亩 3 000～4 000尾，草鱼 1 000 尾。在海水池塘与对虾混养，每亩放梭鱼苗 500 尾左右，当年可长到每尾 150 g 的大规格鱼种，或可以上市做食用鱼。

3. 饲养管理

充分利用池塘的浮游生物，通过施肥、追肥，促使其大量繁殖作为鲻、梭鱼饵料。同时，进行人工投饵，以满足鱼苗的饵料需要。投饵一般采用四定原则，即定时、定位、定质、定量。

养殖期间每天早晨巡塘 1 次，观察水色变化和鱼的动态，检查吃食情况，以便决定次日的投饵量。同时要及时加水，改善水质，保持池水的透明度在 25～30 cm 为宜。要及时清除池中污物、杂草和打扫食台，保持池塘环境卫生。

四、鲻、梭鱼苗的运输

鲻、梭鱼苗性躁易死亡，要经过驯养锻炼后，方可运输，否则成活率极低。在运苗前要周密考虑，根据气温、水温、鱼苗体质和规格以及运输工具、运输距离等情况而定。利用 0.5 m^3 左右的帆布袋，在充气条件下，运输 2～3 cm 长的鱼种，可装 5 000 尾左右，运输时间可达 10 小时以上。用尼龙袋充氧运输每袋装入 500～1 000 尾，经 6～12 小时运输，成活率达 90%。

第四节 鲻、梭鱼的养成

一、放养前的准备工作

鱼池的大小、形状无特殊要求，一般以 5 亩左右为宜，水深常年保持在 1.5～2 m。具体的清塘、施肥等工作，可参阅第二章第二节的池塘养殖部分。

二、鱼种放养

鲻、梭鱼的养殖，主要有单养和混养两种类型。当前以混养为多，有鲻、梭鱼与海水鱼类混养、与对虾混养以及与淡水鱼类混养等。

单养鲻鱼的池塘，一般每亩放养 3.3 cm 长的鱼苗 4 000尾，6.7 cm 长的鱼苗 1 500 尾。在咸淡水鱼塘，主要以鲻鱼为主，多数与草鱼、鳙、鲷（黄鳍鲷、平鲷、黑鲷等）、鲈（有鲈鱼、尖吻鲈等）和罗非鱼等混养。其混养模式见表 4-5。

表 4-5　以鲻鱼为主的池塘混养模式

放养品种	放养规格（千克/尾）	放养密度（尾/亩）	收获规格（千克/尾）	产量（千克/亩）
鲻鱼	5～6 cm	250～300	0.5～0.6	125
草鱼	0.25～0.5	100～150	1.25	125（纯产）
鳙	0.5	25	1.25	30（纯产）
黄鳍鲷	10～12 cm	150～200	0.25	20（纯产）
鲈鱼	5～6 cm	10～25	0.75	10

在海水池塘鲻、梭鱼作为次养品种可与主养品种对虾混养，养殖效果相当好。一般鲻、梭鱼的放养密度每亩为150尾左右。

还有许多养殖模式，如鲻鱼与遮目鱼、斑节对虾、狼鲈、海鲫、鳗鲡、香鱼和其他虾类等混养。

三、施肥与投饵

鲻、梭鱼在养成期间，主要是摄食底栖附着藻类和有机碎屑。因此，在养鱼为主的池塘，有机肥（如人、畜和家禽粪便）以及绿肥、混合堆肥是较理想的肥料，可以被鲻、梭鱼直接做饵料，也可以起施肥作用，繁殖饵料生物。在放鱼苗后通常要不断追肥，其原则是“及时追肥，少量勤施”。每隔5～7天施肥1次。

鲻、梭苗放养密度较大时，天然饵料不能满足需要，因此要适当投饵料，常用的有豆饼、花生饼、菜籽饼、米糠、麸皮、鱼粉等。如果以养对虾为主，主要考虑对虾饵料，不需要加投鲻、梭鱼饵料。投饵技术要三看，即看天气、看水色、看鱼类活动摄食。同时要做到四定，即定质、定量、定时、定位。

四、饲养管理

主要做好巡塘和防逃工作。巡塘主要观察水质、鱼活动、浮头以及鱼病等。在混养密度较大的情况下，夏季水温高，鱼类代谢加强，耗氧率增大，加之投饵水质较差，可能在黎明前后或雷阵雨前夕发生浮头，严重时会引起死亡。鲻鱼游动迅速且善跳，有逆水性，在池塘注排水口，应设置防逃设施。

第五章　花鲈养殖

花鲈 *Lateolabrax japonicus* 属鲈形目 Perciformes 鮨科 Serranidae 花鲈属 *Lateolabrax*，俗称鲈鱼、鲈板、花寨、鲁子等（图 5-1）。广布于我国及日本、朝鲜沿海。该鱼因其肉质细嫩，味道鲜美，颇受人们的青睐；又因它生长快，适温、适盐性广，在我国沿海不同地区的水域特别适合养殖，如今一些咸水和淡水水域也已养殖成功，因此该鱼已成为我国重要的养殖品种。

图 5-1　花鲈（引自朱元鼎，1963）

第一节 生物学特性

一、形态特征

花鲈体长、侧扁，口大，下颌长于上颌。两颌、犁骨、腭骨具绒毛状牙。前鳃盖骨的后缘有细锯齿，后角有 1 个大棘，下缘向后下方有 3 个大棘，鳃盖骨具棘，两个背鳍，第一背鳍以第 5 鳍棘最长。

幼鱼背部呈灰白色，两侧与腹部为银白色。侧上部、背部和背鳍鳍膜上具形状、位置、数量均不规则的黑色斑点。随着个体长大，背部渐呈灰黑色，并渐向两侧延展，黑色斑点也逐渐模糊。背鳍鳍条部及尾鳍边缘呈黑色。

二、生活习性

花鲈是我国常见的经济鱼类。该鱼终年栖息于近海水域，不作远距离洄游，从而在多个地方形成了生态种群。它适温广，我国沿海从南到北都可见到它的存在；适盐性广，生活于海水，也可栖息于咸淡水水域，甚至溯入淡水中生活。冬季栖于较深的水域越冬，水深通常为 20～50 m。自早春开始，逐渐游向近岸和河口区索饵。

花鲈属肉食性鱼类，摄食强烈。食物的种类很多，以鱼类占绝对优势。

三、生长与繁殖

花鲈的寿命比较长，生长速度比较快，但该鱼在不同年龄阶段、不同水域环境中的生长速度不同。如生长在长江口区的花鲈在5龄前比黄、渤海区的生长速度慢，5龄后比黄、渤海区的生长速度快。

花鲈雄性两龄、雌性3龄（大部分4龄）性成熟，随后作为产卵的补充群体，加入每年秋冬季的生殖活动。其产卵期：北方9～10月份（个别报道为春季）、南方11～12月份。产卵温度为21℃～13℃，最适温度北方偏低为16℃～14℃，南方较高为18℃～20℃；产卵地点为与河口相邻海区的近岸相对高盐区。绝对怀卵量5万～230万粒，平均70万～80万粒。花鲈是雌、雄异体的鱼类，但可偶见雌雄同体的个体。

第二节　人工繁殖

一、亲鱼的选择与培育

1. 亲鱼的来源

在产卵场采捕天然性腺发育成熟的亲鱼。此法简单易行，但在产卵场规模较小、性成熟亲鱼较少的海区，要求同时捕到合适的雌、雄亲鱼，有相当难度。

采捕天然亲鱼，经过强化培育或注射性激素促熟等措施，达到性腺成熟。此法适用于非产卵期捕获已达性成熟的成鱼。

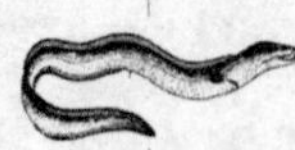

人工培育亲鱼，即采用人工繁殖苗种或自然捕捞苗种，经2～3年以上的人工养成，然后选留体质好、生长快、个体大、无伤病的鱼作为亲鱼。因已适应人工饲育环境，可实现自然产卵。这是人工育苗解决亲鱼来源的主要途径。

2. 强化培育

亲鱼在繁殖前要进行强化培育。除要求水质清新、无污染、溶氧保持在 5 mg/L 以上外，在水温、光照、盐度等环境因子方面也要适合亲鱼性腺发育的需要。

花鲈要求产卵水温从高温向低温过渡，可通过人工降温的方法控制其性腺成熟。花鲈属于短日照型产卵鱼类，随着日照时间的缩短，性腺逐渐发育成熟。因此通过人为控制光照也可改变其产卵时间。

在亲鱼强化培育期间，日投喂次数不能少于 3 次，每次投喂以亲鱼吃饱、不再摄食为止。强化培育亲鱼时应注意饵料的质量，尽量投喂一些鲜活的小鱼、小虾，这样既能保证饵料的质量，又能增强亲鱼的食欲。利用配合饲料时，应适当添加维生素 C,E 等，尽量采取多种类搭配。

为保证池水的清新，投喂的残饵和污物应及时吸出，每天换水量最好能达到养殖水体的 1 倍以上。注意保持亲鱼培育池的安静，减少对鱼的惊扰。

在我国的北方，人工培育花鲈亲鱼的过程，可按照“冬保、春肥、夏育、秋繁”四个环节实施。

二、人工催产与授精

培育的亲鱼由于存在个体差异，其性腺发育程度也不完全一致，因此实施人工催产时，首先应对所养亲鱼进行分类选择，尽量使催产的同一批鱼性腺发育一致。

卵巢发育成熟的雌鱼腹部较膨大、柔软、有弹性、生殖孔红肿，提起尾部似有卵向前流动的现象，也可用挖卵器挖出卵粒，观察其形状、色泽等。雄鱼轻压腹部有精液从生殖孔流出即可。

目前生产上常用的鱼用催产剂有鱼类脑垂体(PG)、绒毛膜促性腺激素(HCG)和促黄体素释放激素类似物(LRH-A)、地欧酮(DOM)等,但使用 HCG 和 LRH-A 的较多,而且两者混合使用效果更好。

注射次数与剂量依亲鱼成熟情况而定。对成熟较差的亲鱼可采用两次注射或多次注射,使性腺逐步发育成熟。每次 HCG 与 LHRH-A_2 或 LHRH-A_3 混合使用的剂量一般为雌鱼每千克体重使用 800～1 000 IU HCG＋5～10 μg LHRH-A_2 或 20～50 μg LHRH-A_3;雄鱼剂量减半。

当雌鱼游动减少、雄鱼有主动尾随行为时,可进行人工授精。此时雌鱼腹部明显胀大、感觉柔软,轻压泄殖孔两侧,有透明卵流出。操作时先将亲鱼提起(同时用手压住泄殖孔,以防卵或精流出),用干净毛巾吸去体表水分,从前向后缓缓推挤腹部,将成熟卵挤入光滑容器内,然后尽快加入精液,搅拌均匀,静置 5 分钟左右,用海水冲洗干净。

三、受精卵运输与孵化

一般采用塑料袋运输受精卵,将塑料袋装入 1/2 容积的过滤海水,按每升水 2 万粒左右的密度加入受精卵,然后充入氧气,扎紧袋口。运输途中要严格控制温度,其波动范围最好不超过 2℃,因此可在袋子周围放些冰块或其他降温材料。

如果将卵直接放入池中孵化,放卵的密度为 2 万～5 万粒/立方米水体;受精卵放入孵化箱(60～80 目筛绢)或孵化缸中孵化,其密度为 100 万～150 万粒/立方米水体。在孵出期间,要及时吸除底部的死卵,保持微充气,使受

精卵能均匀翻动。水温控制在15℃～22℃，盐度为27～33。用砂滤海水，每日换水两次或流水孵化。

四、早期发育

花鲈的卵子为分离的球形浮性卵，卵膜较薄，光滑透明，具韧性。受精卵卵径为1.22～1.45 mm，油球1个，呈橘黄色。在水温11℃～16℃（主要在12℃～13℃）时需经108小时才开始孵化，至120小时孵化结束。花鲈的胚胎发育速度与温度有密切关系，在水温为14℃～18℃，盐度为30左右时，需4～4.5天孵化；在水温为18℃～21.2℃，盐度为31～34的条件下，一般经50小时左右即破膜孵化（表5-1、图5-2）。

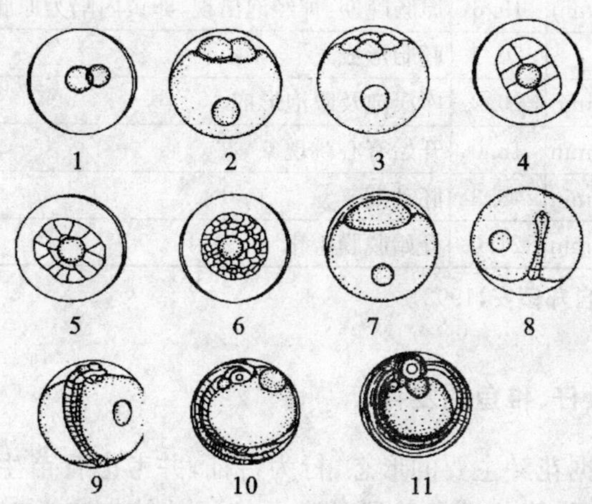

1.受精卵；2.2细胞；3.4细胞；4.8细胞；5.16细胞；6.32细胞；7.囊胚期；8.原肠期；9.胚体形成期；10.心脏跳动期；11.孵化前期

图5-2　花鲈胚胎发育（引自李鲁晶，2003）

表 5-1　花鲈胚胎发育过程

受精后时间	水温℃	发育阶段
0	20.8	受精卵
1 h 15 min	20.8	2 细胞
1 h 50 min	20.8	4 细胞
2 h 15 min	20.8	8 细胞
2 h 50 min	20.8	16 细胞
3 h 55 min	20.8	64 细胞
5 h 20 min	20.2	多细胞
11 h 50 min	18.5	囊胚期
16 h 30 min	18.0	原肠前期:胚环形成
18 h 20 min	19.0	原肠中期:1/2 的卵黄内陷为囊胚层
21 h 10 min	19.6	原肠晚期:神经泡出现,卵黄内陷为原肠胚
23 h	20.2	胚胎形成
25 h 40 min	20.2	库氏泡及眼泡形成
35 h 40 min	18.0	开始有心跳现象
40 h 55 min	18.3	胚动期
50 h 40 min	21.0	开始脱膜孵化

(引自郑镇安,1993)

五、仔、稚鱼的发育

根据花鲈主要的形态、行为特征,并考虑育苗生产的实际情况,将花鲈各阶段的主要特征总结如表 5-2,发育形态见图 5-3。

表 5-2 是在适温条件下培育的结果。在自然海区中,由于温度较低,发育滞缓,直到第二年 4 月初出现在近岸时的体长也只有 12～15 mm。

表 5-2　花鲈仔、稚、幼鱼阶段的主要特征

（水温 15.0℃～16.0℃，相对密度 1.016～1.022）

发育阶段		日龄（d）	体长（mm）	形态特征	行为特征
仔鱼	前期	0～9	4.27～5.40	从孵化出壳至卵黄囊消失，口已开，口、消化管和肛门已完全相通	活动能力弱，主要随水漂流，从偶作窜动到能作短距离平游；开始摄食轮虫
	后期	9～36	5.40～8.83	从卵黄囊消失至奇鳍膜即将分化	活动能力较强，对光反应灵敏，第 20 天时游动自如，喜集群，从主要摄食轮虫转向主要摄食卤虫无节幼体
稚鱼期		36～56	8.83～20.03	从奇鳍膜已分化至出现一定数量的鳍棘、鳍条	游动、逃避、摄食能力增强，对光反应灵敏；能摄食卤虫成体和大型桡足类
幼鱼期		56～85	20.03～30.97	从鳞片开始出现至基本覆盖全身，各鳍式趋于定数，形态已与成鱼相似	活动、摄食和反应能力更强，白天活动在水体的中、下层，晚上集群沿池壁做逆时针方向游动；大量摄食大型桡足类、糠虾糜和鱼糜

（引自雷霁霖，2005）

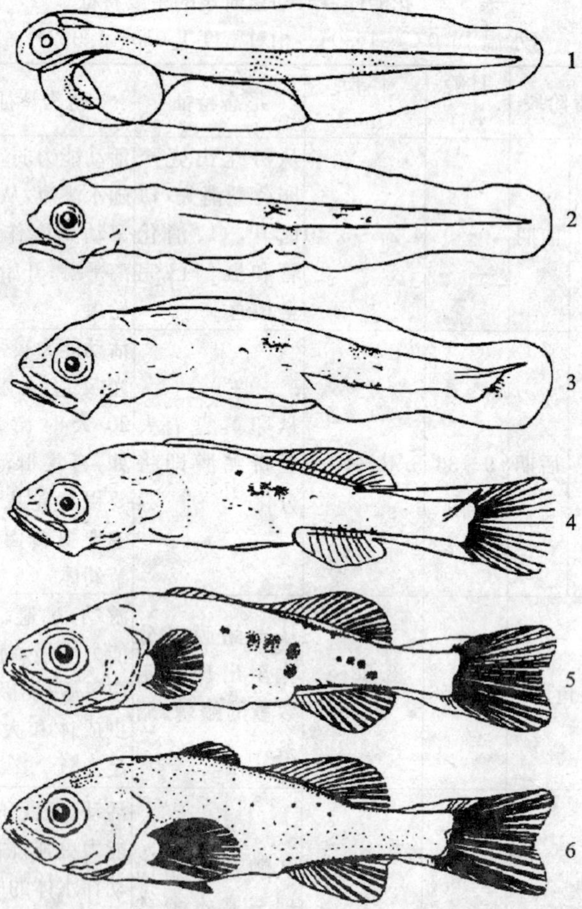

1. 孵化后 1 天；2. 孵化后 10 天；3. 孵化后 30 天；
4. 孵化后 40 天；5. 孵化后 50 天；6. 孵化后 65 天

图 5-3　花鲈仔、稚、幼鱼发育（引自李鲁晶，2003）

第三节 苗种培育

一、室内苗种培育

1. 培育设施

培育设施以鱼类常规育苗室即可，亦可使用现成的虾、蟹、贝类育苗室。形式多样，一般以方形、圆形为主，水体容量为 15～30 m^3 的水泥池，既便于人工控制和管理，又利于大规模的企业化生产。育苗用水水质要符合海水养殖用水水质标准，且经过过滤、消毒等措施处理后再使用。同时还要注意培育池的消毒处理。

2. 放养密度

孵出仔鱼的布池密度一般为 1 万～3 万尾/立方米水体，具体要视池的大小、水交换量及通气、清污条件等作详细调整。

3. 饵料

适时保证足量的优质饵料供应是育苗成败的关键。花鲈苗孵出，待发育到消化道开通，即应及时投喂轮虫，使池中轮虫密度保持在 5～10 个/毫升，投喂 20～30 天。为了使池中的轮虫有一定的饵料，应在仔鱼入池时，就添加小球藻，使其密度达到 20 万～50 万细胞/毫升。从第 20 天开始(视水温与鱼体发育，亦可提前到第 15 天)投喂卤虫无节幼体，并保持其在水池中的密度为 1～2 个/毫升。投喂时间一般持续到第 50 天，即鱼苗已达 20 mm 左右长，能完全摄食鱼糜、人工配合饲料为止。期间如有条件，可投喂部分桡足类，弥补长期投喂轮虫、卤虫导致的不饱和脂肪酸的不足，以增强鱼苗活性。

4. 日常管理

培育早期的前3～4天主要靠添水（添水量约10 cm深）、微通气培养（每2～3 m² 布一气石），待池水添满后逐渐开始换水，从早期的1/4到中期的1/2直至后期的1倍以上。期间每天或隔日以吸污器清底一次。早期鱼苗活动能力较弱，要随时清除水面上由污物形成的油膜，以免阻碍鱼吞取空气，无法完成鳔充气的过程，从而影响鱼苗的健康生长。

5. 分苗

转食鱼糜或配合饲料后的苗种个体分化较大，大小相差悬殊，易造成大个体苗种吞食小个体的现象。此时应结合出池及时将大、小个体苗种分开饲养。

6. 运输

花鲈鱼苗运输，要视花鲈规格、路途远近、运输条件而定。通常可采用帆布桶或塑料袋充氧运输。短途多利用帆布桶运输，全长3 cm左右的鱼苗可按1万尾/立方米水体的密度充氧装运。远距离运输时多利用塑料袋运输，全长3 cm左右的鱼苗，每袋可装500～1 000尾。距离短时可适当增加数量。

二、大规格鱼种培育

（一）池塘培育

将全长3 cm左右的花鲈鱼苗放入室外池塘培育至10 cm左右长的大规格鱼种时，池塘的面积以1 000 m² 左右为宜。放苗前25～30天要对鱼池进行严格清池、消毒，一周后注水50 cm深，施足底肥（如每亩施鸡粪100 kg、尿素1 kg、磷肥0.8 kg），培养出足够的活体饵料（主要为浮游动物)。

在养殖过程中,要注意调节水质和透明度,使池水的透明度维持在 40～50 cm。因此,要根据水质情况适量追肥,以保持一定量的饵料生物。鱼苗的放养密度为 2 万～4 万尾/亩。饵料以新鲜杂鱼、虾糜为主,每天定时、定点投喂 4 次,投饵量为鱼体重量的 6%～15%;最好辅喂人工配合微型颗粒饵料。应适时按规格筛选,分池疏养,以防互残。经过 20～30 天的培育,鱼种长到 80～110 mm 长时,即可出池,进行下一步养殖。

(二)网箱培育

将全长 3 cm 左右的花鲈鱼苗放入网箱,培育到体长 10 cm 以上的大规格鱼种,这属于室内育苗的“接力”部分。

1. 水体选择

海上网箱培养的海区选择同成鱼网箱养殖。

2. 网箱规格

中间培育要采用较小规格的网箱,一般为 2 m×2 m×(1～2) m。网目也应视鱼种大小,开始使用0.5～0.8 cm 网目的无编节网衣,随着鱼的增长,再更换大网目的网箱。

3. 放苗

放苗时应注意两地的水质条件不能有较大的差异。一般每立方米水体放养全长 3 cm 左右的鱼苗 500 尾,4～6 cm 的鱼种 150～200 尾。

4. 饵料种类及投喂

鱼苗进入幼鱼期,已能摄食鱼糜、配合饲料等。日投喂饵料的量以鱼体重的 50%～60%为宜,饵料要新鲜,颗粒大小要适口。坚持少量多次的原则,一般为 4 次/天。

5. 管理

中间培育花鲈苗，规格小，使用的网箱网目小，水的阻流较大，且处于高温期，附着生物易堵塞网孔，应及时换网；为了防止鱼类之间的残咬，要适时进行鱼种的筛选分箱。要随时检查鱼群吃食、活动情况，定期观测记录养殖海区水质的理化因子，并以此为依据，调整投饵量。

第四节 成鱼养殖

一、网箱养殖

1. 水体选择及网箱规格

参阅第二章第四节。

2. 放养规格与放养密度

鱼种的规格以长 10 cm 以上为宜，放养密度一般为 100 尾/立方米水体左右。对于越冬后的大规格鱼种，其放养密度为 25～50 尾/立方米水体。

3. 饵料

花鲈的饵料仍以冰冻鲜杂鱼为主，部分投喂混合湿饲料及干颗粒人工配合饲料。要根据花鲈的不同生长阶段、水温的高低、鱼的摄食情况、海况气象等因素来确定投饵量。对于规格较小的鱼，多为 3～4 次/天，较大规格的鱼 2 次/天。一般情况下，日投饵量为鱼体重的 10%～30%，干颗粒饲料为鱼体重的 3%左右。每次投喂时，必须控制在饵料未下沉至网底即被吃掉为宜。

4. 日常管理

网箱置于海中日夜受波浪、海流的冲击以及敌害生

物的破坏，网衣和框架可能受损坏，加之附着生物的不断附着，影响网箱水流畅通。必须定期检查网衣破损情况，清除附着生物，必要时可适时换网。要随时检查鱼群吃食、活动情况，定期观测记录养殖海区水质的理化因子，并以此为依据，调整投饵量。

二、池塘养殖

花鲈有海水、半咸水及淡水池塘养殖。在生产中要视养殖方式，进行相应的生产管理。现以精养海水池塘的养殖为例，简要叙述如下：

1. 前期准备

鱼种放养前，要先进行清池、施肥。一般在放苗前 30 天左右开始清池，按每立方米水体 10～20 g 的漂白粉带水清池；2～3 天后施肥，可施有机肥（20～50 千克/亩）或无机肥（含氮、磷等）。对于放养大规格鱼种的池塘可以不施肥。

2. 鱼种放养

放苗前要注意两地水质的差异，特别是带水消毒的池塘，更应注意余氯的毒性，最好在放苗前进行“试水鱼”的暂养试验，以确保万无一失。放养密度要根据养殖技术、池塘条件、养殖方式、鱼种规格而定，放养 10 cm 左右长的鱼种，密度一般为 1 000～1 500 尾/亩。

3. 水质管理

鱼种入池后，初期由于投饵少，基本不换水，只是逐渐添水直至池塘满水位。随着池塘中鱼的生长、投饵量的增加、水温的升高，要加大换水量，并保证水的溶解氧含量达 4 mg/L 以上，同时要保持有较高的透明度（40 cm 以上）及稳定的 pH 值。

4.投饵

花鲈的饵料多以冷冻小杂鱼为主，辅以配合饲料。其投饵量一般控制在花鲈体重的8%～20%。按照定质、定量、定点、定时的原则，以“慢、快、慢”的节律进行投喂。

三、越冬

对当年养成达不到商品规格的鱼，要进行越冬管理，主要有海上网箱越冬、室内越冬及室外池塘越冬。越冬期间的主要工作应以调温为主，越冬期水温尽可能保持稳定，不得长时间低于2℃，最好保持在6℃以上。当水温下降到4℃左右时，花鲈基本停止摄食，不应投喂。

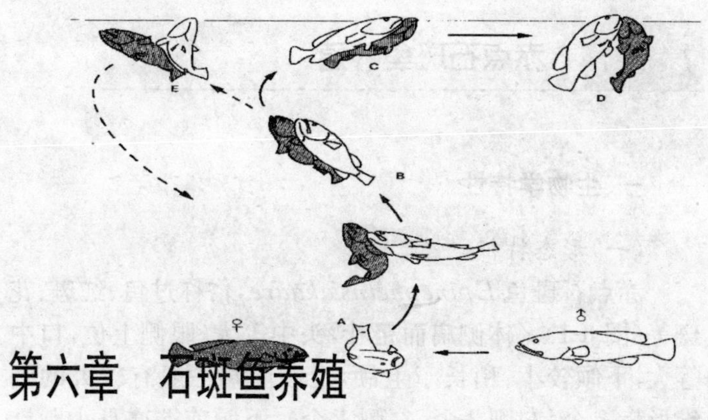

第六章　石斑鱼养殖

石斑鱼是石斑鱼属 *Epinephelus* 多个鱼类的统称，属于鲈形目 Perciformes 鮨科 Serranidae。该属种类较多，全世界记载的就有 100 多种，我国目前记录有 46 种，广泛分布于印度洋、太平洋和大西洋的热带和亚热带海区，栖息于潮流缓慢、透明度不大的岩礁和珊瑚丛海区，属暖水性中下层鱼类。其中大多数种类因其肉质细嫩、味道鲜美而成为名贵的海水鱼类，因此也成为重要的养殖对象。需要指出的是，目前养殖的一种价格较为昂贵的老鼠斑，它不属于石斑鱼属而属于驼背鲈属。下面以在我国养殖技术较为成功的赤点石斑鱼为例，介绍其养殖技术。

第一节 赤点石斑鱼养殖

一、生物学特性

(一)形态特征

赤点石斑鱼 *Epinephelus akaare*,俗称过鱼、红斑、花斑等(图 6-1)。体侧扁而粗壮,头中等大,眼侧上位,口中等大,下颌较小、稍长于上颌,上颌前端一般有较大的圆锥形齿 3 个(右侧 2 个,左侧 1 个),下颌前端亦具小圆锥齿,其余牙齿较小,犁骨与腭骨具细齿。鳃盖骨后缘具 2～3 枚扁棘。具有完整的侧线。

全身具有赤色斑点,大小等于或略大于瞳孔。各鳍棕褐色,无斑点,背鳍最后鳍棘下方有一黑斑。体色可因环境光线的变化而变化。有时体侧可出现 5 条黑褐色横纹,但横纹的下半部互相融合,没有清晰的界线。

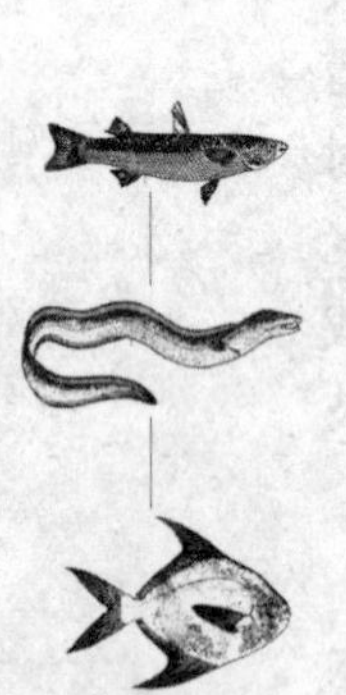

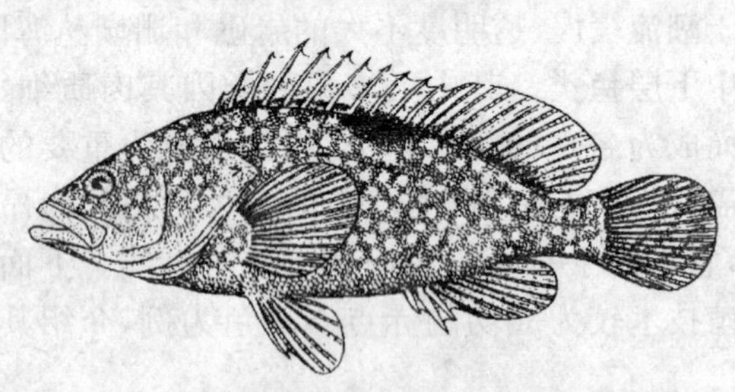

图 6-1 赤点石斑鱼(引自雷霁霖,2005)

(二)生活习性

赤点石斑鱼为暖水性底层鱼类,在自然环境中喜欢独居于珊瑚礁、岩礁、洞穴、石砾底质的海区。在我国，主要分布于南海和东海舟山群岛以南。生存水温为 6.4℃～34.0℃，生长的适宜温度为 22℃～30℃，以 24℃～28℃为最适温度。赤点石斑鱼是广盐性鱼类，在盐度为 11～41 的海水中都可以生活，最适盐度为 24～35。由于其长期生活于洞穴中，只能适应弱光，辨色力差。

石斑鱼为肉食性鱼类，从幼体到成体，终生以动物性饵为食。

（三）生长与繁殖

赤点石斑鱼个体较大、寿命较长，可活 8～10 龄。根据其生长特点，可将赤点石斑鱼的生长划分为三个生长阶段：幼鱼快速生长阶段（3 龄以前的快速生长阶段）、成年稳定生长阶段（3～7 龄间的性成熟生长阶段）以及衰老缓慢生长阶段（7 龄以上的缓慢生长阶段）。

石斑鱼为雌性先熟型的雌雄同体鱼类。赤点石斑鱼在自然海区，一般在 2～3 龄时发育成初次性成熟的雌性鱼（人工养殖的鱼为两龄）。随着鱼的生长，达到 4～5 龄、体重在 700 g 以上（人工养殖鱼在 3 龄、体重为 500～600 g）时，有些鱼即发生性转化，由雌性变为雄性，以后雄性鱼的比例逐渐增加，最后全部变为雄性。在繁殖季节，也有一些两性的，甚至有产卵活跃的雌性鱼转化为雄性鱼的现象。赤点石斑鱼雄性的生殖腺成熟系数很小，产精量不多，特别是养殖群体则更少。因此在人工繁殖时，难以获得足量理想的受精卵，与此有很大关系。

赤点石斑鱼的繁殖季节开始于每年春夏之交，为分批产卵型。但由于栖息的纬度不同，生殖期则不一致，在浙江沿海的生殖期是 5～7 月份，福建为 5～9 月份，台湾是 3～5 月份，香港在 4～7 月份，海南岛沿海在 3 月底至 8 月。

二、人工繁殖

(一)亲鱼的选择与培育

1. 亲鱼的选择

目前人工繁殖用亲鱼一般是挑选经过一段时间网箱培育、生长趋于稳定的性成熟的野生鱼。为了获得较佳的卵质、较多的卵量,一般选择3～4龄的鱼做亲鱼比较合适,即雌鱼全长为310～350 mm、体重为600～1 000 g,腹部膨大且柔软者;雄鱼全长为340～400 mm、体重为700～1 400 g(尽量选择大个体),且轻压腹部有精液流出者。亲鱼产过卵后,可留待翌年再用,由于第二年可能有部分转变为雄鱼,因此应再补充一些600～700 g重的雌性个体。

2. 亲鱼的培育

在人工繁殖中,因成熟雄鱼的精子量较少,因此一般将雌、雄亲鱼比例定为1∶(1～3)。为了解决生产中雄鱼不足的问题,也可通过投喂激素(主要是17a-甲基睾丸酮,即17a-MT)促使石斑鱼雄性化。实践表明,每天给赤点石斑鱼按每千克体重投喂5 mg的17a-MT,经50天后,雄化率可达100%。

亲鱼培育一般在海上的网箱内进行,放养密度不得超过4～6 kg/m³。由于亲鱼在网箱内的摄食量不如在室内高,因此在繁殖季节前一个月,最好将其移入室内,在水泥池里进行培育,这样有利于亲鱼饵料营养的定向控制,有利于营养强化。

亲鱼培育应控制光的照射强度,光照强度宜在600 lx以下。饵料为冰冻保鲜的鲐鱼、玉筋鱼等小杂鱼,切成合适的小块,也可绞成肉糜,拌以配合饲料。应避免长期投喂单一种类饵料，饵料中可适当添加一些维生素及鱼肝油等。同时要保持水质清澈，最好是流水，因流水的刺激可以促进性腺的发育。

（二）催产

选择性腺成熟好的雌性亲鱼，可用挖卵器自雌鱼生殖孔插入 3～5 cm 处挖取卵粒，检查卵成熟情况。挑选卵径已达 0.3～0.5 mm、卵粒易分离、蛋黄色的雌鱼及轻压腹部可挤出精液的雄鱼进行催产。催产剂一般使用鲤鱼脑垂体（PG）、绒毛膜促性腺激素（HCG）、促黄体激素释放激素类似物（LRH-A）等，催产剂可单独使用，也可混合使用，而且混合使用的效果要比单独使用效果好。雌鱼注射激素剂量一般 PG 为 10～12 mg/kg 体重、HCG 为1 000 IU/kg、LRH-A 为 60 μg/kg；雄鱼注射剂量为雌鱼的一半。

（三）自然产卵受精及人工授精

如果冬春季亲鱼培育得好，繁殖季节来临时，无需注射激素即可自然成熟、产卵。此时雌鱼腹部相当膨大，体色与平常无异，生殖孔突出、微红。雄鱼出现明显的婚姻色，头部和背部的白色及褐色的斑纹变深，对比强烈，尤以头部眼下至鳃盖后部的一白色横“V”斑纹醒目。产卵时间一般在每天傍晚，可持续两小时甚至更长。赤点石斑鱼为多次产卵型，当条件适宜时，产卵期可以持续两个多月。

网箱养殖的成鱼在繁殖季节，也会大规模产卵。因此，在繁殖季节，适时更换成 80 目的筛绢网箱，也可收集到理想的受精卵。

对于催产的亲鱼，在水温为 25℃～26℃的条件下，催产 10～13 小时，卵即可成熟并可采卵，用干法进行人工授精。这种方法由于卵巢内的卵发育不同步，经激素处理，使一些尚未成熟的卵也提前发育，造成好卵的比例小，受精率低，而且亲鱼易受伤。所以，生产上最好采取强化培育亲鱼方法，使之自然成熟，自然产卵受精。

即使在自然产卵的条件下，赤点石斑鱼成熟卵的卵质也不佳，这也是石斑鱼属鱼类相当普遍的现象。主要表现为卵径大小相差较大、上浮卵的比例小、受精率低，特别是产卵的后期。这些情况可能与雌雄同体、性转化、雄性生殖腺指数极低等生理特征以及亲鱼的饲养条件、营养状况有关。因此，在人工繁殖中，首先应尽量选用前期所产的卵用于育苗。另外，在亲鱼培育中，对群体的稳定性、适宜的生态环境、合理的雌雄性比，尤其是亲鱼的营养与卵质的关系等，还应进行深入的研究。

（四）孵化

赤点石斑鱼产浮性卵，受精卵可置于孵化网箱或孵化缸内孵化，孵化密度为 30 万～50 万粒/立方米水体。孵化水温控制在 25℃、盐度为 30 左右，通过不断流水、微充气，保持水体中有较高的溶解氧，并在孵化过程中及时除去死卵。还有一方法是直接将卵放入培育池内孵化，这样可以避免仔鱼在搬运过程中受机械损伤，受精卵的投放密度以 3 万～5 万粒/立方米水体为宜。孵化时应微充气，以卵能在池中不停翻动为度。

在水温为 25℃左右、盐度为 30.0～33.5 条件下，仔鱼一般经 24 小时即孵出。在孵化过程中，应及时将未孵化的死卵除去，以免败坏水质。

（五）胚胎发育

成熟的赤点石斑鱼卵为球形、无色透明的浮性卵，其卵膜有两层放射带，卵径 0.71～0.79 mm，有 1 个油球。赤点石斑鱼受精卵和胚胎发育各期特点见表 6-1、图 6-2。

表 6-1 赤点石斑鱼的胚胎发育

时间	经过时间	水温(℃)	发育阶段
0:00		25.0	成熟卵
0:10		25.0	受精卵
0:40	30 min	25.0	胚盘隆起
0:53	43 min	25.0	2 细胞期
1:02	52 min	25.0	4 细胞期
1:13	1 h 3 min	25.0	8 细胞期
1:22	1 h 12 min	25.0	16 细胞期
1:35	1 h 25 min	25.0	32 细胞期
2:00	1 h 50 min	25.0	64 细胞期
2:55	2 h 45 min	25.0	桑葚期
3:35	3 h 25 min	25.0	囊胚初期
4:15	4 h 5 min	25.0	高囊胚期
5:50	5 h 40 min	25.0	低囊胚期
6:35	6 h 25 min	25.1	原肠初期,囊胚下包卵黄 1/3
7:05	6 h 55 min	25.1	原肠中期,囊胚下包卵黄约 1/2,出现胚盾
8:25	8 h 15 min	25.2	胚体形成期,胚体绕卵黄约 1/2,卵黄囊上出现颗粒物
11:00	10 h 50 min	25.3	胚孔封闭,克氏泡及视泡出现
11:30	11 h 20 min	25.4	肌节 3 对,胚体上出现颗粒状物
12:40	12 h 30 min	25.9	肌节 13 对,视泡中晶体形成
18:20	18 h 10 min	25.5	肌节 18 对,耳囊及心脏分化
19:30	19 h 20 min	25.4	胚体抽动,心脏开始搏动

（续表）

时间	经过时间	水温（℃）	发育阶段
19:50	19 h 40 min	25.4	心搏动 67～69 次/分钟
22:30	22 h 20 min	25.2	肌节 23 对，尾部与卵黄囊分离，能摆动，鳍褶形成
23:40	23 h 30 min	25.1	卵膜被拉长，皱褶，头部开始顶出卵膜
23:55	23 h 45 min	25.1	第一个卵子孵化，全长 1.16 mm，肌节 25 对
0:20	24 h 10 min	25.1	全部卵子孵化

（引自雷霁霖，2005）

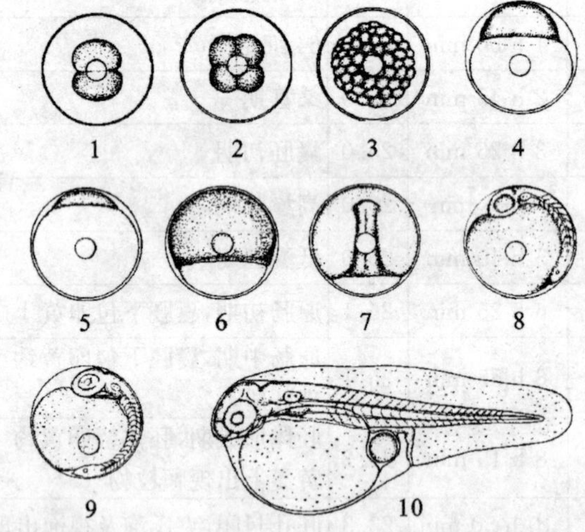

1.2 细胞期；2.4 细胞期；3.多细胞期；4.高囊胚期；
5.低囊胚期；6.原肠初期；7.原肠中期；8.胚体形成期；
9.心脏搏动期；10.初孵仔鱼（全长 1.35 mm）

图 6-2 赤点石斑鱼的胚胎发育（引自雷霁霖，2005）

（六）仔、稚、幼鱼的发育

赤点石斑鱼的仔、稚和幼鱼在水温25℃时的发育过程如图6-3所示。

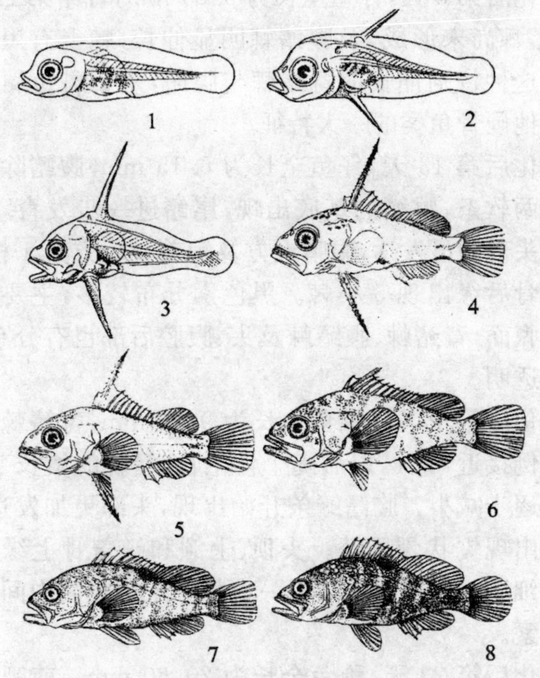

1. 第3天开口仔鱼；2. 第8天仔鱼；3. 第13天仔鱼；
4. 第17天稚鱼；5. 第23天稚鱼；6. 第25天稚鱼；
7. 第30天稚鱼；8. 第35天幼鱼

图6-3　赤点石斑鱼仔、稚、幼鱼的发育（引自雷霁霖，2005）

刚孵出的仔鱼全长与受精卵的大小有关，一般为1.35～1.45 mm，有时甚至小于1.00 mm。全身透明，仔鱼鳍褶及卵黄囊上有许多颗粒状物，油球一个。

孵化后第24小时，仔鱼全长为2.03～2.16 mm，胸鳍膜出现，头前方和卵黄囊前方都出现少量黑色素细胞。

孵化后第 3 天，仔鱼全长为 2.47～2.62 mm，口和肛门相通，眼睛变黑，并可主动摄食。油球消失。

孵化后第 8 天，仔鱼全长为 3.85 mm，背鳍第二鳍棘（第一鳍棘尚未形成）及腹鳍棘明显伸长，棘上有黑色素细胞。这种特别伸长的背鳍棘与腹鳍，是石斑鱼属鱼类异于其他硬骨鱼类的一大特征。

孵化后第 13 天，仔鱼全长为 6.15 mm，腹鳍除鳍棘外出现两软条，臀鳍的基底出现，尾鳍进一步发育，后缘截形。头部明显发达，眼睛上方及鳃盖骨后方具 1 根棘，前鳃盖骨后缘出现 5 小棘。黑色素分布较多，主要在尾部中央腹面，背鳍棘、腹鳍棘及头、腹腔后部也有分布，但鱼体仍透明。

孵化后第 17 天，稚鱼全长为 9.20 mm，背鳍棘与全长的比例接近 50%，以后随个体生长，鳍棘的增长变慢，此比例逐步减小。胸鳍鳍条开始出现，头部更加发达，眼眶上边出现锯状骨质嵴。头顶、上颌和鳃盖骨上缘出现黑色素细胞。鳃盖骨上端有一大棘。尾柄腹面中间出现一丛色素。

孵化后第 23 天，稚鱼全长为 20.60 mm。前鳃盖骨后缘的小棘增为 8 个，鳃盖骨弯角下方出现一新的小棘。体背面的黑色素细胞增加到背鳍的整个基部各处。

孵化后第 25 天，稚鱼全长为 24.50 mm，由于背鳍、腹鳍及其他鳍棘、鳍条的增长，体表已显微红棕色，黑色素细胞急速增加，在体表形成许多不规则的斜纹。

孵化后第 30 天，稚鱼全长为 28.20 mm，体形与成鱼已无多大差别，侧线出现。前鳃盖骨弯角处的大棘增大，体侧出现隐约可见的 12 条横纹。背鳍基部有一大的黑

斑形成。各鳍的鳍棘、鳍条数目已与成鱼相同，但尾鳍后缘仍为截形。

孵化后第35天，幼鱼全长为34.20 mm，幼鱼完成变态。尾鳍后缘已成圆弧形。体表鳞片长齐，为细小栉鳞。侧线明显。鱼体上有5条褐色斜横带，体表布满红棕色小点，背部的一大黑斑甚为明显。体色也与成鱼相同。

上述只是正常个体的一般发育过程，其实在仔、稚、幼鱼发育的各个时期，个体发育及生长的差异相当大，愈到后期差异越大，而且个体器官及形态发育不仅与时间有关，同时与个体的大小也有关系。如第25～26天，全长20 mm左右的稚鱼，前鳃盖骨已有8个小棘，较大的棘上出现锯齿；而全长12 mm的个体，前鳃盖骨只有5个小棘。孵化后第35～36天已完成变态的个体，一般为全长30 mm左右或更大。但到第45～50天时，全长不足25 mm的个体也不能完成变态。

三、苗种培育

（一）培育条件

赤点石斑鱼人工育苗的育苗池以面积20～25 m^2、水深1.3～1.5 m为宜，虽然需要充足的弥散光，但应避免阳光直射。较适宜水温为25℃～30℃，盐度为28～35，pH值为7.6～8.4，溶解氧5 mg/L以上。

（二）放苗密度

前期培育鱼苗，视水体的大小，一般放养密度为3万～10万尾/立方米水体，后期培育密度可适当减小，全长10 mm时不大于1万尾/立方米水体，全长超过10 mm时为500～1 000尾/立方米水体。

（三）饵料及投喂

在石斑鱼人工育苗过程中，使用双壳类受精卵作为开口饵料，效果较好。目前从泰国引进的超小型轮虫，为赤点石斑鱼最好的开口饵料。总结目前石斑鱼所用的饵料，可归纳如图 6-4。

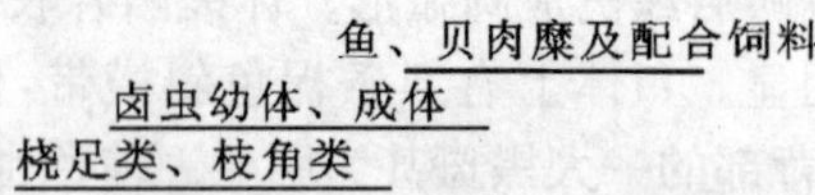

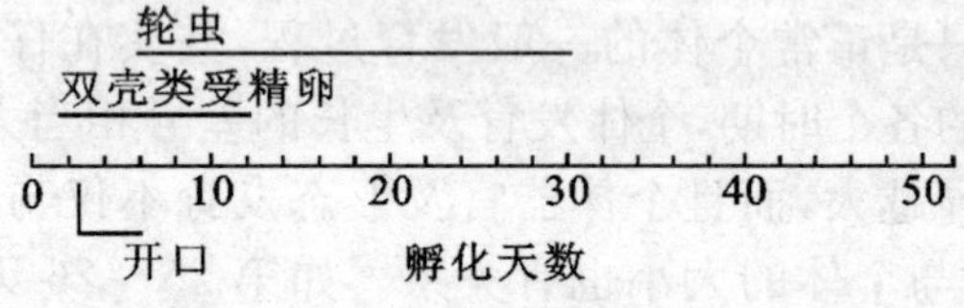

图 6-4　赤点石斑鱼仔、稚、幼鱼的饵料系列

在仔鱼孵出入池后，要往培育池中添加小球藻，使水体中小球藻的密度维持在 30 万～40 万个细胞/毫升。

仔鱼于第 3 天开口，在开口时投喂双壳类受精卵及其幼体或小个体轮虫，密度为 15～20 个/毫升。

第 7～8 天，开始投喂普通大型轮虫，轮虫密度起初为 5～10 个/毫升，以后逐步增加至 15～25 个/毫升，一直投喂到第 25 天左右。

第 15～16 天的稚鱼可投喂桡足类和卤虫幼体，密度为 0.2～0.3 个/毫升。桡足类富含仔、稚鱼生长必需的高度不饱和脂肪酸，只要有可能就应当尽量投喂。卤虫的无节幼体由于缺乏高度不饱和脂肪酸，连续使用会造成稚鱼大量死亡。

第 30 天的稚鱼，逐渐开始变态，转为底栖生活，池底应投放一些遮蔽物。此时可投喂鱼、贝肉糜及配合饲料，初期每天投喂 3～4 次，边投边观察，至稚鱼抢食不活泼时即可停止投喂。摄食这类饵料后，稚鱼生长较快，活力增强，比较耐水流冲击及取样、搬运的机械刺激。投喂配合饲料应

少量多次并逐渐减少鲜活饵料的投喂。一直喂到幼鱼能完全习惯于摄食鱼糜及配合鲜饲料时，停止投喂鲜活饵料。

（四）日常管理

保持良好的水环境是石斑鱼育苗过程中的关键问题。前期培育一般采用静水微充气培育。静水培育期间每天应定时换水，换水量由池水量的1/4逐步增至1/2，并每日定时清污。后期应加大换水量，最好能流水培育。

四、成鱼养殖

（一）养殖方式及环境

石斑鱼成鱼养殖方式主要有网箱养殖和池塘养殖两种，以网箱养殖者较多，网箱规格以6 m×6 m×5 m较好。池塘养殖面积不宜过大，以500～1 000 m^2为佳，但水深必须达2 m以上，池内应有深度超过3 m的度夏越冬沟。在池塘养殖中，石斑鱼与黑鲷、真鲷、鲈鱼或鮸状黄姑鱼等混养，可合理利用空间和饵料资源。

（二）苗种规格及放养密度

网箱养殖赤点石斑鱼的放养密度要看网箱的大小、养成商品鱼的规格等而定。一般以预计在养成时网箱中的容量保持8～10 kg/m^3水体为佳。如果放养苗种的规格较小，可适当多放，待个体长大时，再按鱼体大小分苗。

在池塘养殖中，最好以出池时的产量及规格而定。就目前的水平，出池时的产量一般为0.3～0.5 kg/m^3水体。

（三）饵料及投喂

饵料为鲜度好的沙丁鱼、蓝圆鲹、鲐鱼、鳀鱼等，切成适宜的大小投喂。由于该鱼对干硬颗粒有吐食现象，将鲜杂鱼与配合饲料做成软颗粒的饲料则是石斑鱼更为理想的饵料。配合饲料的粗蛋白的适宜含量为40%～

45%。颗粒大小应根据鱼体的大小有所不同，15～20 cm长的鱼可摄食粒径10～20 mm的饵料，成鱼摄食的粒径可达20～30 mm。颗粒太小，石斑鱼不喜摄食，并易漏食而沉底；颗粒大，不易吞进，一经咬碎则易散失。

在水温为24℃～25℃时，消化时间为24～30小时。所以在5～10月份水温较高时，可每天投饵一次，每次投饵量为鱼总体重的1.5%～2.0%。11～12月份及3～4月份的低水温期，隔天投饵一次，视鱼摄食的情况酌情增减投喂量。水温低于15℃时，鱼不摄食，可停止投喂。

每次投喂时应分批慢撒，等抢食完一批饵料后再撒下一批，直到不再抢食为止。石斑鱼不吃沉底食物，如果投喂时撒得快，往往有些食物不等吃就沉底，这不仅造成浪费，也污染了水体。

（四）日常管理

日常管理与其他海水鱼网箱养殖管理有共同之处，如网箱和鱼排的密度、水环境监测、网箱及锚缆检查、网箱附着物清除、鱼生长检测、分箱、换网等。赤点石斑鱼养殖应注意在网箱或池塘内设置隐蔽物，有利于鱼的躲藏，并避免大鱼摄食小鱼，隐蔽物可以用废旧轮胎等。

第二节 其他石斑鱼养殖

石斑鱼属多栖息于辽阔的热带海洋中，为珍贵的食用鱼类，经济价值极高。现在主要开发养殖的种类除赤点石斑鱼外，还有点带石斑鱼 *Epinphelus malabaricus*、青石斑鱼 *Epinephelus awoara*、巨石斑鱼 *Epinphelus taurina* 等。

一、青石斑鱼

青石斑鱼 *Epinephelus awoara*，俗称青斑、泥斑、青鲐等(图 6-5)。该鱼体背较高，侧面观近似长椭圆形，侧扁而粗壮。吻长稍长于眼径，眼中等大侧上位，口中等大稍倾斜，体被细栉鳞。体棕灰色，无斑点，体侧具 5 条暗褐色横带。

图 6-5　青石斑鱼(引自成庆泰，1987)

青石斑鱼为暖水性近岸性中下层鱼类，可生活于咸淡水或淡水中。在我国，主要分布于南海和东海。日本沿海也有分布。该鱼生活于水深 40～50 m 处。夏天水暖时常栖息于水质清澈的岩礁石缝中，风平浪静时，常在洞穴附近觅食，一有大风浪就钻入洞内。青石斑鱼为肉食性，主要以虾、蟹类为食，也摄食鱼类、乌贼类等。

青石斑鱼雌鱼两龄以上性成熟，雄鱼成熟较晚。在舟山地区繁殖季节为 6～8 月份，产卵场水温为 18℃～22℃，盐度为 20～34，水深 30～60 m，底质为岩礁。南海的繁殖季节为 4～6 月份。青石斑鱼分批产卵，排卵时多在傍晚，卵小、无色透明，怀卵量为 20 万～70 万粒。

青石斑鱼生长快，抗病力强，是海水网箱养殖的重要鱼种之一。

二、巨石斑鱼

巨石斑鱼 *Epinphelus taulina*，俗称龙趸、猪羔斑等（图 6-6）。头部、体侧及鳍均布满黑色斑点，头部斑点较小而密，体侧斑点较大而疏。幼鱼体侧有 5 条稍斜向前方的横带，两条在背鳍棘的下部，两条在背鳍鳍条下部，1 条在尾柄上。体被栉鳞，侧线完全。

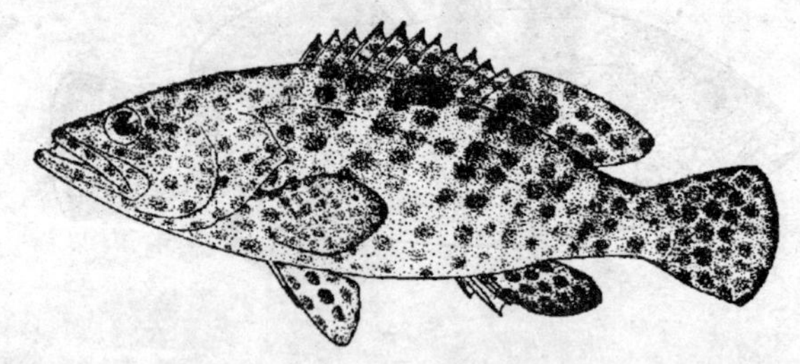

图 6-6　巨石斑鱼（引自成庆泰，1987）

巨石斑鱼为暖水性底层鱼，在我国，仅南海有分布。喜欢栖息于岩礁内的浅海，最深可达 60 m 的海区。该鱼为大型鱼类，最大的体长可达 2 m，一般体长为 60～70 cm。以底栖甲壳类及鱼类为食，生长快，比较容易养殖，体重 100 g 的鱼种，养殖 6 个月体重可达 800 g，为海水网箱养殖的重要鱼类之一。

三、点带石斑鱼

点带石斑鱼 *Epinphelus malabaricus* 属石斑鱼属，有人称之为青斑。身体侧扁，腹部钝圆，背面稍狭。背腹缘隆起度均不大。体高以背鳍起点处为最高。体被细小

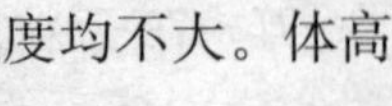

栉鳞，体侧有 5 条暗色横带。头部、体侧及各鳍上均散布有黑色圆斑点(图 6-7)。

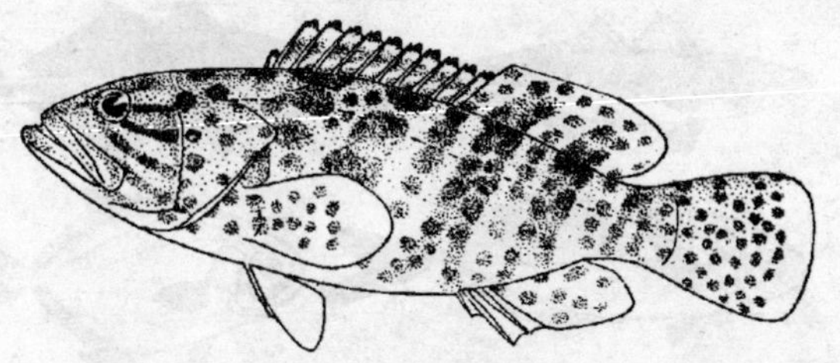

图 6-7　点带石斑鱼(引自成庆泰，1987)

点带石斑鱼为热带、亚热带近海沿岸性鱼类，分布于红海、非洲东岸、印度尼西亚、菲律宾沿海和我国南海。喜栖息于岩礁、海底洞穴、珊瑚礁等隐蔽处，常在河川入海及沿岸处发现，幼鱼常聚集于海岛密布的水域。点带石斑鱼为肉食性鱼类，生性多疑，人工养殖条件下，一般不上浮于水面摄食。

点带石斑鱼因其生长快，肉味鲜美，为上等海鲜品，目前已是我国最重要的养殖石斑鱼之一。台湾省人工培育种苗已批量生产，不仅能满足本地需要，而且还可提供给大陆及东南亚各国进行养殖。近年来福建和广东两省开展人工繁殖研究，已获初步成功。

点带石斑鱼一般雌鱼在 3 龄、体长 400～450 mm、体重 2 500 g 以上达到性成熟；雄鱼则要达 8 龄、体长 600 mm、体重 6 000 g 以上才性成熟。繁殖期主要为 3～7 月份，最适繁殖水温为 22℃～28℃，盐度为 30～33。

受精卵孵化适宜水温为 22℃～28℃。盐度为 30～33、水温 27℃左右需 23～24 小时孵化；在水温为 25℃～27℃、盐度为 28～29 的海水中需 26～27 小时孵化。

第七章　鲹科鱼类养殖

第一节　高体鰤养殖

高体鰤 *Seriola dumerili* 隶属于鲈形目 Perciformes 鲹科 Carangidae 鰤属 *Seriola*（图 7-1），又名杜氏鰤、紫鰤、鰤，台湾也叫红甘鲹等，是名贵的海产经济鱼类，肉味鲜美，营养丰富，经济价值高。主要分布于印度洋北部沿海、红海、夏威夷群岛、日本、印度尼西亚及南太平洋，也见于大西洋的墨西哥湾和地中海。在我国，以南海和东海为主要分布海区。

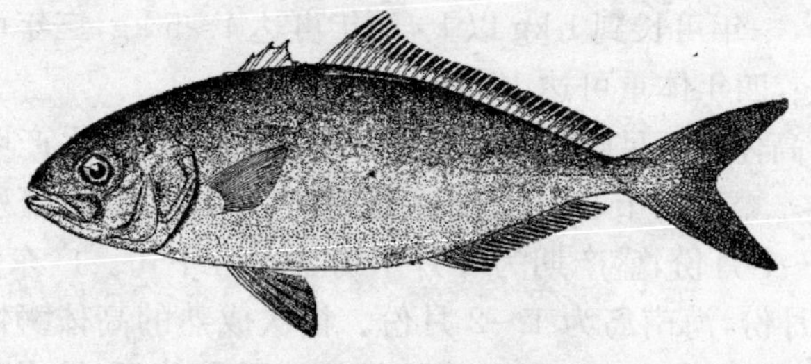

图 7-1 高体鰤(引自张春霖,1955)

一、生物学特性

(一)形态特征

高体鰤身体侧面观长椭圆形,体稍侧扁,口大倾斜,前颌骨能伸缩,牙尖细,体被小圆鳞。侧线稍弯曲。尾柄细且两侧具一弱皮嵴。

体背部草绿色带有褐色,腹部银白色。头部背面具有“八”字形的斜带,体侧从吻至尾鳍有一金黄色纵带。小鱼体侧具 5～7 条暗色横带。

(二)生活习性

高体鰤为暖水性中上层鱼类,游泳速度快,有洄游习性,春夏季从南向北索饵洄游,自秋季至冬季从北往南产卵洄游。通常生活在 20～70 m 深的水域中,生存水温为 9℃～33℃,适温为 20℃～30℃,最适水温为 26℃～28℃。对盐度的适应范围比较窄,适宜的盐度为 28～36,属于外海高盐度鱼类。

高体鰤主要以游泳生物为食,其中以摄食鱼类最多,也摄食头足类、对虾等。

(三)生长与繁殖

高体鰤生长迅速,成鱼个体较大。养殖当年的高体鰤苗种，一年可长到 1 kg 以上，两年可达 4～5 kg，三年可达 10 kg，四年体重可达 17 kg 以上。

高体鰤两足龄即可性成熟，属分批成熟、多次产卵型鱼类。繁殖季节自北向南逐渐提前，福建一带的繁殖期为 4～7 月份，盛产期为 5 月中旬至 6 月中旬。广东为 3～4 月份，海南岛为 1～2 月份。初次成熟的高体鰤怀卵量能达 40 万～50 万粒，并随年龄的增大，怀卵量也随之增加，一般可达 100 万～180 万粒。

二、人工繁殖技术

（一）亲鱼的培育

亲鱼可捕自自然水域，也可从人工养殖的群体中挑选。要选择体形体色正常、体质健康、无伤无病的大规格个体做亲鱼，最好在 3 龄、体重在 5 kg 以上。我国福建地区人工网箱培育的高体鰤亲鱼，两龄即可达到 7 kg 以上，已达到性成熟，故这一带两龄鱼也可被选为亲鱼。

亲鱼一般在网箱中培育，放养密度以 2～3 kg/m³ 水体为宜，网箱放置的地点要有一定的水流刺激。亲鱼培育一般从秋季开始。由于高体鰤在水温低于 12℃时停止摄食，冬季容易造成亲鱼营养不足，影响性腺发育，所以最好将亲鱼移入室内越冬，水温保持在 15℃以上。若无法移入室内越冬，在入冬前和春季水温上升后的 3～4 月份开始，要进行营养强化，投喂新鲜的鲐鱼、小虾、乌贼等，并适量添加维生素类，促使性腺发育成熟。

（二）催产

高体鰤雌、雄鱼个体大小及体色基本一致，副性征不明显。发育好的亲鱼不用注射激素即可自然产卵，产卵的适宜水温为 23℃～28℃。5 月初，水温上升到 20℃以上，即可准备催产。选择个体发育良好的亲鱼，当水温升到22℃以上时，用绒毛膜促性腺激素（HCG），行背肌一次性注射，剂量为350～1 300 IU/kg 鱼体重。注射后的亲鱼放于100 立方米水体以上的产卵池中，保持流水，让其自然产卵，效应时间为10～40 小时。

高体鰤注射催产素后3 天内亲鱼可每天产卵，且产卵量较高，而后隔天产卵1 次，产卵量也随之减少，然后停止产卵。此时将亲鱼继续培育2～3 周后性腺可逐渐再次成熟，又可用于催产。

（三）受精与孵化

注射激素后的亲鱼在产卵池内行自然产卵和受精。采用溢流法或虹吸法收集卵子，计数总产卵量和上浮卵数后，即可放入孵化设备中进行孵化。孵化密度控制在50 万～100 万粒/立方米水体，微充气流水孵化。

（四）胚胎发育

高体鰤卵球形、透明、浮性，卵径为1.05～1.14 mm，通常含1 个油球，少数卵有2～3 个油球。卵子受精后，受精膜举起，出现卵周隙。在水温22～25℃时，经31～54 小时可孵出仔鱼。其发育时序见表7-1、图7-2。

表7-1　高体鰤胚胎发育过程（水温23.5℃，盐度35）

受精后时间	发育期	发育特征
25 min	胚盘隆起	原生质集中于动物极，形成帽状胚盘
35 min	2 细胞期	第1 次卵裂
45 min	4 细胞期	第2 次卵裂
1 h	8 细胞期	第3 次卵裂，排成两列，每列4 个细胞
1 h 20 min	16 细胞期	第4 次卵裂，排成4 列，每列4 个细胞

(续表)

受精后时间	发育期	发育特征
1 h 45 min	32 细胞期	第 5 次卵裂
2 h 35 min	多细胞期	胚盘由多层细胞组成
4 h 30 min	高囊胚期	囊胚呈高帽状,分裂球较大
6 h	低囊胚期	囊胚呈扁平状,分裂球较小
7 h 40 min	原肠早期	囊胚层开始下包,胚环形成
9 h 10 min	原肠中期	囊胚层继续下包、内卷,包住卵黄 1/3,形成胚盾
10 h 35 min	原肠后期	胚盾更加明显,包住卵黄 2/3
11 h 30 min	胚体形成期	胚体在前部变得明显,而后端不明显
14 h	眼囊形成期	一对眼囊出现,肌节 3 对,克氏泡出现
18 h 30 min	听板出现期	耳囊形成,肌节 10 对左右
21 h	晶体出现期	眼囊内出现圆形体,肌节 12~14 对,克氏泡消失
23 h 10 min	尾芽期	胚体尾端出现少许皮褶状膜鳍
28 h 10 min	心跳期	心脏开始悸动,胚体开始抖动,尾芽端离开卵黄囊
30 h	孵出前期	胚体扭曲、颤动,肌节为 24 对
35 h 10 min	孵化期	仔鱼尾部先冲破卵膜,然后头部也从卵膜挣脱出来

(引自雷霁霖,2005)

(五)仔、稚、幼鱼的生长发育

高体鰤在水温为 23℃~25℃、盐度为 34.8~35 时的仔、稚、幼鱼的生长发育如图 7-3。

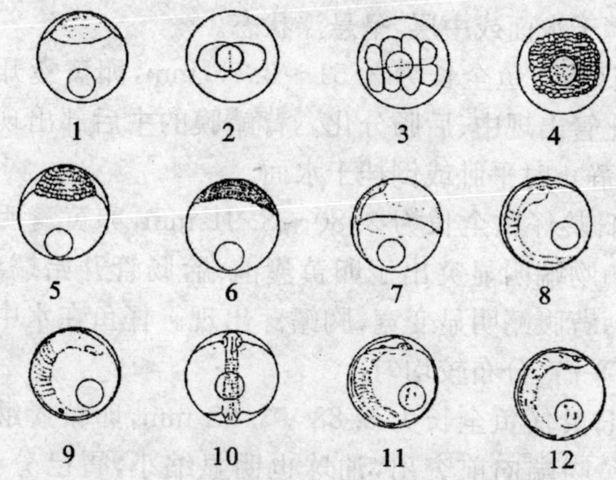

1. 胚盘隆起；2. 2 细胞期；3. 8 细胞期；4. 多细胞期；
5. 高囊胚期；6. 低囊胚期；7. 原肠期；8. 眼囊形成期；
9. 听板出现期；10. 晶体出现期；11. 尾芽期；12. 孵出前期

图 7-2　高体鰤胚胎发育(引自雷霁霖，2005)

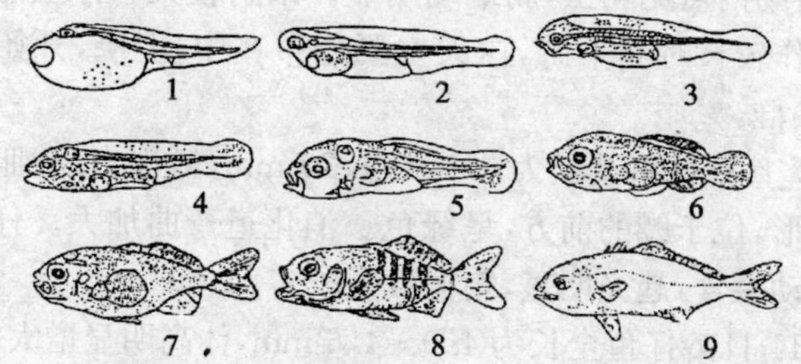

1. 初孵仔鱼；2. 2 日龄仔鱼；3. 3 日龄仔鱼；4. 7 日龄稚鱼；
5. 11 日龄仔鱼；6. 20 日龄仔鱼；7. 23 日龄稚鱼；
8. 32 日龄幼鱼；9. 56 日龄幼鱼

图 7-3　高体鰤仔、稚、幼鱼的形态特征(引自雷霁霖，2005)

初孵仔鱼全长为 2. 92～3. 12 mm，卵黄囊呈椭球状，各鳍膜相连接。身体多处有黑色素分布。仔鱼很少活动，平躺于水面或中层，呈悬浮状态。

1日龄仔鱼全长为3.51～3.75 mm，卵黄囊开始缩小，消化管出现中、后肠分化。背鳍膜的中后部出现黄色素丛。静止时平卧或倒挂于水面。

2日龄仔鱼全长为3.80～3.91 mm，卵黄囊明显缩小，仔鱼吻端明显突出于卵黄囊前端，肠管开始蠕动，肛门已开，背腹鳍明显变宽，胸鳍芽出现。仔鱼在水中能作短距离平游，分布较均匀。

3日龄仔鱼全长为3.88～3.98 mm，卵黄囊继续缩小，仔鱼吻端向前突出，油球也明显缩小，胃已分化，开口，胸鳍出现。除了仔鱼尾部外，背部和腹部密布很多黑色素和黄色素，肉眼观察仔鱼呈黑色，此时仔鱼分布均匀，游泳活泼，静止时头部略朝下。

4日龄仔鱼全长为3.80～3.95 mm，卵黄被吸收殆尽，胃肠内可见轮虫，肠蠕动明显。眼睛较大。仔鱼能在水面作较长时间平游，白天主要分布在中、上层，开始趋光、集群。

7日龄仔鱼全长为3.90～4.20 mm，鳔泡出现，胆囊椭球形，位于鳔的前方，呈绿色。消化道弯曲加大。仔鱼能主动摄食，趋光明显，集群数量较多。

11日龄仔鱼全长为4.0～4.6 mm，体高明显增大，头部隆起，鼻孔形成，前部鳃盖棘2个，后部鳃盖棘3个，胸鳍仍为膜状，尾柄上、下缘的背、臀鳍膜已收缩。

20日龄仔鱼全长为7.0～9.2 mm，背鳍、尾鳍、臀鳍的鳍条开始形成，鳃盖棘发达为8个，胸鳍发达，尾柄可大幅度摆动，常弯曲成90°。

23日龄稚鱼全长为1.0～1.3 cm，鳃盖棘开始退化，背鳍和臀鳍上密布黑色素，形成黑斑，背鳍鳍棘已分化形成，尾鳍浅叉形。鳞片开始形成，进入稚鱼期。

孵化后第 32 天，全长为 2.05～2.56 cm，鳃盖棘进一步退化，体后端出现 4 条横带，鳞片和各鳍条全部形成，变态完成，体形和成鱼基本相似，进入幼鱼期。此时幼鱼有明显的集群现象，游泳迅速。白天幼鱼沿池壁环游，晚上尾柄弯曲较大。幼鱼摄食积极，摄食量加大，除了摄食卤虫成体以外，开始摄食鱼、虾肉糜。

孵化后第 38 天，幼鱼叉长为 2.5～3.1 cm，体侧横带增至 6～7 条，腹鳍有黄色素分布。

孵化后第 45 天，幼鱼叉长为 4.4～5.6 cm，头部有倒"V"型黑色素带分布。

孵化后第 56 天，幼鱼叉长为 7.5～9.5 cm，横带消失，体侧从吻至尾鳍基部有一金黄色纵带，尾鳍为浅灰黑色。幼鱼饱食后，在中下层游动。

三、苗种培育

育苗一般在室内水泥池进行，当仔鱼全长 1 cm 以上时可转入网箱培育。

1. 育苗水环境

高体鰤仔、稚鱼培育的水温为 22℃～29℃，最适水温为 25℃～27℃，盐度为 30～35。当盐度低于 30 时，仔鱼活力较差，大多分布于水体中、下层。另外，还要保持较高的溶解氧、稳定的 pH 等。

2. 培育密度

初孵仔鱼的放养密度一般为 1 万～2 万尾/立方米水体，随着仔鱼的生长发育，密度应逐渐降低，至稚鱼期为 1 000～1 500 尾/立方米水体较为合适。

3. 饵料

初孵仔鱼依靠卵黄提供营养，大约 3 日龄时，开口摄食轮虫，这时水中轮虫应保持 7～10 个/毫升；10 日龄后，仔鱼摄食轮虫的量明显增大，此时除继续投喂轮虫外，还应添加桡足类和卤虫无节幼体，使水体中的密度达到 200～500 个/升；20 日龄后，轮虫投喂量逐渐减少，至 25 日龄左右结束，该阶段主要以卤虫无节幼体为主，如条件许可，尽量多用桡足类代替卤虫无节幼体；30 日龄后，可进行鱼、虾肉糜或配合饲料的驯化，直至能完全摄食后，停止供应活体饵料。

4.日常管理

初孵仔鱼至 25 天内最好用经紫外线消毒的过滤海水，前期微充气（一般每 2 m^2 配置 1 个气石），采用静水添加的方法：3～5 日龄日换水 20%～30%，6～13 日龄为 30%～50%。随着仔、稚鱼的生长加大充气量和换水量，14～20 日龄日换水为 50%～100%，20 日龄后为养殖水体的 1 倍以上或流水培育。自仔鱼开口投喂轮虫起，每天要清除表面污物，8～20 日龄每 2～3 天吸除底污 1 次，20 日龄后每 1～2 天吸污 1 次；开始投喂鱼糜后，每天吸污 1 次。育苗期间光照强度为 500～1 000 lx。

高体鰤育苗期间有两个危险期。一是 11 日龄之前的仔鱼，此时仔鱼死亡率高，成活率仅为 10%左右，其原因可能与卵质、卵径大小以及饵料生物的营养组成有关。第二个危险期为 25 日龄以后的残食引起的，故要注意适时分苗、投足饵料和控制鱼的密度。

四、成鱼养殖

1.网箱及其环境

目前我国高体鰤养殖的网箱规格一般为 5 m×5 m×

5 m。经验证明,大规格网箱有利于鱼的生长,且可以减少互相残食的现象。高体鰤对水质的要求较为苛刻,水温变化范围为 11℃～30℃,盐度范围为 30～36,而且水质要清澈,透明度为 2～3 m、流速为 10 cm/s 以上。

2. 放养密度

高体鰤网箱养殖的密度主要根据鱼种的规格、海区的条件、养殖的技术、商品的规格而定,一般的放养密度为 6～10 kg/m³ 水体。不同规格的鱼种可参考表 7-2。

表 7-2　高体鰤的网箱养殖密度

鱼体质量(g)	放养密度	
	尾/立方米	kg/m³
1～5	140～250	1～2
10～20	100～120	2～3
30～100	60～90	4～7
150～200	45～50	6～9
250～450	25～30	7～9
500～600	15～20	8～9
600～1 000	10～12	8～10
1 000 以上	6～8	7～10

3. 饵料及投喂

高体鰤为凶猛肉食性鱼类,喜在水面摄食,基本不摄食下沉至水底的饵料,因此,投喂时要特别注意。投喂的饵料主要是新鲜或冰冻鲐鱼、蓝圆鲹、沙丁鱼等低值的小杂鱼虾。每日投喂量一般为其体重的 5%～20%,分 1～2 次投喂。也可用鲜杂鱼与配合饲料混合,制成软颗粒饲料使用。

第二节 鲹科其他主要养殖鱼类

鲹科鱼类是一群比较大型或中型的海水鱼类，种类很多，但都有食用价值，且不少种类都是重要的经济鱼类。其中已开发养殖的种类，主要是鰤属和鲳鲹属中的一些种类，如鰤属中的高体鰤、黄条鰤、五条鰤，鲳鲹属中的卵形鲳鲹和布氏鲳鲹等。

一、黄条鰤

黄条鰤 *Seriola aureovittata*，隶属于鰤属，又名黄犍牛、黄尖子等。在我国，主要分布于黄海和渤海，东海也能见到，台湾北部偶有所见。国外见于日本和朝鲜半岛沿海。

黄条鰤身体近纺锤形而侧扁，尾柄短小，两侧各有一小皮嵴。背部亮青蓝色，腹部灰白色，从吻部经眼至尾柄有 1 条黄色纵带。腹鳍黄色，其余各鳍棕色，鳍边缘黄色（图 7-4）。

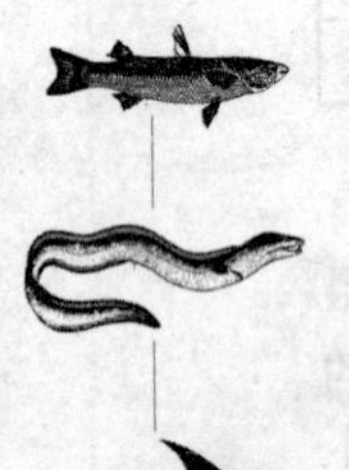

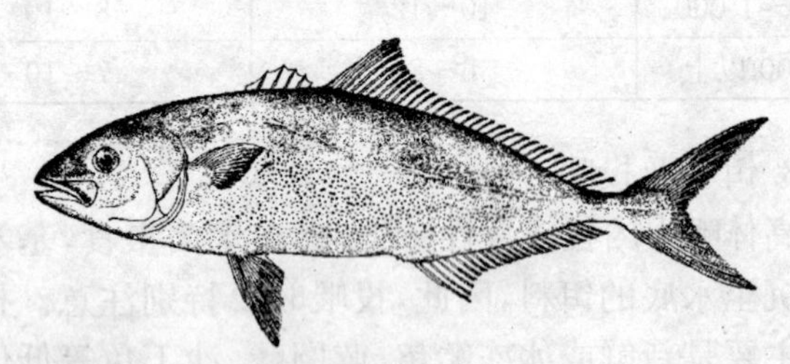

图 7-4 黄条鰤（引自张春霖，1955）

该鱼为暖温性中上层洄游鱼类，游速快，喜栖于漂浮物的阴影下。6 月中下旬，幼鱼先进入黄海北部，7 月中旬成鱼逐渐进入黄海北部，10 月份随水温下降鱼群南移。黄海北部和渤海区是黄条䲠主要的索饵场。

黄条䲠最适生长水温范围为 18℃～26℃。主要摄食鲐鱼、青鳞鱼、梅童鱼、小黄鱼等，也摄食头足类、糠虾、对虾等其他游泳动物。

当年生黄条䲠幼鱼 8 月中旬体重约 50 g，9 月中旬体重 250 g 左右。黄海水域的黄条䲠性成熟年龄一般在 3～4 龄，产卵期在 4～5 月份，产卵场主要在日本和朝鲜半岛南部的西侧海域。体长 61.2～81 cm 的黄条䲠雌鱼怀卵量为 51.3 万～147.2 万粒。

二、五条䲠

五条䲠 *Seriola quinqueradiata* 属于䲠属，也称黄键牛、黄尖子，这是因为当地渔民对其和黄条䲠区分不开的缘故。在北太平洋分布较广，堪察加半岛南部，日本沿海，朝鲜半岛南、中部，俄罗斯西伯利亚沿海都有分布；在我国，主要分布于东海北部和黄海中南部。

身体与黄条䲠相似，头部前端略尖。第一背鳍 5 枚棘（幼鱼 6 枚），胸鳍较长，与腹鳍几乎等长。上颌骨的后端仅达眼的前部下方，且后上角呈角状（图 7-5、彩页）。

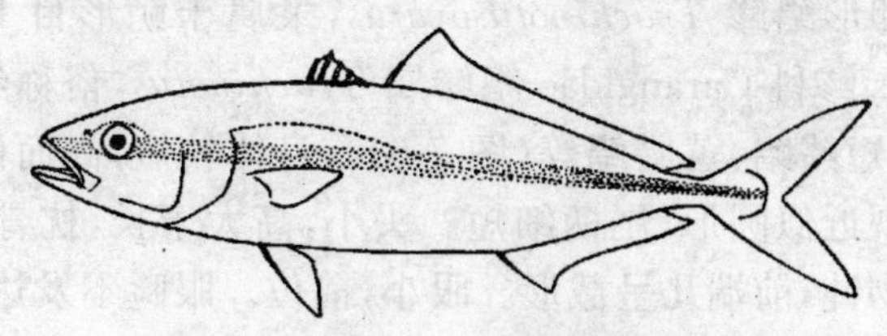

图 7-5 五条䲠（引自成庆泰，1987）

五条鰤为暖温性中上层洄游鱼类，成鱼适温范围为19℃～29℃，最佳生长水温为24℃～29℃；适盐范围为16～34，最适盐范围为20～25。

五条鰤体长约达10 mm时，以浮游甲壳类为主食；体长约3 cm时，开始摄食玉筋鱼、秋刀鱼等鱼苗；体长达13 cm时，几乎完全以鱼类为食，主要食鲱类、鳕类、鲭类、头足类等游泳动物。

五条鰤仔、稚鱼的生长速度极快，几乎每隔20天体长增长1倍。在自然水域性成熟年龄在3～4龄，人工养殖的鱼性成熟年龄可提前到2～3龄。产卵期南方比北方早，从东海南部的2～3月份到黄海北部的4～6月份。因卵径较大，怀卵量一般不大，5 kg的雌鱼怀卵量为15万～20万粒，6～8 kg的雌鱼为15万～50万粒。

五条鰤卵为球形、浮性，卵径为1.15～1.44 mm，油球1个，淡黄色，胚胎发育的适温范围为17℃～21℃，最适温度为18℃～20℃。孵化时间与水温有关，水温为21℃～24℃时，孵化时间需50小时；18℃～20℃时，需70小时；15℃～18℃时，孵化时间需90小时左右。

三、卵形鲳鲹

卵形鲳鲹 *Trachinotusovatus*，隶属于鲈形目 Perciformes 鲹科 Carangidae 鲳鲹属 *Trachinotus*，俗称红衫、金鲳、短鳍鲳、黄腊鲳等（图 7-6）。身体较短，高而侧扁，侧面观近似圆形，尾柄细短。头小，高大于长，枕骨嵴明显。吻钝，前端几呈截形。眼小，前位。眼睑不发达。口小，微倾斜。前颌骨能伸缩。鳃耙短，排列稀，数量少。头部除眼后部有鳞外均裸露。侧线前部稍呈波状弯曲，侧线上无棱鳞，仅有感觉孔。

第一背鳍有一向前平卧倒棘和6鳍棘，棘短而强，鱼小时棘间有膜相连，鱼大时膜渐退化，成为游离状。第二背鳍前部呈镰形，臀鳍与第二背鳍同形，胸鳍较宽，腹鳍大于1/2头长，尾鳍叉形。体背部呈蓝青色，腹部银白色，体侧无黑色点，奇鳍边缘浅黑色。

图7-6 卵形鲳鲹(引自朱元鼎，1963)

卵形鲳鲹属于热带暖水性中上层洄游性鱼类，群集性较强。主要分布于印度洋，印度尼西亚及澳洲沿海，中国南海、东海、黄渤海，日本沿海，美洲热带和温带的大西洋海岸，非洲西海岸等地。幼鱼常栖息于河口、海湾，成鱼则向外海深水处移动。

卵形鲳鲹为肉食性鱼类，以小鱼、甲壳类、小鱿鱼等为食。在人工养殖网箱和池塘中，除食生鲜饵料外尚可摄食沉、浮性人工配合饲料。所以在养成阶段完全可用人工配合颗粒饲料养成商品鱼。

卵形鲳鲹比较耐低温，短时间在水温9℃～10℃的环境下，仍可正常生活。对盐度适应性广，在盐度为5～45的海水中均能生存，但盐度太高时生长较缓慢。

该鱼肉色洁白、细嫩，鲜美可口，为南方沿海名贵海产经济鱼类之一。其生长迅速，从苗种开始养殖，半年可达 400～600 g 的上市规格，是我国南部沿海主要网箱养殖对象之一。

卵形鲳鲹为一次性产卵型鱼类，一般 3 龄达性成熟。在我国，性成熟季节根据地理位置不同而有明显的差别，一般海南春季的水温较高成熟较早，而福建沿海则要到 5 月底 6 月初。

四、布氏鲳鲹

布氏鲳鲹 *Trachinotus blochii*，隶属于鲈形目 Perciformes 鲹科 Carangidae 鲳鲹属 *Trachinofus*，也称卵鲹，俗称红衫、白鲳、长鳍鲳、黄腊鲳等(图 7-7)。布氏鲳鲹的外形与卵形鲳鲹差别不大，两者幼鱼阶段不易区分，稍大后较易区分，具体区别见表 7-3。

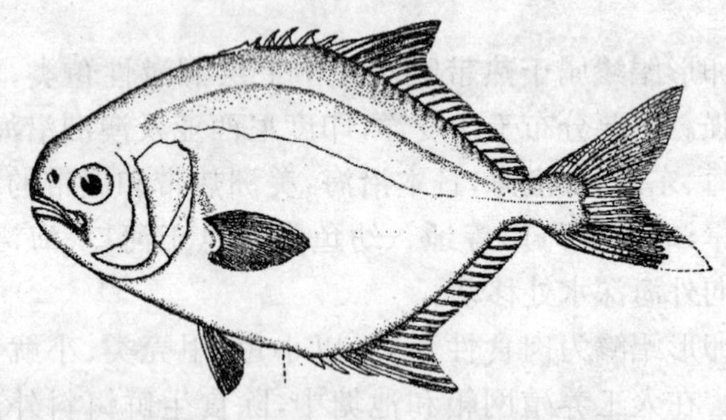

图 7-7　布氏鲳鲹(引自张春霖，1955)

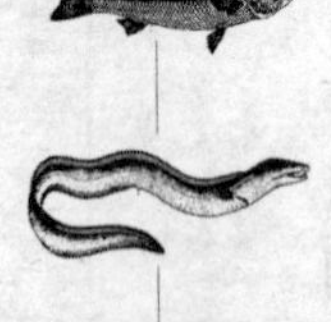

布氏鲳鲹的适温为 15℃～38℃，在养殖环境中极限低温为 15℃，在 15℃以下短时间尚可存活，下降至 14℃时，将会出现大量死亡。

布氏鲳鲹为多次成熟、分批产卵类型，两龄鱼即可达

性成熟。生殖季节为每年的2～11月份，以每年的春、夏季为生殖高峰期。

表7-3 卵形鲳鲹与布氏鲳鲹的外形区别

	卵形鲳鲹	布氏鲳鲹
第二背鳍	在自然伸展状态下，其末端与体中线的垂直线约在体干后斜段的中点部，尚未达尾柄部	在自然伸展状态下，其末端约至尾柄的前基部
臀鳍	金黄色	前部为灰黑色，尤其是第一鳍条的侧缘，后半段为金黄色
尾鳍	后段呈金黄色	黑灰色
眼睛	近似圆形，无银黄色的眼圈	呈似钝三角形状，钝尖端向前，有银黄色及黑色的眼圈
背面观	体背部较肥厚	体背部较瘦、薄

（引自雷霁霖，2005）

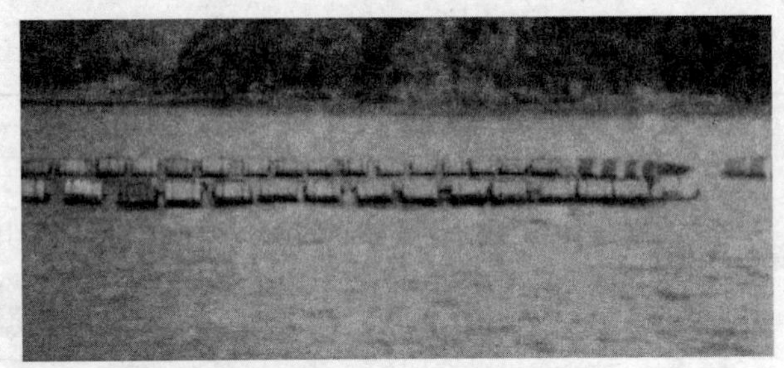

第八章　军曹鱼养殖

军曹鱼 *Rachycentron canadum*，隶属于鲈形目 Perciformes 军曹鱼科 Rachycentridae 军曹鱼属 *Rachycentron*，俗称海竺鱼、海鲡、海龙鱼、海甘楚等（图 8-1）。因其生长迅速、抗病力强、肉质白嫩，深受国际市场的欢迎，是一种极具养殖潜力的优良品种。如今在我国广东、海南及台湾等地已开始养殖，而且人工繁殖也获得成功。

图 8-1　军曹鱼（引自张春霖，1955）

第一节 生物学特性

一、形态特征

身体修长稍呈圆筒形，躯干部较粗大，尾部逐渐细小。头较平扁，眼小，口较大，前位，稍倾斜，具绒毛状齿带。体被细小圆鳞，坚硬不易脱落。侧线呈波纹状，在胸鳍上方呈弧形。有两个背鳍，第一背鳍具 8 枚粗短而分离的鳍棘，并可分别收藏于纵沟里。尾鳍形状随其生长而变化，从幼鱼时期的尖尾形渐变为截形、浅凹形，最后长成叉形，上叶显著长于下叶。

体背部呈灰褐色，腹部灰白色。体侧沿背鳍基部有一黑色纵带；自吻端至尾鳍基也有一黑色纵带，并与背部纵带平行；自胸鳍基部至臀鳍基部末端侧上方还有一条浅褐色纵带。各带之间为灰白色。各鳍均呈褐色，但腹鳍边缘及尾鳍上、下缘为白色。

二、生活习性

军曹鱼为热带暖水性中上层鱼类，常栖于外海深水区，游泳速度快。主要分布于大西洋、印度洋和西太平洋的热带水域，我国的南海和东海较常见，黄海北部很少见。

军曹鱼肉食性，性凶猛，摄食量大。在自然海区，主要捕食鱼类、头足类、虾类、蟹类等。在人工养殖条件下，可完全驯化摄食人工颗粒饲料。

军曹鱼不耐低温，适宜水温为 22℃～34℃，低于

16℃开始死亡；适盐范围较广，在4～35的盐度范围内有明显的索饵活动，但个体较大的鱼对低盐的忍受力较差，盐度低于8时则不摄食。

三、生长与繁殖

该鱼生长迅速，养殖鱼年生长体重可达6～8 kg，养殖5个月，净增重可达3 kg以上，是目前海水网箱养殖中生长最快的一种鱼。

军曹鱼为多次产卵类型的鱼类，在自然海区，生殖期较长，在美国东海岸北墨西哥湾海域，4～10月份均可发现有性成熟的鱼。在我国台湾南部沿海，2月底至5月底为产卵盛期，并可持续到10月份。产卵水温为24℃～29℃，产卵盛期水温为24℃～26℃。在生殖季节，雌鱼背部黑白相间的条纹会变得更为明显，腹部突出，而雄鱼背部黑白条纹不明显或消失。人工养殖的军曹鱼最小性成熟年龄为1.5～2龄，性成熟雄鱼最小体重约7 kg，雌鱼约8 kg。在养殖池中可自行产卵，体重8.5 kg的亲鱼，相对繁殖力为16万粒/千克鱼体重。

第二节 人工繁殖与苗种培育

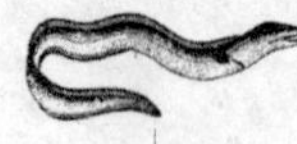

一、亲鱼来源

亲鱼一般挑选海上网箱养殖的近性成熟的成鱼。选择个体大、体质健壮的鱼进行强化培育后作为亲鱼使用。

二、人工催产

虽然养殖的亲鱼可自行产卵，但为了能同时获得大量的受精卵，便于育苗生产中的管理，一般采用催产的方法。对于一些腹部松软、性腺轮廓明显的亲鱼，可采用生态刺激的方法促其自然产卵。在催产时，要挑选腹部较大、性腺轮廓明显的鱼作为繁殖用亲鱼。催产剂为促黄体素释放激素类似物（LRH-A）、绒毛膜促性腺激素（HCG）等。雌鱼HCG的用量为400～800 IU/kg，LHRH-A_3为4～8 μg/kg，两者最好混合使用。注射激素后，将亲鱼放入产卵网箱或产卵池中，让其自然产卵、受精。

三、胚胎和仔、稚、幼鱼的发育

军曹鱼受精卵为浮性球形卵。受精后卵膜略吸水膨胀，卵径为1.35～1.40 mm，每千克约50万粒；未受精卵或卵质较差的卵不透明或浮性不佳。在水温24℃～26℃时，30小时孵化出膜；水温28℃～30℃时，约24小时孵化出膜。其胚胎的具体发育过程见表8-1，仔、稚、幼鱼发育见图8-2。

表 8-1　军曹鱼的胚胎发育过程（水温24℃～26℃）

发育期	受精后时间	主要特征
受精卵		卵膜吸水膨胀，出现受精膜及围囊腔
胚胎隆起	30 min	原生质集中于动物极，形成隆起的胚盘
2细胞期	40 min	胚盘分裂成大小相等的两个细胞
4细胞期	1 h	胚盘分裂成4个细胞

(续表)

发育期	受精后时间	主要特征
8细胞期	1 h 15 min	胚盘分裂成8个细胞,排成两列
16细胞期	1 h 35 min	胚盘分裂成16个细胞,排列成4列
高帽期	5 h 5 min	胚盘呈高帽状,突出于卵黄上面
原肠初期	10 h 5 min	胚盘扩大,囊胚层下包形成胚环
原肠中期	12 h 40 min	胚盘继续扩大,下包达卵黄囊中部,出现神经管
原肠后期	15 h 5 min	胚盾出现两对肌节,神经管前端稍膨大
胚体期	17 h	原口闭合,胚体形成,出现6～8对肌节,柯氏泡出现
胚体抱卵黄囊3/5	20 h 5 min	心脏形成,但不跳动,晶体形成
胚体抱卵黄囊2/3	25 h 10 min	肌节20对以上,脑分化成前、中、后三部,胚体能扭动
破膜前期	27 h 4 min	胚体扭动急剧,接近孵化
孵出期	28～30 h	仔鱼破膜而出

(引自雷霁霖,2005)

初孵仔鱼全长为3.5 mm,体型较其他鱼类大,躯干有黑色素分布。从水面看体色呈暗红棕色。孵化12小时的仔鱼全长为4.0 mm,肛门已通。在水温为25℃～27℃的条件下,从仔鱼出膜到卵黄和油球消失约需3天,第3天仔鱼开口,口径较大,能直接摄食轮虫和桡足类幼体。当仔鱼全长达5.1 mm时,脊柱周围有棕色素分布,体暗棕色,尾部淡黄色。第10～11日龄仔鱼全长为9.5 mm左右,尾鳍已分化,仔鱼的尾鳍及体背的色素更明显,体色由原来的暗红棕色转变为黑色,体背再转化为暗绿色。鳍部出现彩色，背部条纹逐渐出现，此时仔鱼在白天开始转入池底活动。第 35～45 天稚鱼全长为 90 mm，尾鳍上、下缘具淡黄色，由尖形逐渐变成卵圆形（图 8-2）。

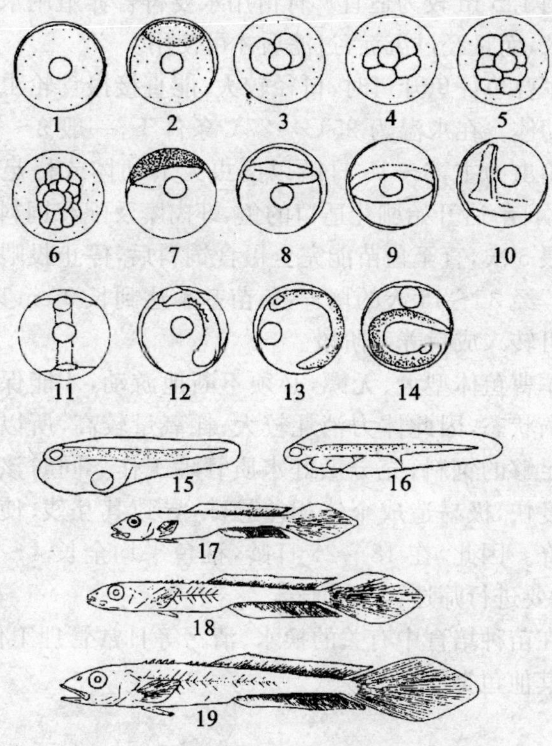

1. 受精卵；2. 胚胎隆起；3. 2 细胞期；4. 4 细胞期；
5. 8 细胞期；6. 16 细胞期；7. 高帽期；8. 原肠初期；
9. 原肠中期；10. 原肠后期；11. 胚体期；12. 胚体抱卵黄囊 3/5；
13. 胚体抱卵黄囊 2/3；14. 破膜前期；15. 孵出期；
16. 孵化 12 小时的仔鱼；17. 第 3 天仔鱼；
18. 第 10 天仔鱼；19. 第 35 天稚鱼

图 8-2　军曹鱼的胚胎及仔、稚、幼鱼发育（引自雷霁霖，2005）

四、苗种培育

育苗一般在室内进行，培育池以面积 10～50 m^2、水深达到 1.5 m 较为适宜。育苗用水要符合养殖用水的标准要求，而且经过沉淀、过滤后才可使用。

军曹鱼仔鱼开口时，口径较大，能直接摄食轮虫或桡足类幼体。在水温为 25℃～27℃条件下，一般 3～10 日龄以轮虫为主，6～15 日龄以卤虫无节幼体或桡足类为主，20 日龄后开始驯化适口的鱼、虾肉糜及配合饲料。每天投喂 5 次，直至鱼苗能完全摄食饲料后，停止投喂鲜活饵料。经 35～45 天的培育，鱼苗基本达到长 9 cm 以上，这时可转入成鱼养殖阶段。

军曹鱼体型大、无鳔，必须不断地游动，才能保持身体平衡状态，因此体力消耗较大、耗氧量较高，所以必须投喂足够的饲料，充分做好水质管理工作。同时该鱼生长速度快，极易造成个体相差悬殊，导致其互残，使成活率低降。因此，在 18～25 日龄，稚鱼平均全长 4～5 cm 时，就要进行筛选，分池饲养。

在苗种培育中有关的换水、清污等日常管理工作，可参阅其他鱼类的管理模式。

第三节 成鱼网箱养殖

一、养殖环境条件

养殖海区宜选择风浪小、饲养管理方便的近海，水流畅通，水质清澈，有一定的流速（1 m/s 左右）。养殖环境条件相对稳定，盐度为20～33，水温为16℃～32℃，透明度为8～12 m。

二、鱼种放养

放养密度根据海区水质条件、养殖技术和日常管理水平、养成规格和网箱产量要求等情况而定。例如，想要军曹鱼的养成规格为4千克/尾以上，成活率达95%，每箱产量在4～4.5吨(养殖5个月)，则每箱(网箱规格为6 m×6 m×6 m)应投放规格为0.7～0.75千克/尾的鱼种1 100～1 200尾，即投放密度为5.5尾/立方米水体。投放的鱼种应体质健壮、无伤病，规格大小尽量一致，避免出现个体大小不一现象。

三、日常管理

军曹鱼为肉食性鱼类，饵料主要是低值鲜杂鱼或配合饲料等。一般从鱼种投放的第二天开始投喂，每次投喂先少投慢投，以引诱网箱内的鱼到表层来摄食，待大部分鱼上来抢食时，则快投多投，当多数吃饱游到箱底时，再少投慢投，以照顾弱小鱼也能吃饱。正常情况下每天投喂两次，小杂鱼作饵料时日投量为鱼体重的8%～10%，配合饲料为鱼体重的4%～6%。

实行定期检测制度，掌握鱼的生长速度，有利于确定下一阶段的饵料投喂量，同时也可检查鱼是否有病害。

掌握分箱时机，按不同规格大小分箱饲养，避免大小个体互相残食。同时还要注意做好洗网、换网、防逃等工作。

虽然目前军曹鱼养殖规模相对来说不太大，而且该鱼具有较强的抗病能力，但也应注意加强病害预防工作，定期投喂抗生素药饵，经常注意观察网箱内鱼的游动情况、摄食情况，一旦发现病、死鱼应及时隔离治疗或进行特殊处理。

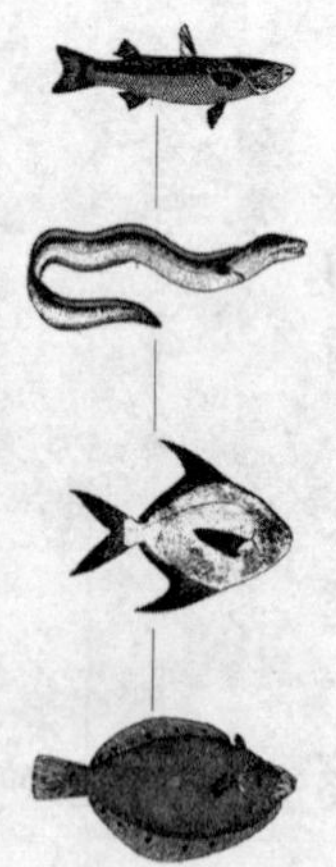

第九章 鲯鳅养殖

鲯鳅 *Coryphaena hippurus*，隶属于鲈形目 Perciformes 鲯鳅科 Coryhaonidae 鲯鳅属 *Coryhaena*，俗称铡刀鱼、阴凉鱼、鬼头刀、飞虎等(图 9-1)。该科在全世界仅 1 属两种，广布于世界温、热带水域。因其肉质鲜美，加之它对温度和盐度有较广的适应性，具有生长快、成熟早、饵料系数低等特点，是一个海水增养殖的优良鱼种，深受消费者及养殖业者的青睐，近年供不应求，市场前景很好。

图 9-1 鲯鳅(引自张春霖，1955)

第一节 生物学特性

一、形态特征

鲯鳅以体长侧扁，头部高耸，酷似铡刀为主要特征，故又有铡刀鱼之称。体表被小圆鳞。背鳍甚长，自眼上缘后达尾基，臀鳍较短，尾鳍深叉形，腹鳍细长，位于胸鳍基下方。头和体背侧面呈烤蓝色，腹部颜色较浅或黄褐色，背侧面上尚嵌布蓝色小斑点。该鱼雌、雄异型，雄鱼以额部更加高突为特征，繁殖期婚姻装鲜艳，与雌性个体体色不同，易于区别。

二、生活习性

鲯鳅系一种在热带和亚热带水域中常见的中上层洄游性大型鱼类。在我国，主要分布于东、南海区，每年春夏有部分群体从东海顺暖水北上进入黄海，过山东高角后，主群尤其大型个体继续北上，于 8 月初抵达海洋岛附近的水域，并在该岛东北海区产卵，产后个体即离开产卵场进行索饵，至 9 月底前后渐向南做越冬洄游；此外，另一群个体则西进，于 7 月份抵达烟威外海，逗留到 8 月份，其后去向不明。

鲯鳅属肉食性鱼类，食谱甚广，生性贪食，即使在繁殖期中亦强烈摄食，其主要饵料是鱼类。

鲯鳅有一十分特殊的习性，即幼鱼喜欢聚集在漂流藻类的地方，成鱼则在浮木等漂流物之下，故有阴凉鱼之称。渔民则利用此习性，以竹筏等诱集该鱼鱼群而获高产。

三、生长与繁殖

鲯鳅生长迅速，孵化后两个月尾叉可长达 10 cm。经过 4～6 个月的饲养，即可达 2 kg 以上的商品规格。

鲯鳅的性成熟年龄，一般认为两龄、体长在 500 mm 以上即可达到性成熟；但也有体长为 400 mm 的雄鱼、350 mm 的雌鱼，即 1 龄的成鱼达到性成熟的报道。

鲯鳅的性成熟个体雌、雄异型，雄者额骨特别高耸，雌鱼则相对呈缓弧形。婚姻装亦颇鲜艳，雄鱼体背青绿，侧腹金黄，嵌布蓝色小点；雌鱼体表蓝绿，仅腹侧稍有金黄色。

鲯鳅属分批产卵鱼类，繁殖力甚大。一尾体长 700 mm 的雌性个体，怀卵量为 170 万粒，800 mm 的则为 194 万粒，950 mm 的个体可高达 609 万粒左右。

鲯鳅在我国各海区的产卵时间不一，在黄海北部的产卵期较晚，汛期亦较集中，为 8 月中旬至 9 月上旬；黄海中、南部的鲯鳅在 9～10 月份产卵完毕；东海区产卵期长，在 7～10 月份，其盛期在 8～9 月份；在海南岛以东海区，产卵期在 5～8 月份。产卵场为水温 23℃～29℃，盐度 33.0～34.0 的高盐水域。

第二节 人工繁殖

一、亲鱼的来源和蓄养

1. 亲鱼的来源

通常用人工诱饵在水面用曳绳钓鱼法在自然海区捕

捞亲鱼。虽然捕捞亲鱼可全年进行，但大多数还是在3月份、4月份和10月份进行。或在养殖的成鱼中挑选成熟的个体，进行强化培育也可达性成熟。成熟亲鱼的体长一般为500 mm以上。

2. 亲鱼蓄养

由于鲯鳅个体大和在水上层游动的特性以及蓄养中的习性，对蓄养的设备和条件有特殊的要求。迄今已知最成功的设备是双层环形池，直径约6.0 m，池上盖有顶棚。该池有双层排水安全装置，且中央有一内池，在流水的情况下，迫使亲鱼在外池围绕内池外壁游动，而不能直线游动以防其撞到池壁上。捕捞的成鱼和未成熟鱼蓄养期间，投喂适口的鲜杂鱼和头足类，定期补充凝胶状维生素、矿物质和脂质预制品。产卵期间应正常投喂。

二、产卵与孵化

鲯鳅在池中不用任何激素催产，就可自然产卵。通常在性成熟后第一个满月期开始产卵，隔天产卵一次。只要产卵一开始，每次都有固定产卵时间，时间因种群和设备而异，通常在中午或晚上产卵。一般第一次产卵量为1.5万～3万粒，较大者可产10万粒。产卵的重量相当于体重的5%～10%。一尾雄鱼的精子可供6尾雌鱼的卵子受精。

鲯鳅卵呈球形，彼此分离、浮性，卵周隙狭小，卵径为1.35～1.62 mm，有淡黄色油球1个，直径0.26～0.36 mm。孵化容器的形式和材料不限。孵化的密度控制在10万～20万粒/立方米水体。不间断充氧，流水孵化，期间的水温控制在21℃～29℃，最适水温为25℃～26℃，盐度在30左右，经过40小时即可孵化。

三、胚胎及仔、稚鱼发育

鯻鳅的胚胎和仔、稚鱼的发育时序见图 9-2。

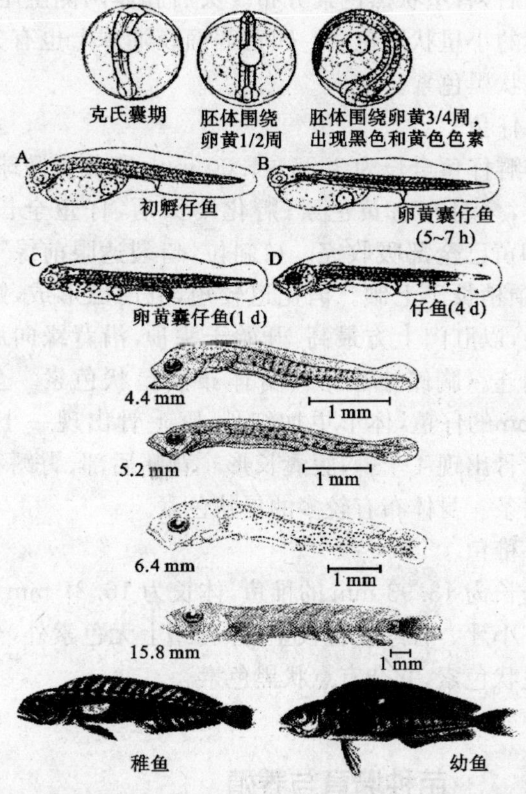

图 9-2　鯻鳅胚胎和仔、稚鱼的发育形态(引自雷霁霖，2005)

1. 胚胎

卵的早期发育阶段与其他硬骨鱼类基本相同，也是从受精卵经过不断的细胞分裂，经囊胚期进入原肠期、胚环形成、胚盾初显、油球位于卵黄囊的下方等。鯻鳅发育过程中，当胚体围绕卵黄 1/2 周时，视囊出现，原口封闭，柯氏泡明显，胚体上及头部出现密集的点状黑色素。当胚体围绕卵黄一周时，鳍膜出现，胚体头部自吻端至头顶直至头后，有星状黑色素分布。头后胚体两侧至尾部，出现密集的小星状黑色素。卵黄表面及油球上也有分散的放射星状黑色素。

2. 仔鱼

初孵仔鱼全长为 3.95～4.00 mm，卵黄囊椭球形，油球明显，全身布有黄色素；孵化 4 天后，仔鱼全长 4.40 mm，卵黄已全部吸收完。口斜位，口裂达眼前缘下方稍后，下颌稍长于上颌。消化道较短，肛门已形成，鳍膜透明无色，以肛门上方最高，开始于头顶，沿背缘向后与尾鳍膜相连。胸鳍小扇形。身体布满星状色素。全长达 8.35 mm的仔鱼，体形更加细长，眶上骨出现一小棘突，前鳃盖骨出现 4 个棘，腹囊长形。背鳍后部、臀鳍和尾鳍出现鳍条。身体布有较多的星状色素。

3. 稚鱼

全长为 18.93 mm 的稚鱼，体长为 16.27 mm。两颌均生有小牙。各鳍发育较全，除胸鳍上无色素外，全身满布大星状色素，并杂有点状黑色素。

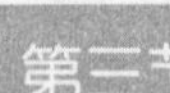

第三节　苗种培育与养殖

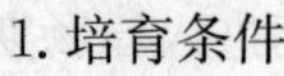

一、苗种培育

1. 培育条件

一般鱼类的苗种培育容器即可。对于鲯鳅而言，要

注意光照强度，避免阳光直射，控制培育池处于较暗的背景（小于 500 lx），增加饵料种类与背景颜色的反差，能提高鲯鳅鱼苗的视觉能力，有助于它们摄取食物。

鲯鳅的适宜育苗水温为 21℃～29℃，最适水温为 25℃～27℃。育苗用水要清新，溶解氧保证在 5 mg/L 以上，盐度控制在 30 左右。

2. 培育密度

由于鲯鳅生长速度快，初孵仔鱼的密度不宜过大，一般每立方米水体在5 000尾左右比较合适，最多不要超过 1 万尾。而且随着仔鱼的生长发育，逐渐稀疏分养。

3. 生长发育与投饵

鲯鳅通过几个不同的发育时期，从卵黄囊期到觅食、后期仔鱼和稚鱼，习性逐步发生变化，对水质和饵料的要求也随之改变。初孵仔鱼卵黄囊较大，在孵出后两天（26℃～27℃）或 3 天（24℃～25℃），能将身体弯曲成 S 形进行觅食，这时就应投喂营养强化的轮虫。这一阶段（开始孵化～第 9 天）仔鱼的存活似乎不受饵料中高度不饱和脂肪酸含量的影响。孵化后第 12～14 天，仔鱼的腹鳍已出现，直肠盘绕，而且发育出数个器官。随着仔鱼的发育，逐渐投喂桡足类及卤虫幼体。此时，高含量的不饱和脂肪酸对比较紧张状态下仔鱼的存活显得非常重要。在变态前如果对仔鱼没有进行很好的饲喂，这一阶段就可能出现严重的死亡。孵化后第 15～20 天，要加大投喂量，保证有足量的、营养丰富全面的饵料供应。仔鱼发育到第 18 天时，体长约 15 mm，并逐渐驯化投喂人工饵料。大约从第 30 天开始可投喂切碎的头足类或鱼肉糜。更新饵料品种时，必须有几天新旧饵料的交叉重合使之逐步过渡。

4. 日常管理

除正常的投喂、管理外，确保良好的水质是鲯鳅育苗成功的关键。鲯鳅在仔鱼培育阶段，培育池的换水量不断增加。从第3天开始，换水10%；第7～10天换水增加到30%；第11～13天换水量达养殖水体的1倍；第14天以后换水量要大于养殖水体的两倍。当然，换水率主要取决于池水的水质状况。

同类相残可能引起鲯鳅苗的严重死亡，即使提供营养丰富、充足的饵料也不能改变这种习性，因此在稚、幼鱼培育过程中，要及时按个体大小分池饲养，以减少损失。

二、成鱼养殖

在适宜的温度下，对孵化后30天的鲯鳅鱼种（约1 g）就可进行成鱼养殖。目前，养殖方式多种多样，有筑堤式、网围法、网箱养殖及工厂化养殖等，比较有代表性的为工厂化集约养殖。

工厂化集约养殖是将养殖过程分为几个阶段，随着鱼体的长大，每20天左右依次筛选出不同的规格进行分池饲养。这种养殖能保持最大的放养密度，而且能严格控制池中水质状况。

鲯鳅生长速度较快，在水温为23℃～25℃的条件下，孵化后57天的幼鱼，日增重达7.63%，饵料转换系数为1.04。随着鱼体的长大，日增重有所降低，经过4～5个月的饲养，体重由10 g左右可长到2 kg。

成鱼养殖阶段同样需要良好的水体环境，溶解氧要保持在5 mg/L以上。由于鲯鳅具有快速游泳、高跳和掠食的习性，因此要尽量减少对它的惊扰，特别是投喂饵料时。具体养殖技术与其他海水鱼类雷同，本节不再赘述。

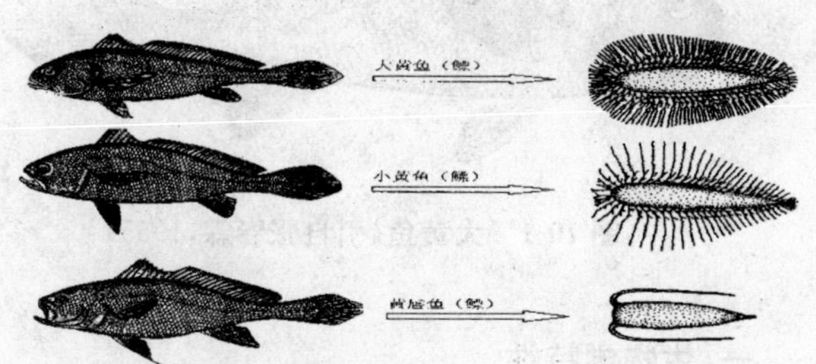

第十章　石首鱼类养殖

石首鱼类是一群暖水性鱼类，多数生活在亚热带和热带近岸泥沙底质的浅海中，有些栖息在江口近处或进入江河的潮汐带，只有少数定居于淡水中。该科鱼类以能发声著称，在我国沿海都有分布，是我国重要的经济鱼类，其中越来越多的种类已成为重要的养殖对象。

第一节　大黄鱼养殖

大黄鱼 *Pseudosciaena crocea*，隶属于鲈形目 Perciformes 石首鱼科 Sciaenidae 黄鱼属 *Pseudosciaens*，俗称黄花鱼、黄鱼、黄瓜、红口等（图 10-1）。主要分布在黄海中部以南到南海的雷州半岛东侧的中国海沿岸水域，朝鲜半岛近海也有分布。大黄鱼肉味鲜美，营养丰富，生长迅速，现已成为我国东南沿海重要的养殖鱼类。

图 10-1　大黄鱼(引自张春霖,1955)

一、生物学特性

(一)形态特征

大黄鱼体形修长,鱼体侧扁,尾柄细长;背面和背侧面为黄褐色,腹侧面为金黄色,胸鳍和腹鳍为黄色,唇为橘红色。头、口较大,上、下颌具有尖锐小齿,前鳃盖骨后缘具细锯齿,内耳中耳石较大。

在内部器官中,有一较"特殊"的重要器官——鳔。大黄鱼为闭鳔类,鳔很发达,无鳔管,不分室。鳔内壁有 7～8 个花朵状的红腺,能分泌气体,对鱼在水中的升降活动起到调节作用;鳔还在发声方面起着重要的作用;其结构也是石首鱼类分类的重要依据。鳔的用途广泛,且营养价值极高。

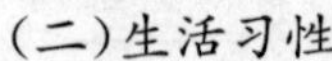

(二)生活习性

大黄鱼属温暖性近海中下层鱼类,喜结群,具洄游习性。通常生活在 60 m 等深线以内的沿岸砂泥底质水域。该鱼厌强光,喜浊流,黎明、黄昏或大潮时上浮,白昼或小潮时下沉。生活的适宜水温范围为 13℃～30℃,最适宜的生长水温为 18℃～25℃。最适宜的盐度为 30.5～32.5。

大黄鱼为肉食性鱼类,摄食范围广泛,在其不同的发育阶段发生明显的转换,而且与环境的变化有关。成鱼

主要捕食小型鱼类、甲壳类、头足类等；幼鱼主要“滤食”桡足类、糠虾等浮游动物；仔鱼阶段主要摄食浮游动物。

（三）生长与繁殖

不同的种群，在不同的海域生活，形成了一定的生长差异。分布于东海中部的岱衢族大黄鱼，生长慢、寿命长、性成熟晚；闽-粤东族的大黄鱼，生长快、寿命长、性成熟晚；海南附近硇洲族的大黄鱼，则生长快、寿命短、性成熟早。

在同样的条件下，大黄鱼的生长，雌鱼快于雄鱼，处于繁殖期的生长速度要慢于其他生长期。

大黄鱼繁殖的水温为 18℃～24℃，生殖盛期为 19.5℃～22.5℃。

大黄鱼性成熟一般雄鱼早于雌鱼。浙江近海开始达到性成熟的年龄在 2～3 龄，接近全部性成熟的雌鱼体长为 310 mm、体重 350 g；雄鱼体长为 270 mm、体重 250 g。而且只有在体长和体重达到一定程度的个体，才有达到性成熟的可能。

大黄鱼的繁殖有春季和秋季两个主要产卵季节，因此也把这两个生殖群体从生物学种群类型上分别称为“春宗”与“秋宗”。春宗主要在北部沿海，秋宗只出现在南部沿海。春季的产卵盛期，从南海的 3 月份，逐渐北移拖后，到浙江以北沿海的 5～6 月份。秋季的产卵盛期正好相反，从浙江北部的 9 月份，逐渐南移拖后，到南海的 11 月份。而且春季产过卵的亲鱼，秋季仍可继续产卵。

大黄鱼是分批产卵的鱼类，在一个产卵季节中要产卵 2～3 次。怀卵的数量随个体的年龄、体长、体重的增长而增多，一般为 5 万～120 万粒，且春季繁殖群体的个体繁殖力大于秋季的。

二、人工繁殖

(一)亲鱼培育

大黄鱼的育苗,目前一般分春、秋两季。春季育苗的亲鱼由于养殖水温等原因,强化培育的时间要长一些,一般为1～2个月。秋季育苗用的亲鱼一般不需要强化培育,直接从养殖池或养殖网箱中已达性成熟的成鱼中选出即可。对于亲鱼的强化培育或暂养,一般有网箱培育和室内水泥池培育两种方式。

1.网箱培育

一般用于秋季繁殖,因秋季自然水温等环境因子适合大黄鱼的性腺发育,不需要人为地调控。而且,目前还可直接在网箱中催产、产卵,操作步骤更加简单。网箱培育亲鱼宜在水流较缓的海区进行,培育大黄鱼的网箱不宜太大,以大小为(3～5) m×(3～5) m×(3～5) m,网目为5 cm左右为宜。培育密度以4～6尾/立方米为宜。饵料以新鲜、优质的小杂鱼为主,也可用冰鲜鲐、鲹及贝肉或配合饲料。为减轻水质的污染,冰冻鱼解冻后,要洗净、沥干水分后投喂。水温14℃以下,每1～2天投喂1次,鲜活鱼日投饵为亲鱼体重的1%以下。水温14℃以上,每天投饵1次,每天的投喂量为亲鱼体重的2%～4%。具体情况要根据水温的高低、鱼的摄食情况随时调节。培育期间,尽量少洗、换网箱,也不要经常提箱,避免因惊动而影响其性腺发育。

2.室内水泥池培育

室内水泥池培育主要用于春季加温培育亲鱼。培育池以方形或圆形最好,应具有安静、保温性能好、光照度可调控等条件,最好应配套增温设备和预热池设施。池子面积大小不限，最好为 20～40 m^2，水深在 1.5 m 左右。放养密度为 1.5～3 kg/m^3 水体。

控制水温为 15℃～25℃，最好为 20℃～22℃。每 2～3 m^2 布设 1 个气石进行连续充气，使溶解氧保持在 5 mg/L 以上。盐度为 23～30。光照强度保持在 500～1 000 lx。

在培育的过程中，每天上、下午各投饵 1 次，用鲜活或冷冻的小杂鱼均可，视摄食情况，日投饵量可掌握在亲鱼体重的 3%～5%。投饵后池中常有残饵和排泄物，每天必须及时进行吸污清底，并根据水质状况，每天换水两次（凌晨和傍晚投饵前），每天换水 50%～100%，以保证水质清新。同时要经常观察亲鱼的摄食与活动情况，防止病害发生。特别要注意观察性腺的发育程度，定期检查。

大黄鱼具有易受惊吓、体表鳞片较松等特点，稍有响声、震动或光照突变，便引起狂游或乱撞，甚至碰到池壁上或跳出池外，造成损伤。因此，在进行上述操作时，动作要轻缓，尽量保持安静。

（二）催产

大黄鱼产卵在春、秋两季。春季当水温达 15℃以上时，亲鱼的性腺开始成熟，一般当水温达 18℃～20℃时，性腺成熟度最佳。秋季水温降到 24℃以下时，开始进行人工催产育苗，至水温降到 20℃～18℃时，亲鱼的性腺成熟最好。

成熟适度的雌鱼，腹部膨大，生殖孔微红，用手轻摸，有柔软和弹性感。性腺成熟的雄鱼，轻压腹部，有乳白色浓稠的精液流出。

使用的催产剂主要有促黄体素释放激素及其类似物

(LRH-A)、绒毛膜促性腺激素(HCG)、地欧酮(DOM)、鲤鱼脑垂体(PG)等。催产剂可单一使用，也可混合使用。一般来说，混合使用效果较佳。

在水温为 18℃～23℃的条件下，注射剂量为 2～8 μg/kg的 LHRH-A_3，效应时间为 33～60 小时，产卵的高峰时间为 33～40 小时。

通常雄鱼不注射催产剂或注射剂量减半。

催产时要注意一次使用的剂量不可过多，成熟稍差时采用少剂量、多次注射的方法进行催熟，然后再催产，以免出现难产，造成雌性亲鱼的死亡。

（三）受精卵的采收与孵化

大黄鱼经人工催产后，便可自然产卵、受精。在水泥池内产的受精卵可以采用流水外溢的方法收集；在网箱内产的受精卵可采用捞网收集。将收集到的受精卵，在容器中静置数分钟，虹吸出容器底部的沉卵及污物，受精卵冲洗干净后，放入孵化容器中进行孵化。

可将受精卵直接放入育苗池中孵化，放卵密度控制在 3 万～5 万粒/立方米水体；生产上普遍应用的还是将受精卵放入孵化箱中孵化，网箱的面积不宜过大，一般不超过 1 m^2，放卵密度掌握在 50 万粒/立方米水体，进行微流水充气孵化，调节气量，保证卵在水中悬浮滚动。孵出仔鱼后再移入水泥池中培育。

进行人工孵化的水温应控制在 18℃～24℃，要求盐度为 20～32，pH 值为 7.8～8.2，溶解氧量为 5 mg/L 以上，光照控制在 500 lx 左右。

（四）胚胎发育

大黄鱼为分批产卵类型，成熟卵为圆球形，无色透明，油球一个，位于卵的中央。在水温 23℃左右、适宜的

盐度条件下，受精卵 26 小时左右开始孵出仔鱼。其胚胎发育形态特征如图 10-2 所示。

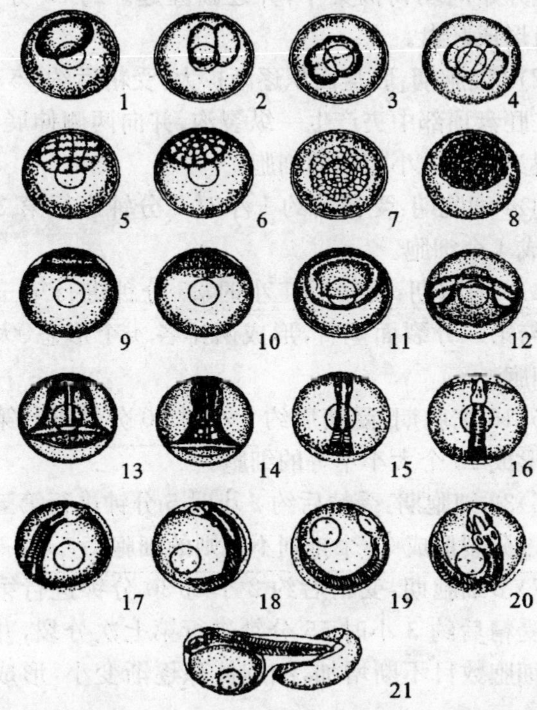

1. 1 细胞期；2. 2 细胞期；3. 4 细胞期；4. 8 细胞期；5. 16 细胞期；6. 32 细胞期；7. 64 细胞期；8. 多细胞期；9. 高囊胚期；10. 低囊胚期；11. 原肠早期；12. 原肠中期；13. 原肠后期；14. 胚体形成期；15. 眼泡出现期；16. 胚孔关闭；17. 晶体出现；18. 尾芽分离；19. 心跳期；20. 肌肉效应期；21. 孵出期

图 10-2　大黄鱼胚胎发育（引自刘家富，1999）

(1)受精与卵裂：当卵与精子结合后，即开始吸水膨胀,出现受精膜及围卵腔。卵径为 1.194～1.367 mm。在 23.2℃的温度及 27.5 的盐度条件下,受精后约 5 分钟原生质开始向动物极集中,并逐渐隆起。约 35 分钟,在动物极形成胚盘。

(2)2 细胞期:胚盘面积逐渐扩大,受精后约 55 分钟,开始在胚盘顶部中央产生一纵裂沟,并向两侧伸展,把细胞纵裂为两个大小相同的细胞。

(3)4 细胞期:受精后约 1 小时 5 分钟进行第二次分裂,裂成 4 个细胞。

(4)8 细胞期:受精后 1 小时 25 分钟进行第三次分裂,并与第二分裂面垂直,形成两排各 4 个形态、大小不等的细胞。

(5)16 细胞期:受精后约 1 小时 40 分钟进行第四次分裂,形成 16 个大小不等的细胞。

(6)32 细胞期:受精后约 2 小时 5 分钟进行第五次分裂,通过分裂形成 32 个排列不规则的细胞。

(7)多细胞期:受精后约 2 小时 30 分钟进行第六次分裂,受精后约 3 小时 55 分钟进行第七次分裂,并持续下去,细胞数目不断增加,细胞体积逐渐变小,形成多细胞期。

(8)高囊胚期:受精后 5 小时 5 分钟,胚盘周围细胞变小,形成高囊胚期。

(9)低囊胚期:受精后 6 小时 30 分钟,胚盘中央隆起部逐渐降低,并向扁平发展,周围一层细胞开始下包,形成低囊胚期。

(10)原肠初期:受精后 7 小时 30 分钟,胚盘边缘从四面向植物极下包。同时部分细胞内卷成为一个环状的细胞层,即形成胚环。

(11)原肠中期:受精后约 9 小时 20 分钟,胚环扩大,开始下包卵黄 1/3,并继续内卷形成胚盾雏形。

(12)原肠晚期:受精后约 10 小时 10 分钟,胚盘向下外包卵黄 1/2,神经板形成,胚盾不断向前延伸,出现胚体雏形。

(13)卵黄栓形成期:受精后约 11 小时,胚盘下包 3/5,胚体包卵黄 1/3,并出现 1 对肌节,卵黄栓形成。

(14)眼泡出现期:受精后 11 小时 50 分钟,胚孔即将封闭。在前脑两侧出现 1 对眼泡,两侧视囊出现。肌节 4~6 对。

(15)胚孔关闭期:受精后 13 小时 50 分钟,胚孔关闭,胚体后部出现小的柯氏泡,头部腹面开始出现心原基,肌节为 9 对。

(16)晶体出现期:受精后 15 小时 55 分钟,胚体包卵黄 3/5,视囊晶体出现,柯氏泡未消失,肌节为 12~14 对。

(17)尾芽期:受精后 17 小时 50 分钟,胚体包卵黄 4/5,耳囊成小泡状,柯氏泡消失。胚体后端出现锥状尾芽,尾鳍褶出现,肌节 18 对。

(18)心跳期:受精后 20 小时 50 分钟,心脏搏动开始,胚体相应颤动,尾从卵黄上分离出来,并延伸占胚体的 1/3,肌节 25 对。

(19)肌肉效应期:受精后 24 小时 30 分钟,胚体全包卵黄,尾鳍可伸近头部,胚体不断颤动,心跳约 140 次/分钟。

(20)孵出期:受精后 26 小时 38 分钟,卵膜显得松弛而有皱纹,膜内胚体不断颤动,尾部剧烈摆动,最后仔鱼破膜而出。

仔鱼的孵化时间与水温关系密切。水温越高,孵化时间越短。当水温在23.2℃时，受精后26小时36分钟，开始陆续孵出仔鱼；在21℃左右时，受精后大约40小时25分钟开始陆续孵出仔鱼；在18℃左右时，受精后需50小时25分钟才开始陆续孵出仔鱼。

（五）仔、稚、幼鱼发育特征

在水温23℃左右及适宜的盐度条件下，仔、稚、幼鱼的发育特征如图10-3所示。

初孵仔鱼全长为2.76 mm，头紧贴在卵黄上，游动能力较差，靠油球作用仰浮在水中，时常作间断性"窜动"。

（1）1日龄仔鱼：全长为3.226 mm，脑分化明显，在眼的前方有一圆形的暗块为嗅囊，听囊明显。肠细直，肛门未外开。

（2）2日龄仔鱼：全长为4.012 mm，肠中间已膨大，内壁皱明显，孵出32～35小时后，肛门和口先后外开，血液循环明显，鳔已出现，胸鳍明显。

（3）3日龄仔鱼：全长为4.169 mm，体长为3.747 mm，卵黄囊变小，肠蠕动明显，已开始摄食轮虫，胸鳍增大，可向外垂直张开，第一鳃弓已出现。

1～3日龄的仔鱼，对光照变化反应不敏感，仔鱼在水中分布均匀，依靠尾鳍做间歇性的快速摆动，且向上游动。

（4）4日龄仔鱼：全长为4.141 mm，体长为3.916 mm，上、下颌形成，并出现绒毛状细牙，卵黄囊消失，肠前部膨大、中部有一道弯曲，摄食明显。第二鳃弓出现锯齿状鳃丝，鳔已充气，鳔上分布有星状黑色素。

此时，仔鱼游动能力增强，对光反应逐渐敏感，当光照不均匀时，经常出现集群现象，上午多分布于水的中上层，下午多分布于水的中下层。

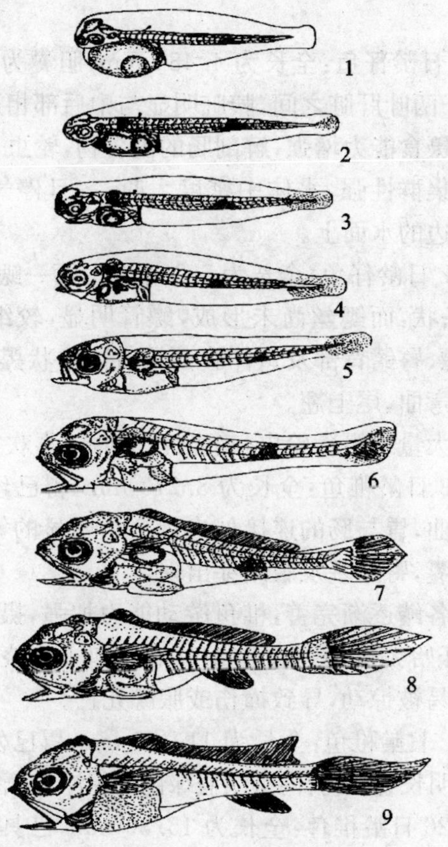

1. 1 日龄仔鱼；2. 2 日龄仔鱼；3. 3 日龄仔鱼；4. 4 日龄仔鱼；5. 7 日龄仔鱼；6. 12 日龄仔鱼；7. 18 日龄稚鱼；8. 22 日龄稚鱼；9. 30 日龄稚鱼

图 10-3 大黄鱼仔、稚鱼发育(引自刘家富，1999)

(5)5 日龄仔鱼：全长为 4. 199 mm，脑部发达，听囊清晰，眼球黑色素增加。肝脏分为左、右两叶。

仔鱼对光的反应非常敏感，特别喜欢弱光，经常趋光集群。

(6)7 日龄仔鱼:全长为 4.484 mm,胆囊为透明的囊状体,位于两叶肝脏之间,胰脏明显与中后部相连。

仔鱼摄食能力增强,解剖肠的内含物,轮虫可多达 30 个以上。集群性强,水体中密度大时,一旦停气,仔鱼常密集于池边的水面上。

(7)12 日龄仔鱼:全长为 5.284 mm,第一鳃弓上鳃耙明显,乳头状,而鳃丝尚未形成,鳔管明显,较细长,与食道相通,鳔、臀鳍背部及鱼体腹面均有团块状黑色素。肠仍有一道弯曲,尾上翘。

仔鱼大量地摄食轮虫,趋光性仍很强,喜欢集群。

(8)18 日龄稚鱼:全长为 8.272 mm,胃已经出现,肠有两道弯曲,胃与肠的连接处出现 2 个明显的笋状突起,为幽门盲囊,臀鳍基及腹鳍芽出现。

随着各鳍逐渐完善,稚鱼游动能力加强,摄食能力相应增强,开始大量摄食卤虫无节幼体和小型桡足类。此时稚鱼容易被惊动,导致撞伤或胀鳔死亡。

(9)22 日龄稚鱼:全长为 11.486 mm,胃已发育完善,胆囊为透明长囊状物,内有淡蓝绿色的胆汁,各鳍均出现。

(10)26 日龄稚鱼:全长为 15.30 mm,已具有成鱼的体形,而鳞片尚未形成。

这时,稚鱼对卤虫幼体的摄食量降低,而能摄食较大型的桡足类,甚至出现同类残食现象。

(11)30 日龄幼鱼:全长为 23.30 mm,胆囊为长囊状,分布有稀疏的黑色素斑,腹腔隔膜形成。头背棘突明显,腹鳍后方出现鳞片,侧线鳞片开始出现,已基本具有成鱼的形态特征。

具有强烈的趋光习性,有时大量集群而引起局部缺氧,

造成死亡,在正常的情况下常分布于光线较弱的中下层。

三、苗种培育工艺

苗种培育一般有室内水泥池培育、室外池塘培育两种,而网箱培育大多是前两者的"后续接力",将 25～30 mm 长的稚鱼放入网箱继续培育成大规格鱼种的方法。

(一)室内水泥池培育

室内水泥池苗种培育的优势在于,可以人为地调控育苗条件。主要用于仔、稚、幼鱼的培育。

1. 环境条件

大黄鱼培育的适宜水温为 18℃～26℃,当水温低于 16℃或高于 30℃以上时,仔鱼会发生畸形和死亡;盐度控制在 23～30 的范围;光照强度控制在 500～1 500 lx,随着稚鱼的长大,可逐渐降到 500 lx。

2. 育苗池规格

育苗池形状不一,但应以水循环好、无死角、管理方便为佳。面积要适中,仔鱼培育池面积一般为 10～30 m^2,稚鱼培育池面积宜为 20～50 m^2,水深 1.5 m。为保证育苗期间溶解氧的含量,池底每两平方米面积布置气石 1 个,连续充气培育。

3. 培育密度

初孵仔鱼每立方米水体放养 5 万尾。随着鱼苗的长大,逐渐稀疏至每立方米水体 2 万尾左右。长到稚鱼后期,密度在每立方米水体 0.8 万尾左右较为适宜。35～40 日龄的幼鱼,放养密度为每立方米水体0.3万尾。随着幼鱼的长大,逐渐稀疏至 0.2 万～0.1 万尾/立方米水体。

4. 日常管理

在 1～20 日龄时,可向池中投加适量的光合细菌,且每天定时添加小球藻培养液，使其在池水中的浓度保持在10万～30万个细胞/毫升，或呈微绿色。

初期一般采用静水培育，结合排污每天换水20%～30%；后期采用微流水，每天换水排污1次。到稚鱼期每天换水50%～60%。幼鱼期换水率为100%，每天换水2～3次。

5～10日龄开始，每天用虹吸管吸去池底残饵、粪便、死苗及其他杂质。定时对池内水温、盐度、光照强度等进行检查记录，检查池中活饵料、水温变化情况。对仔、稚、幼鱼的生态习性进行观察、记录。发现问题，及时采取对应措施。

5.饵料及投喂

目前较为成熟的大黄鱼种苗生产饵料系列有：

轮虫——卤虫无节幼体——桡足类及其幼体——鱼、虾、贝肉糜；

轮虫——桡足类及其幼体——鱼、虾、贝肉糜；

轮虫——卤虫无节幼体——配合饲料或鱼、虾、贝肉糜。

可见，无论哪一种模式，其开口饵料都需要轮虫，最后皆转换成配合饲料或鱼、虾、贝肉糜，完成大黄鱼的苗种培育。图10-4为大黄鱼种苗生产饵料系列的模式图。

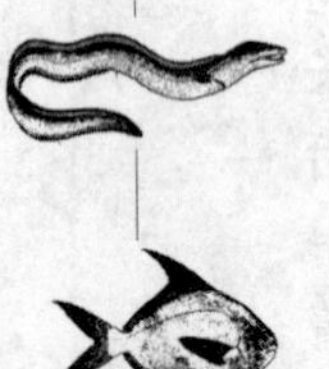

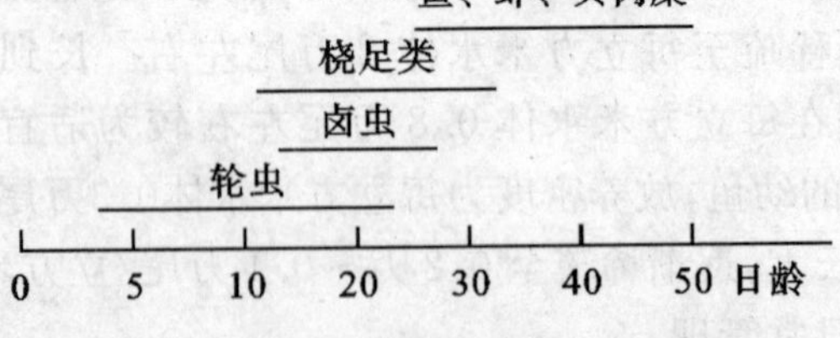

图10-4 大黄鱼种苗生产饵料系列的模式图

(1)轮虫的投喂:仔鱼开口后,即仔鱼从内源性营养转换为外源性营养时,就要及时投喂经营养强化的轮虫。其投喂密度为3~5日龄3~5个/毫升、5~12日龄10~15个/毫升,以后随着稚鱼的长大、其他饵料的补加,轮虫的数量可适当减少至每毫升10个左右。

(2)卤虫或桡足类无节幼体的投喂:从孵出后12~16日龄开始投喂桡足类或进行营养强化的卤虫无节幼体。条件许可的情况下,应尽量投喂桡足类及其幼体。投喂密度为15~20日龄0.5~1个/毫升、20~30日龄1~2个/毫升,并根据摄食情况,随时增减。

(3)鱼、虾、贝肉糜及配合饲料的投喂:从孵出后20~30日龄,每万尾每天投喂鱼肉糜50~80 g;30~45日龄,投喂100~120 g。投喂时要采用少量多次的原则,尽量减少残饵对水质的污染。35日龄以后,可在上述饵料中拌入适量粉状的配合饲料,并逐渐加以驯化,让其摄食配合饲料。

在每次饵料转换中,有一个交叉投喂饵料的时间。第一次交叉投喂的时间为10天,即在第15~25天,每天都要将轮虫与卤虫无节幼体或桡足类无节幼体分不同时段投入;第二次交叉投喂的时间为15天,即在第25~40天,将卤虫无节幼体或桡足类无节幼体与鱼、虾、贝肉糜或配合饲料分不同时段投入。

(二)仔、稚、幼鱼的池塘培育

1.池塘条件及处理

池塘面积不宜太大,一般以0.2公顷为宜,平均水深1.5 m左右。使用前要进行彻底清塘消毒,清池消毒的方法及池塘条件的要求见第二章。

2.培育密度

在放养前，首先用网箱将少量仔鱼饲养于池内2～3天进行试水，若无异常现象发生，便可进行放养。一般每平方米水体放养开口3天的仔鱼300～500尾，随仔鱼日龄的增加，放养密度随之减少。仔、稚鱼放养时间依池水中饵料生物的种类、数量、适口性是否与所放入的仔、稚鱼所要摄食的饵料相吻合而定，这是池塘培育大黄鱼苗成功与否的关键技术之一。

3. 培育与管理

(1)仔鱼：仔鱼放入池塘后第1～3天，池内的轮虫非常丰富，不用投喂饲料。从第4天起，视池中天然饵料的情况，可投喂鱼浆或煮熟的豆浆，主要目的是肥水。10～15天后，可投喂鱼浆。在此期间要注意仔鱼活动情况、水质的变化，随时调整投饵量和换水量，还要做好病害的防治工作。

(2)稚鱼：进入稚鱼发育阶段，在天然饵料不足的情况下，主要以投喂鱼浆为主，每公顷120 kg/d，分4次投喂。全池均匀泼洒。随个体长大，鱼肉糜的投喂量可增加到每公顷150 kg/d。鱼肉糜要求适口，根据稚鱼摄食情况，要酌情增减。

(3)幼鱼：随着幼鱼个体的长大，重点应做好池水的管理工作。为此，可加大池水的换水量，有条件的地方，每次潮水都应适量地进、排水，每天换水1/2以上。

大黄鱼的幼鱼，摄食能力明显强于稚鱼，可以完全摄食人工投喂的饲料。饲料的主要种类有鲜杂鱼、人工配合饲料等。每公顷每天投喂鲜杂鱼200 kg左右，或软性配合饲料30～40 kg。采用早、中、晚3次主餐用鲜杂鱼肉糜，中间穿插投喂软性饲料，效果更佳。

（三）鱼种的网箱培育

一般情况下，仔、稚鱼的培育不在网箱中进行。经 35 天左右的室内或池塘培育，鱼苗全长达 2.5～3.0 cm 的幼鱼期时，即可移入海区进行网箱培育。

1.环境条件

环境条件见第二章。

2.网箱的选择

网箱规格一般为（3.0～6.0）m×（3.0～6.0）m×（2.5～3.0）m。鱼苗越小，网箱越小，以便于管理。

3.鱼苗的放养

放养幼鱼时要注意运输时的水温、盐度与放养海区的水温和盐度的差异，一般日温差不超过 1℃～2℃，盐度差不能超过 0.5～1。同一网箱内放养的幼鱼规格要大小一致。放养密度因鱼苗规格大小而异，放养全长为 20 mm 的鱼苗，可选用 40 目的尼龙筛绢，放养密度为 1 800 尾/立方米水体左右；放养全长 30 mm 的鱼苗，可选网目为0.3～0.4 cm 的无结节网，放养密度为 1 500 尾/立方米水体；放养全长 50 mm 以上的鱼种时，可使用网目为 0.5～0.8 cm 的无结节网，放养密度为 600～800 尾/立方米水体。

4.日常管理

刚入箱时，可投喂适口的鱼、贝肉糜及配合饲料、糠虾、大型冷冻桡足类等。养至 25 g 以上的鱼种，可直接投喂切碎的鱼肉块或颗粒配合饲料。

大黄鱼的摄食速度较慢，摄食量也较小，应根据这些特点做好投饵工作。一般原则是少量多次，缓慢投喂。全长 30 mm 的鱼苗刚入箱时，每天可投饵 8～10 次，以后逐渐减少至每天两次。

投饵率因鱼的生长阶段及季节不同而异，全长30 mm左右的鱼苗阶段，在水温20℃以上时，鲜饵料的日投饵率可达鱼体重的100%；随着鱼苗的生长，日投饵率逐渐降低到10%～15%。

在鱼苗阶段，由于个体较小，所使用的网箱网目也较小，养殖一段时间后，因大量生物附着会使网眼堵塞，妨碍网箱内外的水体交换。特别是夏季高温季节，附着生物生长快，40目的网箱3～5天即会被堵塞。因此，应经常洗网，以确保网箱内外的水交换。

在换网箱时，一是不用捞网捕鱼，而让幼鱼自动游到更换的网箱中；二是操作要细心，防止造成幼鱼损伤；三是控制操作时间，避免换网箱时间太长；四是防止网片挤压幼鱼；五是调节放养密度，以免放养密度过大，造成缺氧死鱼。

结合网箱的换洗，应及时对鱼苗进行分级饲养，将不同大小的个体分箱饲养，以防相互残食。为杀灭其他病原体及防止苗种在换网箱过程中引起损伤，换网箱时可用抗菌素等对鱼体进行消毒。鱼体活力下降、刚摄食完时及潮流较大时不宜换网箱。

（四）苗种的运输

大黄鱼在运输中，应激反应大，黏液分泌多，易掉鳞片、碰伤而造成死亡。因此，要求运输工作更加细致，操作更要小心谨慎。

活水船运输是最常用的方法，其优点是操作简便，运输量大，且安全可靠，运输鱼苗密度为2万～10万尾/立方米，成活率可达90%以上；鱼种为50～100 kg/m³，成活率在99%以上。

塑料袋充气运输，是长途运输最为常用的方法。根据运输时间长短与鱼苗规格大小，每袋装鱼苗 300～1 200尾，充气后扎紧袋口，放入泡沫塑料箱，捆好放在相应的运输工具上启运。在高温季节，泡沫塑料箱内应装上适量的冰袋，以保持低温。

四、成鱼养殖

大黄鱼的成鱼养殖方式主要为网箱养殖和池塘养殖两种。目前还出现了大面积拦网和围塘生态养殖。

(一)网箱养殖

1. 养殖水域的环境条件

环境条件见第二章的网箱养殖。

2. 网箱的设置

网箱的规格一般为(3～6) m×(3～6) m×(3～6) m，网目为 10～30 mm，网衣为有结节或无结节网片。

3. 鱼种放养规格及密度

用于养成的鱼种体重 50 g 左右的较好，最小不能低于 25 g，否则当年难以达到商品规格。鱼种要求为体形匀称、大小整齐、体质健壮、无病无伤的个体。特别是同一网箱中放养的鱼种要大小一致。

大黄鱼鱼种放养的一个特点是，放养的密度比任何一种海水鱼类养殖的放养密度都大，这与大黄鱼的生活习性有直接的关系。因为大黄鱼生性胆小，如果鱼种放养稀疏，则不敢到水面上摄食。鱼种放养规格及放养密度见表 10-1。

网箱养殖大黄鱼时，可以选择一些抢食不凶的鱼类，如石斑鱼、黑鲷、篮子鱼等进行混养，效果非常理想。这种混养方式能充分利用网箱水体，提高饵料利用率和转化率，增加单位网箱的产量，减少病害发生。

表 10-1　网箱养殖大黄鱼鱼种放养规格及放养密度

规格(mm)	15	20	25	30	40	50	60	70
密度（尾/立方米）	1 000～1 500	750～1 250	600～900	480～720	380～560	300～450	230～350	170～250
规格(mm)	80	90	100	110	120	140	160	
密度（尾/立方米）	120～180	80～120	50～72	30～50	25～40	20～30	12～25	

另外，鱼种入箱前最好进行消毒，按每立方米水体用漂白粉或硫酸铜各 1 g 溶解后，浸洗 5 分钟。若条件许可，用淡水对鱼种进行消毒，也是一种较为理想的方法。入箱时，要注意运输时的水温、盐度与放养海区水温、盐度之间的差异；若相差较大，调节后方可放养。

4. 饲料

目前大黄鱼养殖饲料仍以鲜活杂鱼为主，日投喂量占鱼体重的 3%～6%。当水温为 18℃～28℃时，日投喂两次。但必须随着水温的变化、鱼的摄食情况，随时调整。

大黄鱼对人工配合颗粒饲料要求较为苛刻，直接投喂有吐食现象，时间长了可造成厌食，所以，从目前的情况看，还不能完全替代杂鱼。因此，最好的方法是两者结合，制成软性配合饲料投喂。加工方法是将杂鱼加工成肉糜，按一定比例，加入粉状配合饲料，搅拌均匀后，加工成适合鱼口径大小的颗粒，然后投喂。这种饲料的特点是柔软适中符合大黄鱼的摄食要求，能够保证饲料的鲜度；能定期或不定期加入鱼油、维生素等营养物质，保证摄食营养全面；能定期加入抗生素等药物，以增强体质，减少病害。正常情况下，该种饲料可每天投喂两次，日投

喂量占鱼总重量的1%～3%。若直接使用硬颗粒饲料，应在投喂前用淡水将其泡软再投喂。

为了提高投喂效果，一般要做好以下几点：刚入箱时，要用适当的声响，如敲动船舷、划动水面等，使鱼群形成条件反射，上浮摄食；投喂时要掌握“四看”（看季节、看天气、看水色、看摄食情况）和“四定”（定位、定质、定量、定时）的原则。采用“慢、快、慢”的投喂方法，确保鱼既能吃饱，又不浪费饲料。

5. 日常管理

在整个养殖过程中，随着鱼的生长，单位负载量增加，相对密度增大，个体分化明显。因此，应采取稀疏分级的方法，保持网箱内鱼的合理密度和规格一致，以保证大黄鱼的生长。分箱时按大、中、小三种规格挑选，采取“去大去小、留中等”的方法。分选前一天要停食，操作过程中要仔细，避免鱼体受伤，分选完成后要进行药物挂袋或药浴，以防病害。稀疏分级的同时，要对网箱进行清洗和更换，保证网箱内外水体的交换。

平时要随时观察水质，对网箱进行安全检查，做好病害预防工作等。

（二）池塘养成

池塘养殖的大黄鱼由于放养的密度较低，鱼的活动范围大，且有较为丰富的天然饵料，因此，具有生长快、体色好、肉质嫩、饲料系数低等优点，是一种非常有发展前途的养殖模式。

1. 池塘条件

养成大黄鱼用的池塘面积以1公顷左右为宜，平均水深2 m以上。放养前要进行严格的清塘消毒。

2. 鱼种规格及放养密度

放养的鱼种，应选择体形匀称、体质健壮、鳞片完整、无病无伤的1龄鱼种。为了使大黄鱼当年能达到商品规格，投放的鱼种应以大规格鱼种为好。一般60克/尾的鱼种，当年可长到400 g；100 g左右的鱼种当年能长到600 g以上。

当池塘水温回升至14℃以上时，即可放养。投放之前应对鱼种进行消毒，一般采用浓度为20 mg/L的高锰酸钾溶液浸浴，或50 mg/L福尔马林浸泡10～15分钟。放养密度可参考以下指标：换水条件好、水深3 m左右的池塘，每亩水面可放养4 cm左右长的鱼种4 000～5 000尾；50 g左右的鱼种800尾；100 g左右的鱼种500尾。

为充分利用池塘资源，大黄鱼养成期间，可与贝、虾、蟹及其他鱼类进行搭配混养，发挥池塘的综合效益。

3. 饲料及投喂

大黄鱼养殖的饲料和投喂量的确定，与网箱养殖基本相似。由于池塘面积大、放养密度低等原因，投喂技术也有别于网箱养殖。在放养初期，一定要养成定时、定点的投喂习惯，然后根据鱼的摄食、生长情况，逐步做到定量投喂。

定时：一般是在日出之前和日落之后各投喂一次。

定点：根据池塘的大小，均匀设点，其中最好在排水闸门的附近设一主要点，以便把残饵及时排出池外。

定量：根据大黄鱼生长的不同阶段、气候的变化，酌情调整。一般控制在鱼体重的5%～10%。

投喂时速度要慢一些，时间要长。当大黄鱼摄食明显减少，或未见鱼群上浮抢食，或听不到水中摄食时发出的叫声，则不宜再投喂。

4. 日常管理

坚持每天巡塘，定时监测水温、溶解氧、盐度、pH 值和透明度等理化因子，察看鱼的摄食、活动情况，仔细观察鱼的病害情况，以便及时发现问题，立即采取措施。特别是台风、暴雨季节，更要注意水质的变化。作为鱼类生存的环境，水质的好坏对池塘养鱼起着至关重要的作用。可以通过换水、消毒、增氧等措施调控水质，改善养殖环境。另外，定期向池中泼洒生石灰（每立方米水体用 15～20 g），除了消毒之外，可调节水的 pH 值，提高水体的缓冲能力。

5. 收获

大黄鱼养殖一定时间后，即可起捕上市。收获的时间要根据市场需求、池水的温度及其规格综合考虑。一般来说，商品规格要以市场需求为主导，若市场需求，随时可以起捕上市。当然还要考虑到水温的变化，当水温在 8℃左右时，必须全部捕起，能出售的出售，不能出售的要进行越冬管理。

第二节 眼斑拟石首鱼养殖

眼斑拟石首鱼 *Sciaenops ocellata* 属于鲈形目 Perciformes 石首鱼科 Sciaenidae 拟石首鱼属 *Sciaenops*，国内较为流行的名称为美国红鱼，各地还有红姑鱼、红鱼、海峡鲈、黑斑红鲈、大西洋红鲈等名称（图 10-5）。原产地北起美国东海岸的马萨诸塞至佛罗里达，南至墨西哥湾沿岸。该鱼肉质细嫩、味道鲜美、营养丰富，而且适温、适盐范围广，抗病力强，生长迅速，易于饲养，因此，已成为我国引进的一个重要商业养殖品种。

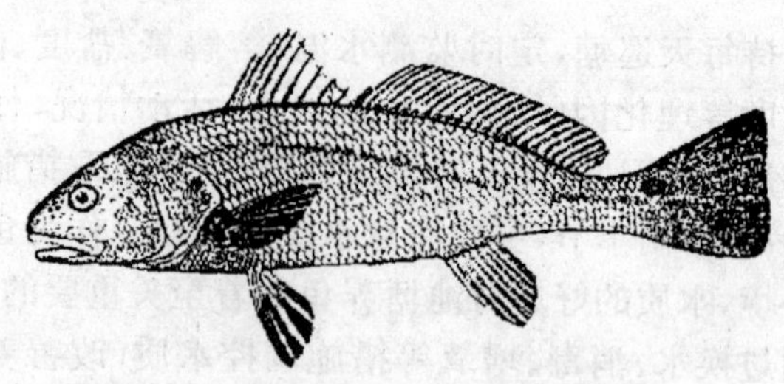

图 10-5　眼斑拟石首鱼(引自雷霁霖,2005)

一、生物学特性

(一)形态特征

身体近纺锤形,侧扁,口下位,口裂较大、倾斜,齿细小而尖锐,排列紧密。前鳃盖骨后缘具锯齿。尾鳍仔、稚鱼为圆弧形,幼鱼为直形,成鱼内凹。侧线完全。体微红,背部浅黑色,腹部银白色,两侧呈粉红色,尾鳍边缘呈蓝色。鳞片有银色光泽,尾柄基部侧线上方有 1～4 个黑色圆斑。

(二)生活习性

眼斑拟石首鱼为近海广盐性暖水鱼类,喜欢集群,游泳迅速,有明显的洄游习性。生存的水温为 2℃～35℃,最适温度为 20℃～30℃。成鱼可在盐度 5～45 的水中正常生长发育,在纯淡水中尚可存活很长时间,但在纯淡水中养殖几乎不增长。

该鱼为肉食性鱼类,在自然水域中,从仔鱼到成鱼,随着个体的生长发育,食性也逐渐由小型的甲壳类幼体转化到桡足类、虾类、蟹类、头足类、鱼类等。食量较大,消化速度快,个体的最大摄食量有的可达体重的 40%。

(三)生长与繁殖

眼斑拟石首鱼生长速度非常快,当年就可长到 500～

1 000 g,有的个体竟能达到3 000 g。养殖两年,多数可达到2～3 kg。

眼斑拟石首鱼性成熟较晚,一般要4～5龄,性成熟个体全长为305～750 mm。通常雄鱼比雌鱼早熟1年。在自然水域中,该鱼分批产卵,繁殖季节为夏末至秋季。在人工控光和控温的条件下,眼斑拟石首鱼可常年连续产卵,利用模拟季节变化的方法可将该鱼的繁殖周期由自然水域的1年缩短到90～150天。该鱼个体繁殖力依鱼体大小而异,产卵量为5万～200万粒。

二、人工繁殖

(一)亲鱼培育

1. 亲鱼的选择

因我国不是眼斑拟石首鱼的自然分布区,只能从养殖群体中挑选,通常要选择养殖3龄以上的成鱼。

2. 亲鱼培育条件

我国目前主要采用流水或换水的方式在室内水泥池内培育亲鱼,培育池为圆形或长方形,容积为30～50 m^3。对水质的要求:温度为15℃～30℃,盐度为28～35,氨氮小于0.5 mg/L。

3. 亲鱼规格与密度

用做产卵亲鱼的最小体重为3 kg,一般为5 kg左右,雄鱼可以小些。而以体长70 cm、体重10 kg以上的个体为佳。30 m^3左右的水池中一般可放养5尾亲鱼,其中3尾雌性、两尾雄性。

4. 日常管理

投饵是日常管理工作的重要任务之一。国外一般情况下,每周投喂3次,投喂量占鱼体重的2.5%～3%。饵料成分以水产动物蛋白为主，其中鲐鱼占 42％，乌贼 21％，牛肝 21％，虾类 16％。投喂前将上述冰鲜饵料解冻、切块、洗涤后，混合好即可投喂。国内一般是用鲅鱼、小黄鱼、鱿鱼和虾类，再添加些维生素 E、C 等进行亲鱼强化培育，同样可取得很好的效果。

水质调节是另外一项重要工作。每天均需换水，每次换水 50％以上，而在常温季节则尽量加大水交换，每天换水量为养殖水体的 3～6 倍。

对于长期进行亲鱼饲育的池子，其池底、池壁上经常附生有害生物，要定期进行清池。有条件的最好定期倒池，以便彻底清池。

（二）亲鱼促熟调控

眼斑拟石首鱼控温调光培育亲鱼，使亲鱼提前成熟和周年连续产卵的技术是利用人为控制光照和温度的周期变化来完成的。在自然界里的成熟条件是适龄亲鱼在光照为 9～16 小时，水温为 17℃～30℃条件下达到性成熟产卵的，可分为四个季节相：

（1）冬季：光照 9 小时左右，其性腺处于恢复和复制期，即恢复和复制性细胞阶段。

（2）春季：光照时间逐渐增加，性细胞继续复制，并进入卵母细胞的小生长阶段。

（3）夏季：当光照增加至 15～16 小时，温度达 30℃左右，雌鱼的性细胞开始大量积累卵黄，直到夏末，即处于卵母细胞的大生长阶段。

（4）秋季：随着光照减弱，水温下降，性腺继续增大达到性成熟并产卵，产后进入冬季，又周而复始启动新的生殖周期。

人工调控培育技术就是在此基础上，通过控温、调光

手段，使从冬季的滞育到秋季的产卵周期缩短，实现转季节产卵和人工育苗。以实施120天控温、调光的工艺流程为例，具体操作如下：

（1）人工冬季：控温17℃，光照9小时，计40天。此期间每天延长光照7.5分钟、平均升温0.27℃。

（2）人工春季：控温28℃，光照14小时，计30天。每天延长光照4分钟、平均升温0.07℃。

（3）人工夏季：控温30℃，光照16小时，计30天。

（4）人工秋季：控温25℃，光照12小时，计20天。此期每天减光10分钟、平均降温0.17℃。

（5）成熟产卵期：在控温23℃，光照10小时的情况下，约计10天。亲鱼达到成熟并产卵。

当需要终止某一特定亲鱼产卵时，可花30天时间，将亲鱼逐渐恢复到冬季停滞期的条件。

这里延长光照会诱发成熟卵的形成，而低温的刺激对精卵早期形成和促性腺发育又是必不可少的条件，必须准确把握。同时，在鱼类的性成熟过程中，加强对亲鱼的强化培育是绝对必要的。用此控制方法，可以在常年任何季节培育亲鱼和开展人工育苗。

值得一提的是连续产卵和提前成熟产卵技术，虽然技术上的可行性和应用前景皆已被证明，但实际中应酌情使用，因为连续产卵或提前成熟通常会导致后期卵子质量偏低和对亲鱼体质的损害。故在可能的情况下，应强调培育多批亲鱼群体通过启动不同繁殖周期来实现多茬育苗与周年苗种供应，保证优质苗种和亲鱼群体量是非常必要的。

（三）受精卵的采集

在自然环境中，眼斑拟石首鱼的产卵季节为8月中旬至10月中旬。在人工养殖条件下，经过强化培育，在适温、适光条件下，即可达到性成熟，然后通过人工注射催产或无须催产即可自然产卵。其产出的受精卵漂浮于水面上，可通过边冲水、边溢流排水的方法，使鱼卵疏导入集卵槽内的集卵网箱中。至于集卵时间，一般根据亲鱼产卵情况或池中受精卵数量而定，通常在亲鱼产卵后2～3小时或每天早晨7～8点钟集卵一次。

将收集的上浮卵，去除杂质后，再用海水洗净、计数(1 mL受精卵1 000粒)，然后放入孵化器中孵化或运往他处。

也可以用激素诱导催产。一般行肌肉注射，用绒毛膜促性腺激素(HCG)，剂量为500～600 IU/kg，在25℃温度条件下24～30小时便能排卵。雄鱼一般不用注射。

受精卵通常用塑料袋充氧密封运输。正常情况下，每袋装受精卵10万～20万粒，充氧后扎紧袋口。将装有受精卵的塑料袋放入泡沫塑料箱中，注意保温。一般运输20小时不会影响受精卵的孵化率。

(四)人工孵化

1. 孵化设备

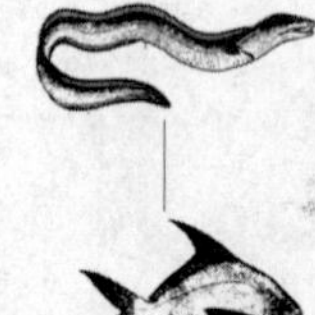

常用的孵化设备有玻璃钢孵化槽、孵化池、孵化网箱等常规设备。受精卵的孵化密度大致为：玻璃钢孵化槽或孵化网箱可放受精卵50万～80万粒/立方米；专用孵化池可放100万粒/立方米；一般在育苗池中孵化的密度不应超过5万粒/立方米。

2. 孵化管理

在适宜水温范围内，水温越高，孵化越快。该鱼受精卵孵化的适宜水温为22℃～30℃，最好保持在25℃左右。在这样的水温条件下，24小时左右仔鱼可破膜而出。

孵化水温不可低于 20℃，否则受精卵不能孵化。

（五）胚胎发育

眼斑拟石首鱼受精卵为浮性、球形，无色透明，卵径为 0.86～0.98 mm，一般含 1 个透亮的油球，少数含有两个以上油球，油球径为 0.24～0.30 mm。该鱼受精卵为端黄卵，受精后 10 分钟，原生质流向动物极而逐渐隆起形成胚盘。胚胎发育时序见图 10-6、表 10-2。

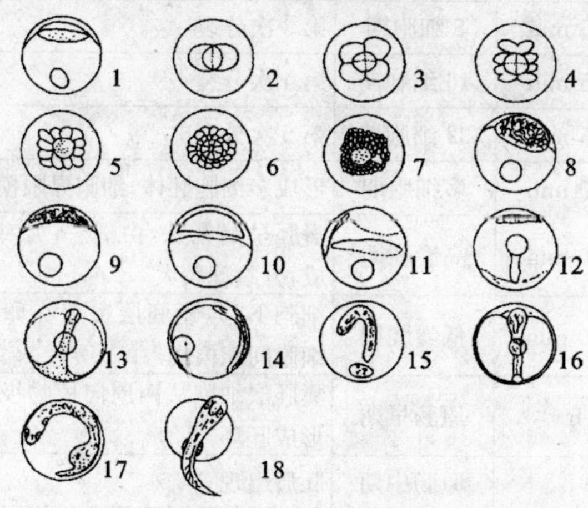

1. 受精卵；2. 2 细胞期；3. 4 细胞期；4. 8 细胞期；5. 16 细胞期；6. 32 细胞期；7. 桑葚期；8. 高囊胚期；9. 低囊胚期；10. 原肠早期；11. 原肠中期；12. 原肠后期；13. 胚体形成期；14. 眼囊期；15. 尾芽期；16，17，18. 孵化期

图 10-6　眼斑拟石首鱼的胚胎发育(引自李鲁晶，2003)

（六）仔、稚、幼鱼的发育

1. 仔鱼期

初孵仔鱼半透明状，标准体长为 1.70～1.79 mm，其头向下悬浮于水中，有时摆动着身体在水中摇摇晃晃地

表 10-2　眼斑拟石首鱼胚胎发育时序

(水温 23℃～25.3℃,盐度 35.7)

受精后时间	发育阶段	主要特征
	受精卵	卵径 0.86～0.98 mm,1 个或数个油球
20～30 min	2 细胞期	第 1 次分裂
40～50 min	4 细胞期	第 2 次分裂
1 h 15 min	8 细胞期	第 3 次分裂
1 h 35 min	16 细胞期	第 4 次分裂
1 h 45 min	32 细胞期	第 5 次分裂
2 h 10 min	多细胞期	形成多细胞胚体,细胞界限模糊
3 h 40 min	高囊胚期	囊胚呈高帽状,由 3～4 层细胞组成,分裂球较大
5 h 30 min	低囊胚期	细胞下移,囊胚层覆盖在卵黄上,细胞间隙模糊
6 h	原肠早期	囊胚层细胞从四周向植物极扩展,形成胚环
11 h	原肠中期	胚盾出现
11 h 30 min	原肠后期	胚盾更加明显,并延长成胚体
12 h 30 min	胚体形成期	胚体头部明显,脊索神经清晰可见
13～14 h 30 min	眼囊期	眼囊出现并发育完全,脑部开始分化,形成体节
18～24 h	尾芽期	脑部分化为前、中、后三部分,心脏跳动
25～26 h	孵化期	胚体 2/3 处出现鳍褶,胚体不断扭动,肌肉收缩明显,尾部活动频繁,随后突破卵膜孵出

(引自李鲁晶,2003)

间歇窜动。鳍褶狭小呈芽状。在身体腹部表面有一树枝状黑色素细胞浓缩区，少数仔鱼卵黄囊上出现1～2个星状黑色素。

孵出12小时后的仔鱼肠道弯曲，卵黄囊被逐渐吸收，4～6个星状黑色素细胞连接于身体腹部的表面上。

孵出24小时后的仔鱼卵黄囊已有较大收缩，集中分布于头部、躯干部，卵黄囊上的褐色素和黑色素加深，已有弯曲管状胃肠结构。

24～48小时，仔鱼平均体长为2.36 mm，游动能力有所加强，反应敏感。眼睛呈彩虹状，眼球为黑色，其他区域为黑绿色。星状黑色素细胞分布于鱼体背部边缘。卵黄和油球所剩无几，口器开始发育，不久便可摄食。

第3天，仔鱼体长无变化，大多时间集中于水表层作水平游动，仔鱼的前上颌及齿骨上有明显的数目不多的齿芽。仔鱼开始初试摄食活动，需要投喂少量的轮虫。

第4天，仔鱼平均体长为2.5 mm，能自由地水平游动，主动搜捕食物，芽状胸鳍和尾部是游动的主要器官。从胸鳍基部至腹部边缘肛门处有一条由星状黑色素细胞构成的色素线。

第7天，仔鱼平均体长为3.2 mm，脊索开始弯曲，有两个尾下骨，体色加深，具有避光性。

第8～9天，体长为3.5 mm的仔鱼有3个尾下骨，腹部肠道的表面上散乱地分布着数个星状色素细胞。

9天后，仔鱼体长为3.8 mm，尾鳍的鳍条明显可辨。仔鱼白天多分布于水体的中下层。

第10～14天，体长为4.6 mm的仔鱼有6个尾下骨，9个背鳍棘和8个腹鳍棘，有2～3个细小的刺出现在前鳃盖骨的前缘，在鳃盖骨的后缘有3个大刺。鳃耙上出现红色的鳃丝。体长为5.0 mm左右的仔鱼沿着上颌的后背边缘出现了一条黑色素细线，鱼体呈黑色，有8～12个星状黑色素细胞沿着脊索中部集中，腹中线黑色素细胞愈合成一个大黑色素细胞群。尾鳍已接近发育成型，背鳍、臀鳍、腹鳍、胸鳍均具雏形。仔鱼体侧及腹部有大量黑色花纹，背部有两处黑色区及黄棕色区。

两周后至第18天，仔鱼体长从5.0 mm增至10.0 mm左右，大多数仔鱼的鳍条、棘分化明显，但有些仔鱼的胸鳍未完全分化。此时仔鱼的胃、肠已分化完全，能摄食一些卤虫无节幼体或人工配合饲料。由于鳍已经完善，仔鱼运动能力加强。

2. 稚鱼及幼鱼期

孵化20天后的眼斑拟石首鱼，体长达10 mm以上，鱼鳞开始发育，先在尾柄后表皮出现小鳞片，并沿着侧线向前伸展，直到覆盖鱼的躯干部。此时稚鱼各鳍已日臻完善。游泳速度加快，反应敏捷，摄食量增大，生长速度加快，白天有明显的集群行为，具有趋光性，多分布于水体中上层。随着该鱼体长和口裂的增长，摄食颗粒加大，可投喂鱼、虾肉糜及颗粒饲料等。经1周左右的培育，稚鱼体长可达20 mm左右，完整的成年型鱼鳞开始发育，表示将进入幼鱼期。

当鱼体长达25 mm左右时，成鱼鳞片形成，鱼苗间有互残和附壁现象，幼鱼摄食凶猛而迅速，摄食量大增，应多投喂鱼、虾、贝肉糜及人工配合饵料等。此时的鱼苗对水温、盐度等环境的忍受力增强。幼鱼经大约1周的培育，其体长由20 mm可增长至30 mm左右，此时便可降温培育，作为商品鱼苗出售(图10-7)

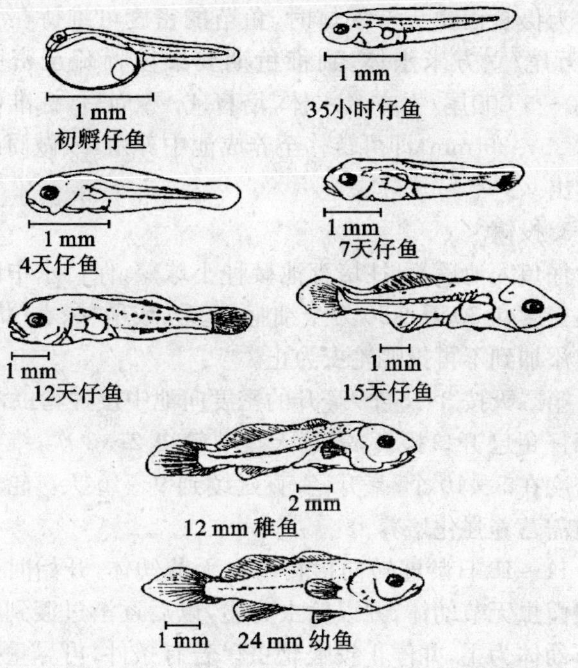

图 10-7　眼斑拟石首鱼仔、稚、幼鱼的发育(引自雷霁霖,2005)

三、苗种培育

眼斑拟石首鱼的苗种培育,目前主要有室内工厂化培育和室外土池培育两种方式。

(一)室内工厂化育苗

1. 培育池条件

鱼苗培育池可用圆形、方形和长方形等形状;池子容积不等,一般为 10～50 m^3,水深以 1.0～1.2 m 为佳,进、排水方便,水在池内能循环流动最好。

2. 放养密度

初孵仔鱼的密度为 2 万～4 万尾/立方米水体,当完全转为摄食卤虫无节幼体时，鱼苗的密度可维持在 1 万～2 万尾/立方米水体，到稚鱼期要继续稀疏至密度为 2 000～3 000尾/立方米水体，培育 4～6 周后，标准体长可达 25～30 mm，即可转移至养成池中养殖，或做商品鱼苗卖出。

3. 投饵

仔鱼入池后，可往培育池接种小球藻，保持水中的小球藻密度在 30 万～50 万个细胞/毫升，或呈“绿水”状态，一直添加到不再投喂轮虫为止。

第二天按 3～5 个/毫升的密度向池中接种轮虫，3 日龄的仔鱼已开口摄食，需每天投喂轮虫 2～3 次，维持轮虫密度在 5～10 个/毫升，一直延续到 9～10 天。轮虫投喂前需营养强化培养。

11～15 日龄即转向摄食卤虫无节幼体，开始时少量投喂卤虫无节幼体，并以轮虫为主，以后逐渐过渡到卤虫无节幼体为主，并停止投喂轮虫。若有条件，可尽量投喂桡足类，以代替卤虫无节幼体。同时可添加一些鱼、虾肉糜和商品化的配合饲料进行驯化，向死饵料转化这一过程大约需要 5 天。再过 2～3 周，鱼、虾肉糜亦可慢慢减少，直至完全使用颗粒配合饲料。

4. 日常管理

培育用水应使用经沉淀和二级砂滤的海水。开始静水饲育 4～7 天，期间要根据水质情况每天换水约 1/5，此后逐渐加大换水量，直至完全流水饲育。饲育温度最好为 25℃～30℃、盐度为 25～30，pH 应保持在 7.5～8.5 的水平，最好在 8.0～8.2，光照保持在 1 000 lx 左右为宜。开始弱充气，随着仔、稚鱼的生长逐渐加大充气量。

高密度饲育时，需每天吸污 1～2 次，低密度饲育时，

整个培苗期可吸污3～5次。

(二)室外池塘培育

室外池塘大规格培育鱼苗的方式是节约成本、管理简单的育苗模式,虽然育苗成活率不如室内育苗高,但经济效益却非常理想。目前国内许多单位都已采用该方法。

1. 池塘准备

池塘面积一般为0.3～1公顷,水深为0.9～1.2 m。放苗前应按常规清池、消毒,然后施肥培养浮游生物饵料。

2. 管理

放养量为每亩5万尾。鱼苗放入池后,要根据池中浮游生物的数量,确定追肥及投喂配合饲料的时间。投喂的饲料要适口,质量要高(蛋白质含量为40%～50%)。每天分两次投喂,逐渐由粉状饵料过渡到颗粒饲料。

四、成鱼养殖

目前眼斑拟石首鱼常见的养殖方式有池塘养殖、网箱养殖,而工厂化养殖则刚刚起步,正在尝试中。

(一)池塘养殖

1. 池塘条件

养殖池塘的面积以5 000 m^2左右较为适宜,这样有利于投饵、起捕和饲养管理,而又不影响鱼的活动空间。水深通常在2 m左右,池底要平坦,进、排水畅通。养殖用水要符合国家规定的海水养殖用水水质标准的要求。

2. 鱼种放养的规格及密度

苗种规格一般应大于3 cm,当然大规格鱼种则更好。根据其池塘的条件、养殖周期、养殖产量、管理水平等综合考虑放养密度。一般放养10 cm以上的鱼种,每亩600

~1 200尾较为合适。

3.养成管理

眼斑拟石首鱼的饲养管理与其他鱼的管理基本一样。首先要严格控制水质，注意池水的交换。为了保证鱼的正常生长，水位应保持在2 m左右，要每隔一定时间加注部分新水。若有条件，日平均水体交换率可掌握在20%左右。其次要保证饵料质量，定时、定量、定点投喂。饵料可用新鲜的玉筋鱼等小杂鱼，也可用配合饲料，要求粗蛋白含量40%以上，不变质、不腐烂、不发霉。每隔半个月在饵料中加入抗生素（盐酸土霉素等添加量为0.2%）及复合维生素（添加量为0.5%）。一般每天上、下午各投喂1次，每日投饵量为鱼体重的2%～5%。但要根据水温、气候及鱼体本身的状况随时进行调整。

平时要注意观察外海水质状况，发生赤潮和水质较差时要及时关闭闸门。坚持每天巡塘，观察鱼的活动状况，及时清除池内水草及杂物等。

（二）网箱养殖

海区的选择、网箱的规格与设置等参阅第二章“网箱养殖”部分。在此仅介绍有关眼斑拟石首鱼网箱养殖管理中的几个主要环节。

1.苗种放养

苗种培育的放养规格一般在全长3 cm以上。水温不应低于15℃，最好在18℃以上。放养密度与鱼体大小有关，通常2.5～5 cm的鱼苗放养密度为1 500尾/立方米水体。降低放养密度，可以增加生长速度，以500～800尾/立方米水体的密度，经过30～50天的培育，全长可达到15～16 cm，此时便可分箱养成。

2.饵料与投喂

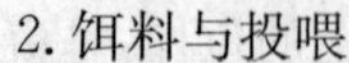

眼斑拟石首鱼的网箱养殖，目前国内普遍投喂冰冻的杂鱼，如小带鱼、玉筋鱼、鳀鱼、青鳞鱼等，也可投喂配合饲料。日投喂量为鱼体重的3%～5%，日投喂2～3次。每次少投，促使鱼群抢食，投喂节律为"慢、快、慢"，若抢食不强烈则不要再投喂。水质恶化、风浪大、水浑浊等都会影响鱼的摄食。

3. 筛选分箱养殖

眼斑拟石首鱼生长速度很快，易造成个体之间大小的较大差异，为不影响个体的生长，又有较高的成活率，应及时筛选分养。在鱼苗阶段，每隔10～15天筛选1次；幼鱼期后，每隔1月筛选1次。不同规格的鱼养殖在不同网目的网箱中，既能保持水体交换良好，又有利于生长。一般采用的网箱网目与放养规格如表10-3。

表10-3　放养眼斑拟石首鱼的网目大小与放养规格的关系

鱼种规格(cm)	2～3	3～5	5～12	12～20	大于250 g
网目尺寸(mm)	10～20目(尼龙筛网)	5～8(无结节网)	10～15(无结节网)	25	40～50

第三节　鮸状黄姑鱼养殖

鮸状黄姑鱼 *Nibea miichthioides*，属于鲈形目石首鱼科黄姑鱼属 *Nibea*，俗称鮸鲈(图10-8)。在我国，主要分布于东南海域。该鱼肉味鲜美、营养丰富，全身是宝，除肉可食用外，鳔具有润肺健脾、补气活血、补肾、利尿和消肿等功效，耳石也具有清热等药用功能。特别是其生长快、抗病力强等特点，显示了良好的养殖优势，而且在人工繁殖、养殖技术方面已取得了一定进展，已成为我国东南沿海主要的养殖鱼类。

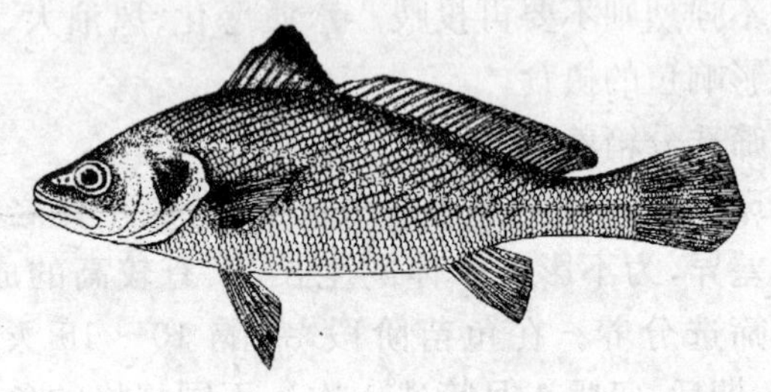

图 10-8　鮸状黄姑鱼（引自陆忠康，2001）

一、生物学特性

（一）形态特征

鱼体较长，侧扁，背部略呈弧形，腹部较平直。口大，斜裂，上、下颌约等长，其上具多行牙齿，上颌外行牙尖而稀疏，似犬牙，下颌内行牙稍大，其余牙小。前鳃盖骨边缘具小锯齿，侧线完全，向后伸达尾鳍基部，背鳍连续，鳍基部与鳍条部之间有一深缺刻，鳔大呈圆锥形。体银灰色，背侧较深，腹侧银白；体侧上半部有许多浅褐色斜行波状条纹，近头部较为明显。侧线上方有一浅色纵带；胸鳍基底上方有一黑斑，各鳍灰黑色。

（二）生活习性

鮸状黄姑鱼为暖水性中下层鱼类。游速较缓慢，喜结群。正常生活的水温为6℃～30.5℃，最佳水温为15℃～28℃；适宜盐度范围为14～33，最适范围为18～30。

该鱼为肉食性鱼类，摄食凶猛，主要以鱼、虾、蟹、软体动物为食。

(三)生长与繁殖

鮸状黄姑鱼生长很快，该鱼在全长 200 mm 以内，体长增长快，而体重增长慢；全长达 200 mm 以上时，体重增长速度明显快于体长增长速度。

鮸状黄姑鱼性成熟年龄为 3 龄，繁殖期为 4～6 月，我国南部海区早于北部海区。繁殖季节性腺成熟的雄鱼会发出“咕咕”的鸣叫声。自然产卵通常在夜间或凌晨进行，网箱养殖下的产卵条件为水深 1.5～2 m、水温 18℃～25℃、盐度 14～33.5。

鮸状黄姑鱼为分批多次产卵的鱼类，繁殖季节可产卵 2～4 次，每次间隔 10 天左右，但产卵量依次减少。怀卵量与鱼年龄有关，3 龄鱼产卵为 90 万～130 万粒，4 龄鱼为 160 万～180 万粒，5 龄鱼为 220 万～280 万粒，6 龄鱼为 300 万～410 万粒。

二、人工繁殖

(一)亲鱼培育

鮸状黄姑鱼多在网箱内养殖，亲鱼通常从网箱养殖的成鱼中挑选。将选择好的亲鱼放在专门培育亲鱼的网箱中培育，放养亲鱼的密度控制在 1～1.5 尾/立方米水体，使亲鱼有足够的空间。投喂的饵料以鲜度好、营养价值高的蓝圆鲹、沙丁鱼、竹荚鱼等作为日常饵料。在 4～10 月的产前精养期间，每周应在饵料中加入维生素 E 和复合维生素 B 等，以加强亲鱼的营养。每天投喂 1～2 次，投喂量为体重的 2%～12%。要定期换网，保证网箱内水流畅通，以免影响性腺发育。

（二）催产与产卵

当水温稳定在18℃以上，而且观察到亲鱼昼夜成群游到中上层，雄鱼发出“咕咕”的鸣叫声时，就可进行人工催产。选择性腺发育良好、腹部膨大的亲鱼作为催产对象。催产剂通常使用促黄体素释放激素类似物（LRH-A）和绒毛膜促性腺激素（HCG）。激素可用生理盐水溶解，也有使用维生素B_{12}和维生素C注射液配制的做法。可单独使用，也可几种激素混合使用。如单独使用LHRH-A_3的剂量为100 μg/kg鱼体重；混合使用LHRH-A_2和HCG的剂量分别为12～18 μg/kg和120～180 IU/kg。雄鱼减半，行背肌一次性注射。另外，由于该鱼可多次产卵，每次产卵前都应注射激素催产，才能得到较好的结果。

亲鱼注射激素后要放入产卵网箱（用80目筛绢网制作，规格依饲养亲鱼的网箱规格而定，然后套在养殖网箱内）或产卵池中。密度不要太大，以0.5尾/立方米水体为宜，且雌、雄亲鱼比为1∶1。一般注射激素36～40小时后，亲鱼会自然产卵。发现产卵后，不能急于起网收集受精卵，以免影响产卵效果。待亲鱼全部产完后，将受精卵收集起来，除去下沉卵及杂质，然后放入孵化池或孵化网箱中孵化。

若要进行受精卵运输，可将受精卵装入双层塑料袋，充氧后运输。每袋装卵120～140 g时，运输4～5小时，成活率可达95%以上。

（三）孵化与胚胎发育

受精卵放入一般孵化池内孵化，密度一般为10万～20万粒/立方米水体。孵化池内的水温可维持在20℃左右，盐度为25～30，采用微充气和微流水的方法。若放入孵化网箱或专用的孵化池，放卵密度可达50万粒/立方

米水体以上。若直接放入育苗池中，以不超过5万粒/立方米水体为宜。

受精卵为圆球形浮性卵，卵径为0.97～1.00 mm，单油球，在水温为20～23℃、盐度为26～30的情况下，受精后24小时35分钟开始陆续孵出仔鱼。鮸状黄姑鱼胚胎发育见表10-4、图10-9。

表10-4　鮸状黄姑鱼胚胎发育时序表

受精后时间	水温(℃)	发育期
15 min	21.0	胚盘形成期
45 min	21.0	2细胞期
1 h 10 min	21.2	4细胞期
1 h 25 min	20.8	8细胞期
1 h 50 min	20.8	16细胞期
2 h 20 min	20.6	32细胞期
2 h 45 min	20.5	64细胞期
3 h 35 min	20.5	桑葚期
5 h	20.2	高囊胚期
6 h 30 min	20.0	低囊胚期
7 h 55 min	20.0	胚环出现期
9 h 25 min	20.4	胚盾出现期
10 h 40 min	20.7	神经胚期
11 h 50 min	21.2	肌节出现期
12 h 10 min	21.0	黑色素出现期
13 h 5 min	21.5	视泡出现期

(续表)

受精后时间	水温(℃)	发育期
14 h 50 min	21.7	胚孔封闭期
15 h 15 min	22.3	柯氏泡出现期
17 h 40 min	22.5	尾芽期
18 h 25 min	22.5	尾鳍褶形成期
20 h 35 min	22.3	晶体形成期
21 h 5 min	22.5	听囊期
22 h 40 min	22.5	耳石出现期
23 h 5 min	23.0	心跳期
23 h 45 min	23.0	血液循环期
24 h 35 min	23.0	孵出期

(引自谢忠明,2004)

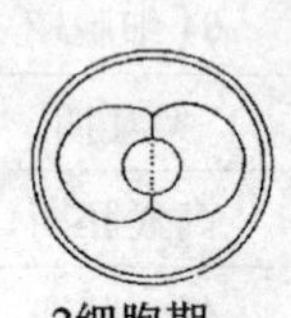

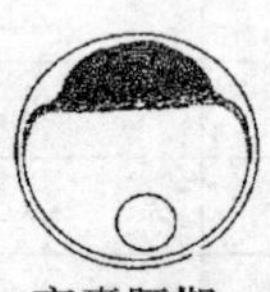

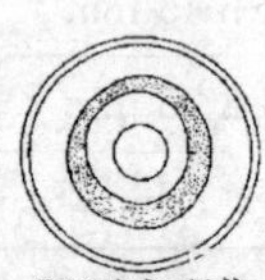

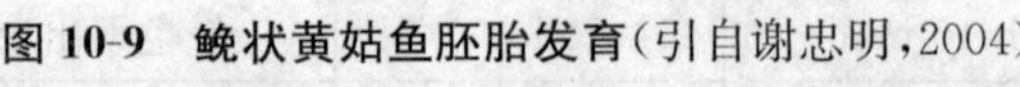

图 10-9　鮸状黄姑鱼胚胎发育(引自谢忠明,2004)

(四)仔、稚鱼发育

在水温为 20℃～23℃、盐度为 26～30 的情况下,鮸状黄姑鱼仔、稚、幼鱼的发育过程如图 10-10。

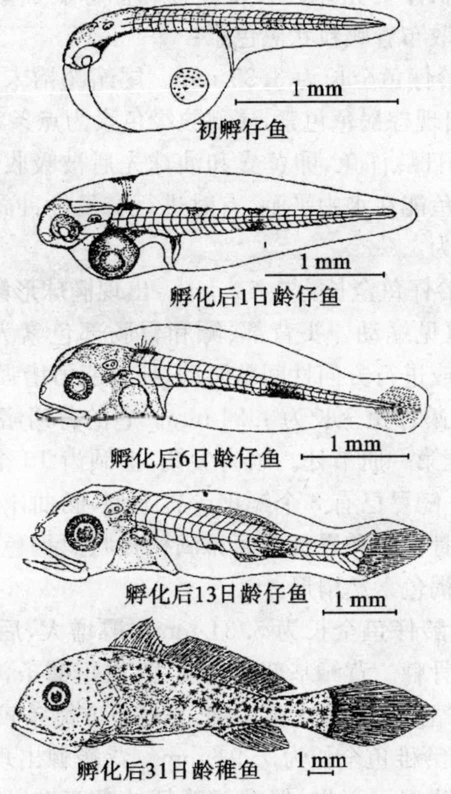

图 10-10 　鮸状黄姑鱼仔、稚、幼鱼的发育(引自谢忠明,2004)

初孵化仔鱼全长为 2.12 mm,卵黄囊呈椭球形,稍向前突出。油球 1 个,位于卵黄囊的后下方。胸鳍原基出现,肌节 28 对。眼前缘、体侧分布点状黑色素。仔鱼倒挂或悬于水中,偶尔抖动尾部,斜行游动。

1 日龄仔鱼全长为 3.24 mm,卵黄囊和油球均缩小。

鳍褶明显加宽，起始于头部，经背部绕过尾部，终止于肛门前。晶状体明亮，眼周、卵黄囊和油球表面呈黑褐色。尾部腹缘散布着颗粒状黑色素。

2 日龄仔鱼全长为 3. 35 mm。尾鳍鳍褶末端出现鳍条原基，出现棕褐色色素，尾部腹缘色素为点条状。

3～5 日龄仔鱼，卵黄囊和油球先后被吸收。胸鳍较发达。仔鱼能在水中平游，有时进行突发性冲式运动，已有捕食行为。

6 日龄仔鱼全长为 3. 54 mm。出现椭球形鳔，肠道褶皱显著，可见蠕动。头背部、鳔和胃肠部色素为黑褐色。仔鱼静止或进行方向性间歇游动，捕食能力增强。

15 日龄仔鱼全长为 4. 24 mm。它的背鳍鳍褶继续缩小，后移至第一肌节处。颌齿尖锐，上颌齿 13 个，下颌齿两个，第一鳃弓已有 3 个鳃耙。胃卜型，肠曲 1 个。出现两个尾下骨。鳔和胃肠表面布满树枝状黑褐色素。尾部中央的棕褐色素丛扇形。

18 日龄仔鱼全长为 5. 34 mm。鳔增大，后颅顶有 2 个微弱枕骨棘。背鳍基部已出现 18 根短鳍条，臀鳍基部有 5 根短鳍条。尾椎末端上翘，尾鳍下方鳍条较为发达。

23 日龄稚鱼全长为 7. 94 mm。背鳍棘出现，背鳍鳍条部的背鳍褶已消失，但在背鳍棘处尚存在。鳃盖上有星状黑色素分布，尾鳍基部形成弧形黑褐色素斑。

27 日龄稚鱼全长为 13. 2 mm。颌齿尖细，肠曲两个。尾柄侧线部最早出现 2～3 枚透明的小鳞片，具有 1～2 个环纹，且被黑色素所覆盖。头部和体侧分布着大小不一的星状和菊花状黑色素丛。

31 日龄稚鱼全长为 18. 5 mm，尾鳍较长，除背鳍棘下方以外，都被覆鳞片。尾部中央的色素丛仍明显。背鳍

棘的上半部和各鳍鳍条都有黑色素分布。

33 日龄进入幼鱼早期,全长为 23.2 mm,完全被覆鳞片,侧线鳞明显,体侧上半部鳞片的后缘具黑色素,形成黑色斜纹,尾鳍变为楔形。鱼体由黑褐色变成浅灰黄色,腹部银白色,已基本具备成鱼的特征。

三、苗种培育

1. 育苗环境条件

工厂化培育仔鱼苗的水泥池不宜过大,为方便管理,可使用 10～30 m^3 的水泥池。稚鱼培育池以 50 m^3 左右最为适用,池深为 1.0～1.5 m。

育苗用水为砂滤洁净海水,仔、稚鱼的培育水温为 18℃～30℃,最佳水温为 20℃～28℃;盐度为 20～40,最适盐度为 26～33;pH 值为 7.5～8.2;其他指标要符合海水养殖用水水质标准。

2. 培育密度

仔鱼培育密度为 2 万～5 万尾/立方米水体;稚鱼的早期放养密度为 1.5 万尾/立方米水体,后期为 0.7 万～0.8 万尾/立方米水体;幼鱼的培育密度为 0.3 万～0.6 万尾/立方米水体。

3. 饵料投喂

鮸状黄姑鱼的饵料同其他鱼类基本类似,普遍采用轮虫——桡足类及卤虫幼体——鱼、虾肉糜或配合饲料。仔鱼入池后,首先添加单胞藻(如小球藻),密度维持在 10 万～30 万个细胞/毫升。从仔鱼孵出后的第 3～25 天投喂轮虫,从第 15～35 天投喂卤虫及桡足类幼体,第 30 天左右开始投喂鱼肉糜或驯化配合饲料。其饵料系列的投喂参数见表 10-5。

表 10-5　鮸状黄姑鱼人工育苗饵料系列的投喂参数

饵料种类	日龄	投喂密度(个/毫升)
轮虫	2～5 5～10 10～15 15～25	3～5 10～15 20～25 10～15
卤虫无节幼体	15～20 20～30 30～35	1～2 3～4 5～6
桡足类及其幼体	15 日龄后	尽量多喂，以代替卤虫幼体
鱼、虾肉糜	20～30 30～45 45～60	50 80～100 120 克/(天·万尾)
配合饲料	投喂肉糜的同时投喂配合饲料	代替肉糜 1/3～2/3

4. 日常管理

一般小水体高密度培养采用微流水，大水体低密度培育时，采用静水培养。初期都是以换水与排污相结合的方法，每天换水、排污一次，换水量占总水量的 20%～40%，低密度培育时，稚鱼期换水 50%～60%，幼鱼期换水 100%。高密度培育时，应加倍换水。幼鱼期可酌情进行流水培育。

3～5 日龄后，每天用虹吸管吸去池底残饵、粪便、死苗及其他杂质。收集、检查被吸出的仔、稚鱼和死鱼的尸体，做好病害预防工作。

幼苗进入稚鱼期以后，由于个体大小不一，大个体稚鱼会残食小个体稚鱼，此时应注意将大小个体分开，不然

会影响成活率。

稚鱼全长达 13～15 mm 时，在条件允许的地区可将稚鱼移到室外土池培育。培育方法可参照大黄鱼培育的有关技术。

四、成鱼养殖

鮸状黄姑鱼成鱼养殖基本同大黄鱼养殖，但以网箱养殖较多。具体细节可参照大黄鱼养殖技术，在此主要介绍几点放养与管理中的注意事项。

(1)放养密度：鮸状黄姑鱼网箱养殖的放养规格与养殖成活率的关系密切。规格大，成活率高。一般要求最低放养规格为 40～50 mm。大体的放养密度为，全长 40～50 mm 的幼鱼放养为 20～33 尾/立方米水体，最佳密度为 25～30 尾/立方米水体；全长 90～120 mm 的幼鱼放养 15～20 尾/立方米水体。正常情况下，当全长达到 210 mm 以上时，根据鱼体大小不同而分箱养殖。因该鱼在饥饿状态下有大鱼吃小鱼或咬尾现象，为提高养殖成活率和养殖产量，必须采用分级养殖的方法。鮸状黄姑鱼从幼鱼养到体重 1 kg 以上，需养殖 6 个月，分三级养殖效果较好。

(2)投喂及日常管理：鮸状黄姑鱼的成鱼养殖主要以投喂小杂鱼为主，初期鱼小以鱼糜为主，后期可投喂鱼块或整条小鱼。投饵次数由每天的 4 次逐渐改为两次，日投饵量从体重的 15%～20%降到 10%左右。要把好饵料质量关，饵料不鲜，易引起消化道疾病；日投喂量不可忽多忽少，防止暴食和饥饿；饵料台要注意消毒，防止病害。由于网箱易生附着生物，引起网目堵塞和网底沉积物增多，使网箱下沉，或网线断掉，故应经常换洗网箱。

第四节　其他石首鱼类养殖

一、褐毛鲿

褐毛鲿 *Megalonibea fusca*，隶属石首鱼科毛鲿鱼属 *Megalonibea*，俗称黄金鲍(图10-11)。该属的主要特征是鳔的形态特殊，尾鳍双凹形以及眼甚小。褐毛鲿体侧扁，较长，背腹缘浅弧形。头中大，稍侧扁，吻尖钝，吻褶完整，不分叶；眼小，在头的前方 1/3 处；口较小，前位，斜裂；上、下颌约等长，上颌骨后延伸达眼中部下方；上颌齿细小，排列成齿带，外行齿扩大，尖锐，排列稀疏；下颌外行齿细小，排列成齿带，内行齿较大而尖，排列稀疏。鳃孔大，前鳃盖骨边缘具弱锯齿，鳃盖骨具一软弱扁刺。

图 10-11　褐毛鲿(引自朱元鼎，1963)

体被栉鳞，除吻部、颏部及峡部无鳞外，全身被鳞。背鳍鳍条部及臀鳍基部具一行鳞鞘。侧线平直，前部略呈弧形，向后伸达尾鳍后端。背鳍连续，腹鳍短于胸鳍，尾鳍双凹形。

体银灰，带橙褐色。体腔中大，腹膜银灰带黄色。鳔

中大，锚状，前端广圆形，后端尖细，前部两侧突出成鬐状短囊，鳔侧共具 26 对树枝状侧肢，鳔的前部具侧肢 2 对，第一对最大，基底呈倒三角形，鬐状短囊具 6 对较小侧肢，鳔之躯干部侧肢 18 对，均较小，侧肢只具腹分枝，无背分枝。

褐毛鲿系近海暖温性底层大型肉食性鱼类，主要分布于我国的台湾海峡、东海、黄海南部。喜栖于岩礁和石砾的 8～10 m 深的浅水水域，性情温和，很少跳跃。适温范围为 8℃～35℃，最适生长温度为 14℃～32℃；适盐范围为 5～35。喜欢黑暗，不喜欢强光。

褐毛鲿性成熟年龄为 2～3 龄，产卵水温为 24℃～28℃。

二、黄唇鱼

黄唇鱼 *Bahaba flavdabiata*，隶属黄唇鱼属 *Bahaba*，俗称金钱鮸（图 10-12），温州人称黄甘。黄唇鱼为国家二级保护动物。

图 10-12　黄唇鱼（引自朱元鼎，1963）

身体修长侧扁，背部略隆起，腹部广圆，头中大，稍侧扁，吻钝尖，吻褶边缘完整，不游离成吻叶。眼中大，上侧位；口端位，口裂颇斜；上颌外行牙较大，尖锥形，排列稀疏，内行牙细小，列成牙带；下颌内行牙稍大。前鳃盖骨边缘具细弱锯齿。

体侧及头的后半部被栉鳞。背鳍鳍条部及臀鳍基部各具一鳞鞘。

体腔中大，腹膜黄白色。鳔的后端短而细尖，鳔侧无侧肢。

体背侧灰棕带橙黄色，腹侧灰白色，胸鳍基部腋下有一黑斑，背鳍鳍棘部及鳍条部边缘黑色，尾鳍灰黑色，腹鳍及臀鳍浅色。

黄唇鱼分布于我国东南沿海，为大型食用鱼类，一般只见于长江口以南。其鳔为名贵上等补品。

三、鮸鱼

鮸鱼 *Miichthys miiuy*，隶属鮸鱼属 *Miichthys*，俗称鳘鱼、鳘子。身体较长，侧扁，背腹部浅弧形；头中大，略侧扁，较尖突，吻短而钝尖，吻褶边缘游离成吻叶。眼中等大，上侧位。口大，前位，斜裂，上、下颌约等长，唇较厚，口腔灰白色。上颌外行牙较大，犬牙状，口闭时大部外露，内行牙细小；下颌内行牙扩大，犬牙状，外行牙小。鳃孔大，前鳃盖骨边缘有细锯齿，鳃盖骨后上缘具一扁棘。背鳍连续，胸鳍尖长，尾鳍楔形。

体腔中大，腹膜灰黑色。鳔大，圆锥形，前端不突出成短囊，后端尖细，鳔侧具 34 对侧肢，每一侧肢具背分枝及腹分枝，背分枝和腹分枝又分出细密小枝，交叉成网状。

体暗，灰褐带紫绿色，腹部灰白色。背鳍鳍棘上椽黑色，鳍条部中央有一纵行黑色条纹，胸鳍腋部上方有一暗斑，其余各鳍灰黑色（图 10-13）。

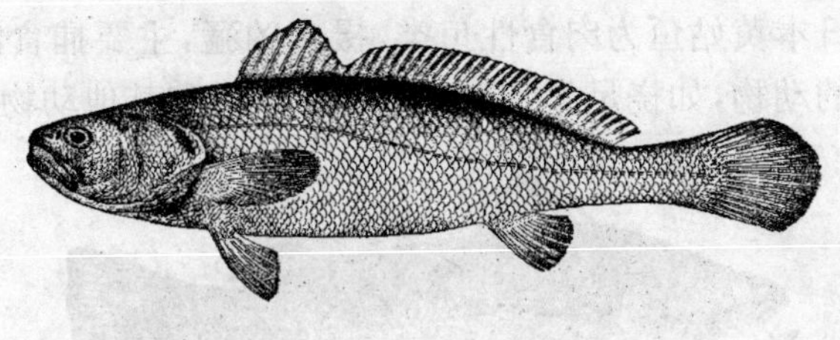

图 10-13 鮸鱼(引自张春霖,1955)

鮸鱼属暖温性鱼类,分布于中国沿海及朝鲜沿海。该鱼个体较大,生长甚快,1 龄体长为 200～250 mm,两龄为 350～400 mm,3 龄为 450～500 mm。鮸鱼为石首鱼科中的凶猛肉食鱼种,以鱼、虾类为主食,且摄食量甚大。

鮸鱼的最小性成熟体长为 500 mm,繁殖力较大,体长 500～650 mm 的个体怀卵量约为 72 万～216 万粒。成熟卵的卵径可达 1.2 mm。鮸鱼在东海的产卵期为 7～8 月份,朝鲜沿岸为 9～10 月份,黄海区为 8～9 月份。

四、日本黄姑鱼

日本黄姑鱼 *Nibea japonica*,隶属黄姑鱼属 *Nibea*,俗称黑毛鲿(图 10-14)。体较长,侧扁,吻尖突,眼较小,口大,端位,斜裂。两颌约等长,上颌较下颌长;背鳍连续,尾鳍双凹形;鳔侧具 26 对侧肢。耳石长圆形,前端尖,后端宽平。体被栉鳞,侧线略呈弧形,伸达尾鳍后端。

体为黑褐色,腹部灰色,背鳍边缘黑色,鳍条部灰黑色,胸鳍和腹鳍灰色,尾鳍灰黑色。胸鳍腋部有一黑斑。

日本黄姑鱼,分布于中国东海、南海以及日本南部近海。它是一种大型的海水鱼类,最大体长可达 1 m 以上。适宜生活水温为 7℃～32℃,最适水温为 18℃～28℃。适宜盐度为 14～34,最适盐度为 18～30。

日本黄姑鱼为肉食性鱼类，摄食凶猛，主要捕食海水底层的动物，如桡足类、糠虾、虾、蟹、小鱼和其他动物。

图 10-14　日本黄姑鱼(引自朱元鼎，1963)

日本黄姑鱼不但个体大，而且生长快，养殖一年体长可达 45 cm，体重可达 1 500 g。两龄的全长可达 68 cm，3 龄达 80 cm，4 龄达 87 cm。可见它比美国红鱼生长还快一些。

日本黄姑鱼属于多次产卵型。在日本的繁殖期为 2～4 月份。在我国东海，繁殖期一般为 1～4 月份。日本黄姑鱼雄性 3 龄性成熟，雌性 4 龄性成熟。在成熟期，日本黄姑鱼的鳔发达，时常发出“咕咕”的响声。日本黄姑鱼全长 120 cm 的亲鱼，怀卵量为 756 万粒；全长 135 cm 的亲鱼，怀卵量为 1 186 万粒；全长 100～106 cm 的亲鱼，怀卵量为 730 万粒。产卵期的适宜水温为 18℃～23℃，卵径为 0.90～1.03 mm，平均为 0.94 mm。平均产卵量为1 800粒/克体重，卵的比重为 1.022。

日本黄姑鱼生长快，适应不良环境与抵御疾病能力强；在高温环境生长迅速；适合于高密度养殖，饵料系数较低。具有病害少、易于养殖等优点。其缺点是抗低温能力差，越冬困难；索饵不主动，活体运输较难。

第十一章 鲷科鱼类养殖

鲷科鱼类为温热带海洋底层鱼类，种类较多，为重要的食用经济鱼类。在我国沿海分布大约有 10 种，其中最重要的养殖经济鱼类为真鲷和黑鲷。

第一节 真鲷养殖

真鲷 *Pagrosomus major*，隶属鲈形目 Perciformes 鲷科 Sparidae 真鲷属 *Pagrosomus*，俗名加吉鱼、红加吉、铜盆鱼、加拉鱼、赤板、过腊、玉山鱼、赤鲫等(图11-1)。真鲷是我国名贵的海产经济鱼类，由于其体态优美，色泽艳丽，而且肉质细嫩，味道鲜美，更有增加吉利(加吉)的寓意，特别适用于喜庆节日等筵席中，因此，是深受广大消费者青睐的鱼类。

图 11-1　真鲷(引自朱元鼎,1963)

一、生物学特性

(一)形态特征

真鲷体侧面观近似椭圆形,侧扁,背部略微隆起。头大,口小。上颌骨后方伸达眼前缘下方,两颌前端具犬状齿 4～6 枚,上下颌两侧具臼齿两列。前鳃盖骨后缘具一扁平钝棘。体被较大的栉鳞,侧线完全。体为淡红色,稍带有绿色光泽,腹部银白,体侧靠背部有许多蓝点分布,尾鳍后缘呈黑色。

(二)生活习性

真鲷为近海暖温性底层鱼类,主要分布于北太平洋西部,我国各地沿海均有。常栖于水深 30～90 m、水质清澈、底质为礁石、泥沙、沙砾或藻类丛生的海区。喜结群,游速较快。真鲷的适温范围为 9℃～30℃,最适温度范围为 18℃～28℃,对盐度的适应范围为 17～32,最适在 30 左右。

真鲷有明显的洄游习性,黄渤海区真鲷的越冬场在济州岛以西,主要场所位于水深 60 m 左右的黄海中、南部,越冬场底层水温为 10℃左右。3～4 月份逐渐离开越

冬场向西北方向洄游，一支奔向海州湾，一支绕过山东半岛进渤海的莱州湾产卵。

真鲷为肉食性鱼类，主要摄食底栖甲壳类、软体动物、棘皮动物、小鱼、头足类及藻类等。

（三）生长与繁殖

真鲷寿命较长，可高达30余龄。生长速度也较快，但各水域生长情况不一。在自然条件下，当年个体体重可达100～150 g，两龄鱼可达350～500 g，3龄鱼可达750～1 000 g。在人工养殖条件下，当年个体体重可达200 g左右，第二年可达500 g以上的商品规格。

真鲷性成熟的年龄，一般雄性个体为两龄、雌性个体为3龄。在自然海区，黄渤海区的繁殖期为5～7月份，盛期在5月下旬；厦门地区的真鲷繁殖期在10月下旬至12月下旬。在生殖期间，雌鱼体色鲜红，雄鱼略带暗黑色。一般怀卵量为50万粒以上，最高可达300万粒，平均个体怀卵量为100万粒左右。其产卵特点是卵分批成熟、分批产出，一般每次产卵1万～2万粒，可连续产卵15～20次。

二、人工繁殖

我国真鲷的人工育苗技术已十分成熟，主要有池塘育苗法、室内与室外结合育苗法及工厂化育苗法等。

池塘育苗法是借用传统的淡水鲤科鱼类池塘育苗工艺，首先在池中施肥培育饵料，当饵料生物繁殖生长进入高峰期时，将初孵仔鱼放养入池，中间可以根据自然饵料的丰歉，补充投喂人工饵料，鱼苗自始至终在池塘中培养。我国南方沿海多采用此法。

室内与室外相结合的育苗法，又可分为室内水泥池与室外土池、海上网箱相结合两种方法。即前期鱼苗在室内培育至7～12 mm阶段，再移至室外池塘或网箱中进行后期培育至30 mm以上。这种方法在日本和我国南方沿海被广泛采用。

工厂化育苗法是在育苗温室内，采用先进的设施和技术工艺生产苗种，也是目前最为流行的科学育苗方法。本节主要介绍这种方法。

（一）亲鱼的选择与培育

1.亲鱼的选择

为达到真鲷苗种批量生产的要求，首先要确定一定数量体质健壮、成熟度好的亲鱼。在真鲷的产卵场，于生殖季节采捕天然亲鱼或从人工养殖的成鱼中挑选。

自然水域捕到的真鲷，有时由于起网太快，鳔内气体未及时排出，发生鱼腹膨胀，侧身漂浮于水面。这时需要给鱼“放气”，一般用12号兽用注射器从肛门以上2.5 cm，再向前1 cm左右，沿体主轴方向斜向前进针，当听到清脆的“噗嗤”一声时，即表示“放气”成功。在针头拔出后，最好用红药水或酒精涂抹一下针口，以防感染。

捕捞的天然亲鱼一般都不能当年自然产卵，可采取人工催产、人工授精的方法。最好是有计划地进行人工驯化培育，留待下年使用。

留做亲鱼的个体一般体重为0.75～2.50 kg、年龄为2～7龄，体质健壮，体色正常，无病无伤，肥大饱满。

2.亲鱼培育

从人工养殖的成鱼中挑选的亲鱼，在繁殖季节前2～3个月，要进行亲鱼的强化培育。培育池可以用正方形、长方形、椭圆形，一般以20～50 m^3 为好，注、排水方便，能及时调节水量，改善水质。

培育池内的放养密度以1～2 kg/m^3 水体为宜，过密

会影响其发育和成熟。冬季培育亲鱼时水温应保持在13℃～15℃。

亲鱼培育期间要注意换水，每天要换水 2～3 次，每次换掉池水的 3/4。

真鲷亲鱼的饵料主要有贻贝、扇贝、沙蚕、小鱼、小虾等。饵料一定要新鲜。池中残饵应及时清理，以防腐败变质，影响水质。

(二)产卵与孵化

真鲷通过人工强化培育，能很好地实现自然产卵，因此人工催产、人工授精的做法已基本不用。

产卵后，可通过溢流法或捞网收集受精卵。经分离去除沉卵和杂质后，计数(1 200～1 800 粒/克或 1 000～1 200粒/毫升)后入孵化网箱进行孵化。孵化密度为每立方米水体 30 万～50 万粒，育苗池内孵化的密度不宜超过 2 万粒/立方米水体。胚胎发育的最适水温是 18℃～24℃，超过 28℃或低于 10℃时，胚胎发育会受到抑制并出现畸形，或原生质解体而死亡。在适温范围内，水温越高受精卵孵化的时间越短，如水温在 21℃～24℃时，需 26 小时孵出；20. 8℃～23℃时，需 31 小时孵出；17℃～22℃时，需 36 小时孵出；16. 5℃～18. 5℃时，需 60 小时孵出。

若要运输受精卵，可用聚乙烯塑料袋充氧装运，每袋装 30 万粒，运输时间可达 24 小时。

(三)胚胎发育

真鲷受精卵呈圆球形、浮性、无色透明，卵径为 0. 95～1. 07 mm；油球 1 个，位于卵的中央，围卵腔很窄，动物极朝下，植物极朝上。在水温为 18. 5℃～19. 4℃条件下的胚胎发育时序如表 11-1、图 11-2。

表 11-1　真鲷胚胎发育时序（水温 18.5℃～19.4℃）

发育期	受精后时期	主要外部特征
受精卵		胚胎开始形成
2 细胞期	1 h	第一次分裂
4 细胞期	1 h 22 min	第二次分裂
8 细胞期	1 h 43 min	第三次分裂
16 细胞期	2 h 41 min	第四次分裂
32 细胞期	2 h 18 min	第五次分裂
64 细胞期	2 h 37 min	第六次分裂
多细胞期	3 h 10 min	细胞明显变小
桑葚胚期	4 h 30 min	细胞更小
高囊胚期	6 h	细胞界限不清，囊胚呈高帽状
低囊胚期	9 h	帽状囊胚高度下降，向边缘扩展
胚盾期	12 h 30 min	原肠下包、内卷形成胚环，胚盾初现
原肠期	15 h	原肠继续下包超过中心
胚孔封闭期	17 h	原肠下包，将胚孔封闭
视囊期	22 h	视囊和柯氏囊出现
听板期	23 h 30 min	听板明显，脑分化，色素增多
尾动期	24 h 40 min	尾芽出现，肌节 11～20 对
心动期	27 h 30 min	心脏开始跳动，胚体转动
将孵期	30 h	首尾相距 1/4，胚体扭动频繁
正在孵化期	30 h 2 min	胚体活动剧烈，首尾相距 1/6，孵化

（引自李鲁晶，2003）

(四)仔、稚鱼发育

在水温 18.5℃～19.4℃条件下,真鲷的仔、稚鱼发育形态如图 11-2 所示。

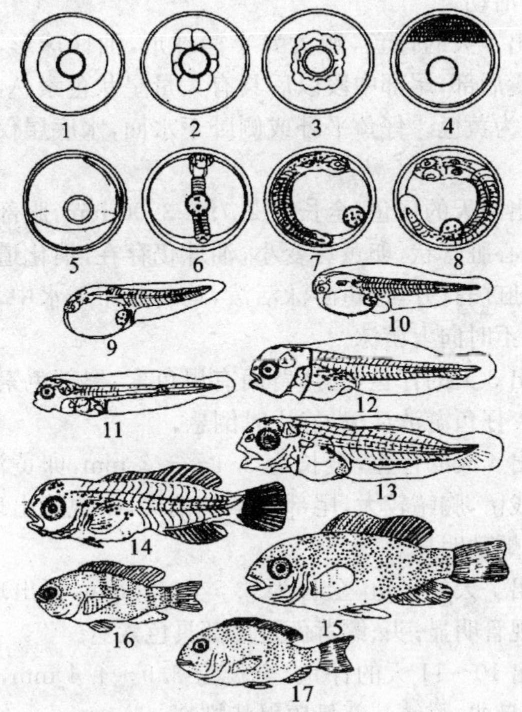

1.2 细胞期;2.8 细胞期;3.16 细胞期;4.桑葚期;
5.胚原基出现;6.星状细胞出现;7.胚占卵膜一半以上;
8.孵化前;9.刚孵化仔鱼;10.孵化后 2～3 天;
11.孵化后 4～5 天;12.孵化后 14～16 天;13.孵化后 19 天;
14.孵化后 22 天;15.孵化后 30 天;
16.孵化后两个月;17.孵化后 4 个月

图 11-2 真鲷的发育进程(引自李鲁晶,2003)

刚孵出的仔鱼，全长为 1.94～2.60 mm，卵黄囊椭球形，几乎与尾部等长，油球紧贴卵黄囊后端；尾部中段有一黑色素细胞。仔鱼大多侧卧水面或腹部朝上停留于水面，很少活动。

孵出 1 天的仔鱼，卵黄囊半椭球形，油球球形，位于眼及耳囊后部；尾部中段以后具有大量星状色素丛，多为黑色，次为黄色。仔鱼平卧或侧卧于水面，水底层仅有少量分布。

孵出两天的仔鱼，全长为 2.79～3.00 mm，眼部出现黑色素，心脏管状，卵黄囊变小，油球仍存在，消化道直管状，口与肛门打开，仔鱼游泳活泼，均匀分布于水中，静止时倒悬，不时向上游泳。

孵出 3 天的仔鱼，头体背面有黑色素，尾部色素丛十分明显。仔鱼游泳活泼，静止时倒悬。

孵出 4 天的仔鱼，全长为 3.1～3.3 mm，卵黄消失，油球仍残留，胸鳍较大，尾部色素丛消失，半规管出现，肠胃分化，蠕动明显。

孵出 7 天的仔鱼，全长为 3.5～3.7 mm，鳔出现，耳囊与半规管明显；头、鳔背面及尾部具色素丛。

孵出 10～11 天的仔鱼，全长为 3.9～4.4 mm，头隆起，胃肠盘曲，臀鳍基部呈辐射状排列。

孵出 40 天，全长为 10 mm 左右，体形已与成鱼相似，各鳍全部形成，已进入稚鱼阶段。

孵出 60 天，体长为 20 mm 以上，已进入幼鱼阶段，可向海中网箱移养。

三、苗种培育

(一)培育条件

1. 培育池及放养密度

使用容积为25～50 m^3 的方形或圆形水泥池。放养密度以初孵仔鱼1万～2万尾/立方米水体为基准布池，最多不超过5万尾。稚鱼培育的放养密度以2 000～2 500尾/立方米水体为宜。

2. 培育用水及常规水质标准

仔、稚鱼培育期间使用砂滤海水，有条件的情况下前期培育可使用紫外线消毒海水。常规水质指标控制如下：水温为18℃～24℃，盐度为27～33。

3. 遮光

培育期间在培育池上方设置可调式遮光幕，控制光照强度在2 000 lx以内。直射阳光对仔鱼的生长发育不利，光照过强会招致池壁藻类繁生，影响水质及操作，同时光照过强会促使培育水中小球藻的光合作用增强，使溶解氧达到过饱和，导致气泡病的发生。自投喂轮虫之日起，在培育水中添加小球藻，以保持池内残留轮虫的活力，防止轮虫饥饿和营养下降，并维持良好的饲育环境。池内小球藻维持在50万个细胞/毫升为宜。

(二)饵料系列

真鲷仔、稚鱼的饵料系列可简化为：轮虫——卤虫无节幼体（桡足类等）——鱼、虾肉糜（配合饲料），或轮虫——系列配合饲料。

1. 轮虫

仔鱼开口时(孵化后第3天)开始投喂轮虫，按饲育水中3～5个/毫升投喂。当仔鱼长到5 mm左右时，摄食量很大，培育池内饵料密度难以维持，可增加投喂次数，并保持每毫升育苗水体 10 个左右。

2. 卤虫无节幼体的投喂

当仔鱼长到 6.5 mm 时，除继续投喂轮虫外，开始投喂卤虫无节幼体，每日两次。投喂量按饲育水中 0.5～1 个/毫升投喂，以后随鱼苗的生长而逐渐增加投喂量。在仔鱼大量摄食卤虫时，应增加投喂桡足类、鱼肉糜及配合饲料等。

3. 鱼、虾肉糜的投喂

仔鱼全长 8～9 mm 时，开始投喂糠虾肉糜，颗粒要小，少量多次投喂，并根据鱼的摄食情况逐渐增加鱼肉糜的投喂量。投喂鱼、虾肉糜时要注意水质变化，防止缺氧。

4. 配合饲料

如今市场上销售的人工配合饲料，基本达到全价配方和系列化水平，存贮和使用方便。使用时可根据各厂家的产品说明使用。

(三)管理措施

1. 换水

培育初始逐渐加水至满池，然后开始换水或以微流水方式换水，换水率为 20%，以后随鱼苗的生长逐渐加大至 10 日龄时的 50%、20 日龄时的 100%。25 日龄开始投喂鱼、虾肉糜时，换水量增加至养殖水体的 2 倍，以后随鱼摄食肉糜量的增加，换水量增加到养殖水体的 5 倍。

2. 充气量及开鳔期的管理

真鲷是有鳔鱼类，开鳔期对充气量有一定的要求。育苗期间气石的布置一般每 1.5～2.0 m^2 布气石一个。特别是仔鱼开鳔期要采取微弱充气(50 mL/min 左右)，充气量过大会阻碍仔鱼上浮开鳔或误吞水中气泡或杂物

造成假开鳔和气泡病。开鳔是指仔鱼鳔囊充气的过程，此过程自全长 3.5 mm 左右开始至 5.5 mm 左右完成，仔鱼完成开鳔行为必须自身具备充分的活力，这就要求初期饵料的营养价值要高，否则开鳔率低会造成大量死亡或形成畸形鱼(如脊椎弯曲等)。仔鱼完成开鳔后应逐渐加大充气量。为了提高仔鱼的开鳔率，要采取以下几个措施：一是适当的充气量；二是保持水面的清洁；三是投喂营养价值高的初期饵料；四是选择活力强的初孵仔鱼进行培育。

3.清底

约 12 日龄后培育池底部的粪便、残饵、死鱼等积累增多，应及时清底。清底一般 2～3 天一次，后期每天一次。清底的好坏，对疾病的发生和成活率的高低有直接影响。

4.弱小苗的分离

在高密度培育情况下，因各种原因，极易出现个体的大小差异。在全长 10～15 mm 时，鱼苗开始进入稚鱼期，在生态、食性等方面发生变化，生长良好的大型个体易攻击生长慢的小个体，造成体表、鳍、眼等部位受伤致使细菌感染而发病。无论是从防病的角度，还是从提高育苗成活率考虑，都应随时将被攻击的小个体苗移出，置于其他小容器中培育。

5.出池

在水温为 18℃～20℃的条件下，约经 50 天培育鱼苗全长可达 25～30 mm，此时为最佳出池规格。真鲷苗 14～15 mm 时鳞片刚刚形成，鱼肉糜的转换尚未彻底完成，不宜出池。到 20～30 mm 时各器官已发育完善且适应力增强。另外，30 mm 以上的鱼苗重量增长加快，摄食量急剧增加，在原培育池内高密度情况下已无法保证正常的摄食量，且极易发生鱼病。因此，此时应及时出池，减低密度，转入中间培育。

出池方法可先降低培育池水位至 50 cm(以人能站立操作为准)，用小围网围住鱼苗，再用质地柔软的小捞网逐步将鱼苗捞出并计数。

四、成鱼网箱养殖

1. 海区选择

养殖海区应是潮流平稳、水质清澈、盐度稳定、温差小、水流交换条件好、无污染的海区。

2. 苗种放养

苗种大小要与网箱网目的规格相配套。首先是不让鱼逃逸，其次是充分增大水的交换。一般 1.0～1.2 cm 的网目，适宜放养 4.0～4.6 cm 的苗种；1.2～1.5 cm 的网目，适宜放养 5.6～6.6 cm 的苗种。

不同规格的苗种放养密度也不一样，通常 5～8 cm 苗种可按 200～300 尾/立方米水体的密度放养。一般大规格苗种放养量全过程控制在 10 kg/m^3 水体以内为佳。

3. 饵料及投喂

真鲷养殖所用饲料一般用鲜杂鱼、虾绞碎后添加适量的营养剂、防病药物制成鱼、虾肉糜或添加适量鱼粉，制成湿性颗粒饵料投喂，还可用市场出售的干性颗粒配合饲料投喂。

鱼种进入网箱 1～2 天后开始投喂，每天可投喂 5～7 次，每次喂 10 分钟左右，目的是引诱鱼群集中摄食。投喂量为鱼体重的 1%～3%。如果采取定期停食的饥饿投喂法则对真鲷生长非常有利。如水温为 20℃～27℃时，

每天投喂2～3次，每周停喂半天或1天；水温为15℃～19℃时，每3天中只投喂两天。

4. 饲养管理

苗种放养后，经一段时间饲养，由于个体生长速度不一，大小差异日渐悬殊，需要分级疏养。真鲷一般40～60天分级一次，分级疏养的同时，要清理网衣上附着的生物，如藻类、贝类、藤壶等。必要是可更换网箱。

每天早、晚应巡视检查，检查网箱内水质，检查有无病鱼、死鱼和残饵，检查网箱有无损坏、绳索是否牢固，网箱上有无附着物等情况。发现死鱼要及时捞出，发现病鱼要及时治疗。

第二节 黑鲷养殖

黑鲷 *Sparus macrocephalus*，隶属鲈形目鲷科鲷属 *Sparus*，地方名有海鲋、黑加吉、黑立、乌格、黑格子、乌翅等(图11-3)。主要分布于北太平洋西部，我国沿海均有分布。该鱼因其肉质鲜美，生长较快，而且适应环境的能力较强，现已成为我国南、北沿海重要的养殖对象。目前黑鲷的养殖技术已经成熟，许多技术环节与真鲷的养殖技术基本相同。因此，本节主要介绍有关黑鲷的独特之处。

一、生物学特性

(一)形态特征

身体侧面观长椭圆形，侧扁而较高。体背面极窄，形成棱状线，腹面较圆钝，近平直。口前位，稍斜。上、下颌前端具犬状齿6枚。背鳍、臀鳍鳍棘强硬，鳍棘基部有发达的鳞鞘。侧线完全呈弧形。生活时体青灰色，带金属光泽，腹部自肛门至吻端白色，胸鳍浅灰色，其他各鳍边缘为暗黑色。幼体为浅灰色，体有 6～8 条深色横条纹。

图 11-3　黑鲷(引自朱元鼎，1963)

（二）生活习性

黑鲷为浅海暖水性底层鱼类，喜栖息于泥沙底或多岩礁的海区。它是典型的沿岸性鱼类，对环境的适应性比较强，一般不作长距离洄游，但在近海进行小规模的移动。繁殖期到近岸产卵，产卵后就近摄食，10 月以后游向深水区越冬。黑鲷对低温的忍耐性较强，致死低温为 3.5℃，致死高温为 35.5℃，摄食低温为 6℃，最适宜水温为 12℃～25℃。适盐范围较广，即使在盐度接近于淡水的环境也能生存。

黑鲷食性较广，较贪食，在自然条件下主要以小鱼、虾为食，并能用尾部挖掘软体动物及环节动物，也摄食多种海洋藻类。黑鲷活动灵敏，逃避敌害的能力极强，而且嗅觉敏感，非常爱食腐败动物体。

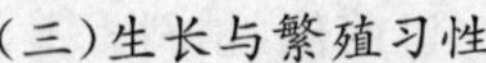

（三）生长与繁殖习性

黑鲷生长速度较快，但 5 龄以后生长较慢。仔、稚、

幼鱼在较低的盐度(15～20)环境中生长最快。

黑鲷是典型的两性型鱼类,幼鱼全部是雄性;体长15～25 cm的个体为雌雄同体阶段;体长>25 cm时,大部分个体转化为雌性。从年龄看,两龄以前为雄体,2～3龄间是雌雄同体阶段,4龄以上几乎全部为雌体。

黑鲷产卵期各海区不一样,山东沿海为5月份,福建沿海为4月份,台湾附近海区为2～5月份。产卵场的温度、盐度各地也相差很大,浙江象山港黑鲷产卵场水温为15℃左右,而台湾附近水域水温却高达22.5℃～24.5℃。通常雌鱼怀卵为15万～60万粒,大个体鱼可达100万粒以上。

二、人工繁殖

(一)亲鱼培育

因黑鲷具有性转化的现象,所以在选择亲鱼时,首先要注意大小比例,即雌、雄之间的搭配。一般雌鱼的年龄为5～7龄、体重1～1.5千克/尾,雄鱼的年龄为2～3龄、体重0.8～1.0千克/尾为好。而且所选亲鱼应为游泳活泼、体色鲜艳、完整无伤的健康成鱼。

培育亲鱼可在海水网箱中培育,也可在池塘或室内水泥池中培育。亲鱼培育池为40～50 m^3(水深1.5 m左右),放养密度一般为1～5尾/立方米水体。培育期间要注意水质的调节及投喂饵料的质量。具体管理技术参阅真鲷一节。

(二)产卵与孵化

黑鲷是分批成熟、分批产卵的鱼类。有时为了管理方便、产卵时间集中,可用药物催产。但目前,在人工育苗时,由于亲鱼群体数量较足,一般采用自然产卵的方法，也可获得大量的受精卵。

受精卵的收集可用溢出法，也可用手抄网捞取。池中的受精卵到一定密度时要及时捞出，以水面浮1层受精卵的密度为宜，密度过大，会对受精卵存活和进一步发育有影响。要及时清除池底的死卵，不然会对水质有影响。

从产卵池采集的卵放入孵化器或孵化网箱中孵化，缓慢充气。孵化时水温应控制在14℃～20℃，盐度保持在25～30。

（三）胚胎发育

在水温19℃、盐度30的条件下，黑鲷的胚胎、胚后发育变化见图11-4、表11-2、图11-5。

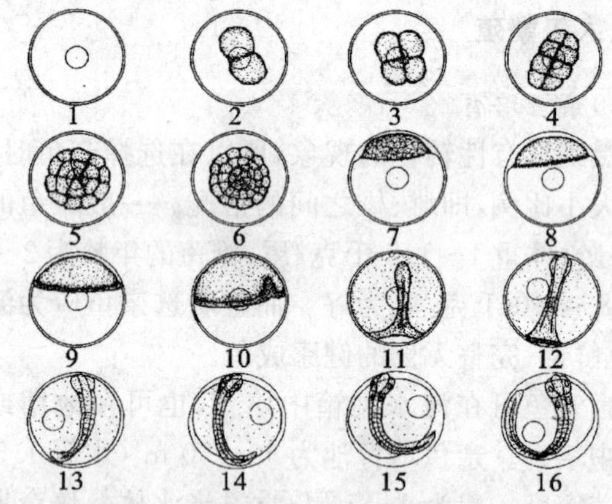

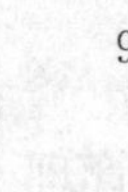

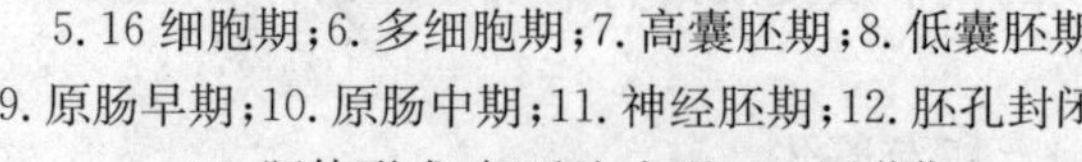

1. 受精卵；2. 2细胞期；3. 4细胞期；4. 8细胞期；
5. 16细胞期；6. 多细胞期；7. 高囊胚期；8. 低囊胚期；
9. 原肠早期；10. 原肠中期；11. 神经胚期；12. 胚孔封闭期；
13. 胚体形成，柯氏泡出现；14. 尾芽期；
15. 心脏跳动期；16. 孵出前期

图11-4 黑鲷的胚胎发育（引自姜志强，2005）

表 11-2　黑鲷胚胎发育(水温 19℃,盐度 30)

发育阶段	受精后时间	主要特征
受精卵		卵膜吸水膨胀,出现卵周隙,卵径 0.95 mm 左右
胚盘隆起	20 min	原生质集中于动物极而形成隆起的胚盘
2 细胞期	45 min	胚盘分成大小相等的两个细胞
4 细胞期	1 h 2 min	胚盘形成 4 个细胞
8 细胞期	1 h 20 min	形成 8 个细胞,排列成两排,每列 4 个细胞
16 细胞期	1 h 50 min	形成 16 个细胞,排列成 4 排,每列 4 个细胞
32 细胞期	3 h 5 min	胚盘上形成 32 个细胞
多细胞期	4 h 29 min	细胞数目增多,侧面观排成多层
高囊胚期	5 h 32 min	由多层细胞组成的胚盘呈高帽状,突出于卵黄上
低囊胚期	6 h 50 min	胚盘逐渐下降,呈扁平低帽状,覆盖在卵黄上
原肠早期	8 h 59 min	胚盘扩大,囊胚层开始下包形成胚环
原肠中期	11 h 44 min	胚环外包 1/2 时,胚盾明显,神经管出现,呈一细管状
原肠后期	13 h 54 min	胚环下包 2/3 时,胚盾中段出现两对肌节,神经管前端略膨大
原口接近闭合	15 h 29 min	胚盾中段出现 4 对肌节,视囊形成,心脏原基出现
胚体期	16 h 44 min	原口闭合,胚体形成,出现 6～8 对肌节,柯氏泡出现
尾芽增厚	18 h 14 min	8 对肌节,听囊和晶体相继形成,心脏明显,但不跳动

（续表）

发育阶段	受精后时间	主要特征
尾芽出现	20 h 24 min	胚体 16 对肌节，嗅囊形成，柯氏泡略缩小
胚体抱卵黄 3/5	23 h 4 min	肌节 20 对，柯氏泡消失，心脏开始作间隔跳动
尾芽曲卷	25 h 54 min	肌节 20 对以上，胚体能颤动，心脏能连续跳动
胚体抱卵黄 2/3	27 h 54 min	胸鳍芽和鳍膜形成，胚体能在卵内扭动
胚体抱卵黄 4/5	32 h 4 min	胚体扭动增加，接近孵化
孵出期	34～36 h	仔鱼破膜而出

（引自缪国荣，1990）

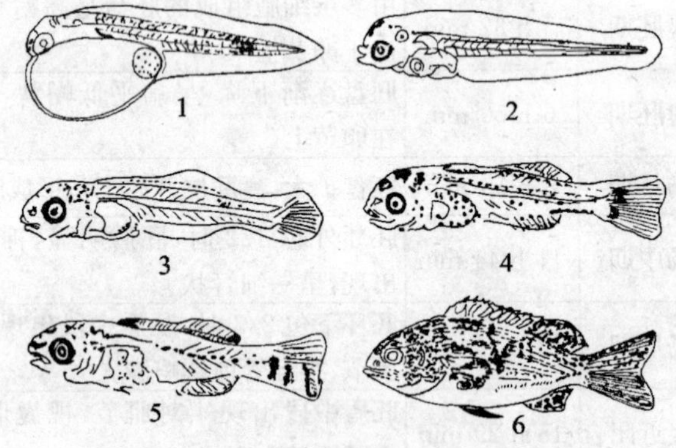

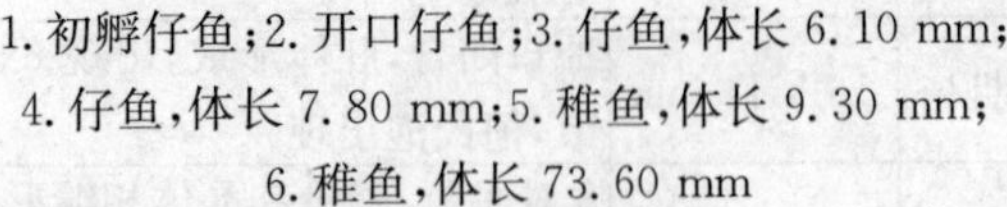

1. 初孵仔鱼；2. 开口仔鱼；3. 仔鱼，体长 6.10 mm；

4. 仔鱼，体长 7.80 mm；5. 稚鱼，体长 9.30 mm；

6. 稚鱼，体长 73.60 mm

图 11-5　黑鲷仔稚鱼发育（引自缪国荣，1990）

在水温 19℃、盐度 30 的条件下，初孵仔鱼全长为 1.90～2.35 mm，卵黄囊很大，头部、背部和尾部中央的侧面分布有黑色素，在体侧及油球上分布有点状黄色素细胞。

孵出后 7 小时，卵黄囊缩小，肠管及肛门逐渐形成，且肠管逐渐向肛门延伸。

孵出后 12 小时，卵黄囊缩小至刚孵出时的 1/3。

孵出后 3～4 天，卵黄囊几乎完全被吸收，油球消失，仔鱼开口，肠、胃清晰可见，开始摄食。

三、苗种培育

1. 环境条件

培育设施同真鲷。

2. 培育密度

仔鱼放养密度为 2 万～3 万尾/立方米水体，待全长达 1 cm 后，培育池中密度控制在 1 万尾/立方米水体较为适宜。

3. 饵料及投喂

刚开始摄食的仔鱼，一般以轮虫作为开口饵料。在投放轮虫的前一天，应向池内投放小球藻，使池水中小球藻的浓度保持在 30 万～50 万个细胞/毫升。

从刚孵出到全长 7～8 mm 时(约 25 天)，每天投喂轮虫，投喂量为 7～10 个/毫升。仔鱼全长 8 mm 时，开始投喂卤虫无节幼体，同时可驯化投喂配合饵料。仔鱼长到全长 2 cm 时，便可投喂鱼、虾肉糜。如果鲜活的鱼、虾肉糜和配合饵料同时投喂，则鱼苗生长更迅速。待全长达到 2.5 cm 时，便可出池。

4. 日常管理

在仔鱼培育过程中需要经常换水，在仔鱼培育初期保持每天换水30%左右即可，随鱼苗的长大，换水量应逐渐加大。

其管理注意事项参照真鲷。

四、成鱼养殖

黑鲷成鱼养殖中常见的养殖方式为网箱养殖和土池养殖。养殖模式有单养，也有混养。混养时大多根据它的食性，一般不作为主养鱼类。网箱单养的技术可参阅真鲷养殖一节。在此介绍黑鲷的池塘养殖。

1.选址建池

黑鲷的池塘养殖最适水温为12℃～25℃，水温9℃以下时停止摄食。黑鲷能适应从淡水到海水的环境，但以盐度20左右为佳。根据以上生活习性，确定池塘选择地点。

2.放苗前的准备工作

放苗之前先将池子清淤、消毒，尤其对于已经养过黑鲷的旧池子清除淤积的污泥更为重要。

3.鱼种放养

当室外池塘水温稳定在10℃以上时，便可放养鱼种。放养密度为每亩可放养1 200～1 700尾。

4.日常管理

黑鲷食性十分广泛，以小杂鱼、虾、贝、多毛类及海藻等为食，在人工饲养情况下，还可以投喂配合饵料。日投饵量应根据水温、天气、吃食状况等适当调整。

黑鲷喜欢水质清新的环境，因此，池塘养殖黑鲷应该始终注意水质调节，特别是高温季节每天应进行换水。

每天黎明前后和傍晚时要巡池，以便及时发现有无浮头现象发生。如发现有浮头，应及时加注新水或采取其他补救措施。经常检查闸门及网拦是否有破损，有无

逃鱼,有无死鱼。发现死鱼及时检查死亡原因,作好病害防治工作。

第三节　鲷科其他养殖鱼类

一、平鲷

平鲷 *Rhabdosargus sarba*,身体侧面观似长椭圆形,侧扁,头大,背面隆起甚高。眼中等大,侧位而高。口小,上颌两侧具臼齿 5 行,下颌两侧具臼齿 3 行,两颌各具一肥大臼齿。胸鳍位低,长而尖,后端达臀鳍起点上方,腹鳍较短小,尾鳍叉形。体背部青灰色,腹部较淡,体侧有若干纵暗色条带;侧线起点处有数枚鳞片,边缘黑色,形成一规则的黑斑;背鳍和尾鳍边缘黑色(图 11-6)。

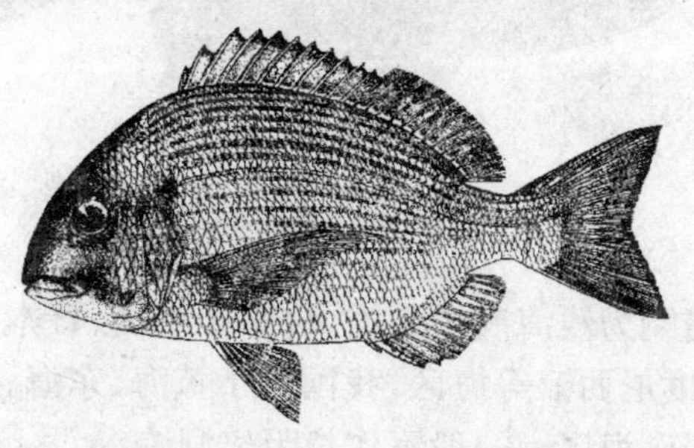

图 11-6　平鲷(引自朱元鼎,1963)

平鲷属平鲷属 *Rhabdosargus*,为浅海沿岸底层鱼类。分布于非洲东岸、红海、阿拉伯海、印度、澳洲、菲律宾、朝鲜、日本海域及我国黄海、东海和南海。平时分散栖息于浅海和港湾岩礁处。不作长距离洄游。平鲷属杂食性,主要摄食双壳类、虾、蟹、虾蛄、藤壶和海藻。生殖期为 2~4 月份，两龄鱼怀卵量为 15 万粒左右。浮性卵，油球 1 个。

二、黄鳍鲷

黄鳍鲷 *Sparus latus*，隶属鲷属 *Sparus*，身体侧面观呈长椭圆形，侧扁，头、眼、口中等大，上、下颌约等长，上颌两侧有臼齿 4 行，下颌两侧有臼齿 3 行。侧线完全，弧形与背缘平行。臀鳍第二鳍棘强大，胸鳍尖长，尾鳍叉形。体青灰色而带黄色，体侧有若干灰色纵走线，腹鳍、臀鳍下叶黄色（图 11-7）。

图 11-7　黄鳍鲷（引自朱元鼎，1963）

黄鳍鲷为浅海底层鱼类，分布于中国、日本、朝鲜、菲律宾、印度尼西亚等海区，我国见于黄海、东海、南海。喜栖息于岩礁海区。一般不作长距离洄游。

黄鳍鲷为杂食性鱼类，性贪食，主要摄食贝类、对虾、沙蚕、短尾类、藻类及有机碎屑。

黄鳍鲷生长较快，当年幼鱼到年底时体长可达 120～130 mm，重约 150 g。各地生殖季节稍有差异，福建沿海以 12 月至翌年 1 月为生殖季节，在沿海可发现大量 20～30 mm 长的幼鱼。

第十二章 红鳍笛鲷养殖

红鳍笛鲷 *Lutianus erythropterus*，隶属鲈形目笛鲷科 Lutianidae 笛鲷属 *Lutianus*，亦名赤鳍笛鲷、横笛鲷，俗称红鱼、红鸡、红鸡仔、红糟、赤海鸡等（图12-1）。主要分布于红海、印度洋的非洲沿岸至澳大利亚一带，并至日本海南部。在我国，主要分布于东海南部和南海水域。该鱼色泽艳丽、肉质丰厚坚实、味道鲜美、生长速度快、具有极高的经济价值，是一个具有养殖发展前景的经济鱼类。近几年，随着其规模性人工繁殖技术的成功，其养殖热潮正在兴起。

图 12-1　红鳍笛鲷(引自朱元鼎,1963)

第一节　生物学特性

一、形态特征

红鳍笛鲷身体侧面观长椭圆形,侧扁,尾柄侧扁。头大,眼上侧位,口稍微倾斜。上、下颌几乎等长。两颌外侧各有 1 行牙齿,外侧一行为圆锥状,内侧一行为绒毛状牙带,上颌前 4 个犬牙较大,口闭合时可露于口唇外。犁骨及腭骨上均具有绒毛状牙。侧线上、下方鳞片都向背后方倾斜。体呈粉红色或鲜红色,腹部稍浅。幼鱼自吻部经眼至背鳍起点前具一暗色宽带,尾柄上部具一鞍形黑斑,成鱼黑斑不明显。

二、生活习性

红鳍笛鲷为热带、亚热带暖水性中下层鱼类,一般喜栖息于 30～100 m 的水域,栖息地的底质为贝壳、泥沙及岩礁等,也生活于珊瑚丛中。栖息水温为 18℃～32℃,最适生长水温为 25℃～28℃，其致死水温为 8℃。红鳍笛鲷属于广盐性鱼类，适盐范围为 5～40，盐度维持在 10～20 生长速度较佳。红鳍笛鲷属于夜行性鱼类，具有群游和昼夜垂直移动的习性，白天群聚于礁石与沙滩交界处，清晨和黄昏栖居于海底，夜间稍向上移动。以底栖动物为食，主要摄食其中的虾类、蟹类和虾蛄类，也摄食头足类、十腕类和一些小鱼。此鱼生长较快，是南海和闽南沿岸的重要经济鱼类。

三、生长与繁殖

红鳍笛鲷生长速度较快，在适宜的生长温度（25℃～30℃）下，300 g 左右的鱼，每个月可增重 100 g；350 g 的鱼，可增重 150 g。

红鳍笛鲷雄鱼两龄达性成熟，部分雌鱼要到 3 龄才成熟。繁殖期在 3～10 月份，水温在 18℃～24℃的 4～5 月份为繁殖盛期。海南、广东和广西南部沿海的红鳍笛鲷 3 月份就进入产卵期，而在粤东、闽南沿海到 4 月中旬以后才进入繁殖期。其个体怀卵量可达 100 万～170 万粒。每当繁殖季节，它们由深海游向浅海产卵，产完卵又返回深海觅食。该鱼属分批产卵类型。

第二节 人工繁殖

一、亲鱼的培育

人工繁殖用的亲鱼可直接捕捞自然海域已达性成熟的个体，但大多是使用人工饲养于海水网箱的 3 龄以上的成鱼。在繁殖季节即将来临之时，挑选腹部膨胀且柔软、生殖孔微凸的雌性个体及体形较大、用手轻挤腹部有乳白色精液流出的雄性个体，按雌、雄比1∶1的比例置于海水网箱中进行强化培育。培育亲鱼所用的饲料主要是新鲜的杂鱼、虾等，并在投喂时添加维生素B、E等，以促进其性腺发育。以鱿鱼、小鱼、小虾作为亲鱼的饲料时，亲鱼的性腺发育良好。完全以人工配合颗粒饲料培育亲鱼，效果则不甚理想。

二、产卵与孵化

红鳍笛鲷为多次产卵鱼类，卵分批成熟、分批产出。产卵水温为25℃～30℃，经强化培育成熟的亲鱼无需注射催产剂即可自然产卵。通常的做法是每天下午将亲鱼按1∶1的比例放入产卵箱或产卵池中，让其自然产卵。每天天亮前检查是否已产卵，若已产卵，应及时将受精卵收集起来进行专池孵化。

红鳍笛鲷的受精卵一般用孵化桶或孵化网箱孵化，孵化密度为30万～50万粒/立方米水体（每千克约215万粒），微充气，使受精卵均匀分布于水层中。孵化适宜水温为20℃～25℃、盐度为18～22。在孵化过程中务必保持水质良好。

三、胚胎及仔、稚、幼鱼发育

（一）胚胎发育

红鳍笛鲷的受精卵圆形、透明，为浮性卵，卵径为0.86～0.92 mm，油球1个。在盐度为14～35的海水中，均可取得较高的孵化率。水温为25℃～26℃、盐度为14时，孵化率为80%左右，孵化时间约为32小时；同样温度下，盐度为35时的孵化率为90%左右，孵化时间约为26小时。在适宜的孵化温度和盐度条件下，随着水温的升高和盐度的加大，孵化率会有所提高，孵化速度也有所加快。表12-1、图12-2是在水温为28.0℃～30.2℃、盐度为18～22、pH值为8.2的环境中，经15～16小时破膜孵化及仔、稚、幼鱼发育的过程。

表12-1　红鳍笛鲷的胚胎发育过程

发育期	受精后时间	主要形态特征描述
受精卵		卵膜吸水膨胀，出现卵黄间隙
胚胎隆起	25 min	原生质集中于动物极，形成隆起的胚盘
2细胞期	40 min	胚盘分裂成大小相等的两个细胞
8细胞期	55 min	胚盘分裂成8个细胞
16细胞期	1 h 5 min	胚盘分裂成16个细胞，排列成4列
囊胚期	2 h 20 min	分裂细胞镜检难区分，形成的胚盘突出于卵的上面
原肠初期	5 h 50 min	胚盘扩大，囊胚层下包形成胚环
原肠中期	6 h 40 min	胚盾明显，出现神经管
原肠后期	7 h 50 min	胚盾出现两对肌节，神经管前端稍膨大
胚体期	8 h 50 min	胚盾中段出现4对肌节，柯氏泡出现，心脏原基出现
尾芽卷曲期	12 h 30 min	肌节20对，心脏跳动，柯氏泡消失，出现细胞色素
胚体扭动期	14 h 40 min	胚体扭动剧烈，接近孵化
孵出期	15～16 h	仔鱼破膜而出

（引自雷霁霖，2005）

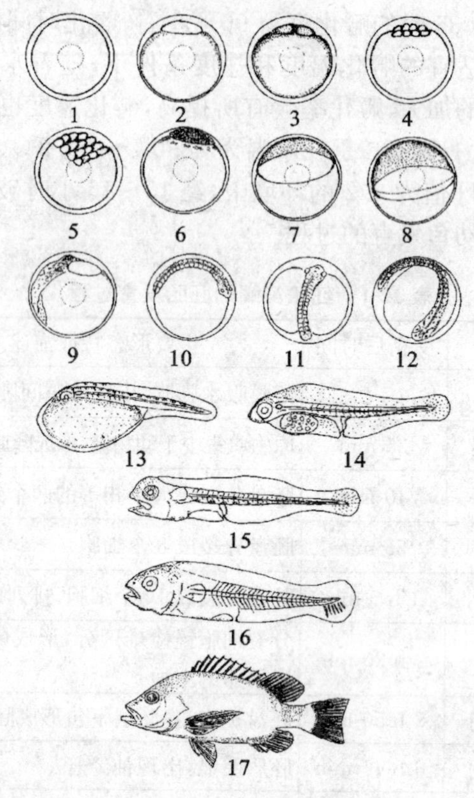

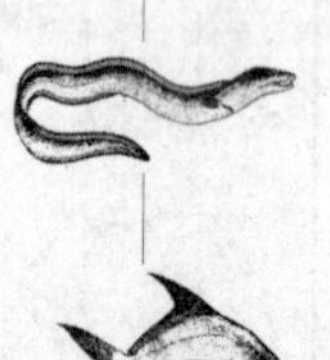

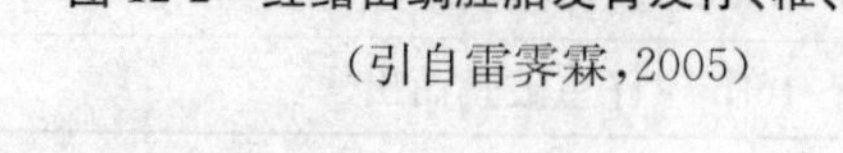

1. 受精卵；2. 胚胎隆起；3. 2 细胞期；4. 8 细胞期；
5. 16 细胞期；6. 囊胚期；7. 原肠初期；8. 原肠中期；
9. 原肠后期；10. 胚体期；11. 尾芽卷曲；
12. 胚体扭动期；13. 初孵仔鱼；14. 第 2 天仔鱼；
15. 第 4 天仔鱼；16. 第 22 天稚鱼；17. 第 28 天幼鱼

图 12-2 红鳍笛鲷胚胎发育及仔、稚、幼鱼发育

（引自雷霁霖，2005）

（二）仔、稚、幼鱼发育

红鳍笛鲷仔鱼在水温为 26.5℃～30.2℃、盐度为 18

～24、pH 值为 7.8～8.8 的条件下，经 26～30 天的培育仔鱼已完成变态发育进入幼鱼期。

初孵仔鱼全长为 1.72～1.95 mm，卵黄囊呈椭球形，向前突出于吻端，油球贴于卵黄囊后端，胸鳍芽出现，身体背部有一列色素点，仔鱼活动能力弱，随水流漂浮，静止时头朝下倒悬于水中。15 小时后，肛门开通，眼睛发亮，仔鱼已能平游，均匀分布于水层中。36 小时，全长为 3.0～3.1 mm，已经开口，卵黄囊和油球已全部消失，鳔泡已发生，胃囊形成，视囊呈现黑色，仔鱼已有趋光性。

11 日龄的仔鱼全长为 4.0～4.6 mm，尾鳍条形成，进入稚鱼期。26～30 日龄稚苗全长 24～30 mm，稚鱼全身被鳞，形状与成鱼相似，发育进入幼鱼期。

第三节 苗种培育与养殖

红鳍笛鲷的苗种培育主要以池塘培育为主，也有单位实施室内工厂化培育。两种方法各有特长，生产单位要根据自身的条件，因地制宜、统筹考虑，选择其一。先在室内进行仔、稚鱼培育，然后转入池塘继续幼鱼培育的二级培育模式更为理想。

一、工厂化培育的技术要点

1. 放苗密度

前期为 2 万～3 万尾/立方米水体，后期为 0.5 万～1.0 万尾/立方米水体。

2. 饵料

贝类受精卵——轮虫——卤虫幼体（或桡足类及其

幼体)——鱼糜(或配合饲料)。

3. 充气、换水

仔鱼培育期间,采用微充气培育,稚鱼培育期逐渐加大充气量。早期每天换水1/3～1/2,后期每天换水1/2～2/3,至投喂鱼糜或配合饵料的幼鱼期,每天换水量为养殖水体的1～3倍,甚至采用微流水培育。换水后要及时投喂经强化培育的轮虫、卤虫无节幼体等饵料,并添加适量的小球藻。

每天清晨吸污清底,以免沉底的死苗、残饵和粪便等污染水质。

二、池塘培育

1. 培育方法

红鳍笛鲷的苗种培育一般都采取生态培育法。首先要将池塘清塘消毒,然后再肥水培养基础饵料生物,最后再投放刚开口摄食的仔鱼,使仔鱼与饵料生物共处于同一个生态系统中,饵料生物被仔鱼摄食的同时又不断繁殖,保持一定的群体数量。

2. 放养密度

仔鱼的放养密度一般每亩为30万～50万尾,具体可根据基础饵料生物的丰歉、池塘的环境条件等因素确定。

3. 鱼苗培育

池塘育苗成败的关键因素是饵料。仔鱼入池后,各种运动器官逐步发育完善,游泳能力相对增强,摄食量也逐渐增大,所摄食的饵料生物也由小到大逐渐过渡,主要以小轮虫及桡足类幼体过渡到大型的桡足类和水蚤。此时应特别注意池水中饵料生物的数量,若发现不足时,要及时投喂豆浆、鱼浆等加以补充,所投饵料,除部分被仔、

稚鱼直接摄食外，还有利于促进浮游生物的繁殖，为此可每天人工补充投喂两次。

20 日龄后的稚鱼逐渐进入幼鱼期。此时的鱼苗已全身被鳞，生长较快，食物范围更广，并可以摄食较大个体的饵料，此时主要以鱼浆、配合颗粒饲料等为主，每天可投喂 2～4 次。投喂时，开始要少量慢投，等大部分鱼都集中于水面抢食时再多投、快投，当大部分鱼吃完散开时，为照顾到个体小而抢食能力较差的鱼也能摄取到足够的食物，应再少投、慢投。

4. 其他

池塘培育的日常管理和水质调节等环境，可参照其他鱼类的池塘苗种培育方法。

5. 运输

在水温为 24℃～30℃条件下，红鳍笛鲷的鱼苗经过约 50 天的培育，体长可达 3 cm 以上，此时即可以出售或用于鱼种培育及养成。运输时多使用聚乙烯塑料袋或帆布桶。聚乙烯塑料袋每袋可装体长 3～5 cm 的鱼苗 50～80 尾，保持水温在 20℃左右，密封运输成活率可达 90％以上，且适合于长途运输。若是短距离运输，可以使用帆布桶，按每立方米水体装体长 3～5 cm 的鱼苗 3 000 尾左右，运输水温要控制在 20℃～25℃，运输时间在 6 小时以内，运输成活率可达 90％。

三、成鱼养殖

红鳍笛鲷的养成一般是指将体长 5 cm 左右的鱼种养至体重 200 g 以上的商品鱼，国内目前的主要养殖方式是海上网箱养殖，而池塘养殖的方法在台湾等地则被普遍采用。

网箱养殖所选鱼种的规格一般要求 5 cm 以上，要规格整齐、身体健壮、体色鲜艳、游动活泼、无伤无病。放养密度视鱼苗的大小、饲养管理水平及饵料情况而定，一般体长 5 cm 左右的鱼种放养密度为 30～50 尾/立方米水体。

红鳍笛鲷为肉食性鱼类，目前还没有专门的人工养殖用配合饲料，大多都使用新鲜的小杂鱼。每天投喂两次，日投喂量为鱼体重的 5%～7%，并视天气、水温及鱼的摄食情况灵活掌握。

在整个饲养管理期间，要注意经常清洗网箱，防止因生物附着而阻塞。还要随着鱼体的长大而经常更换大网目网箱、分级和降低放养密度；经常检查网箱有无破损逃逸问题，发现破损及时修理或更换网箱。

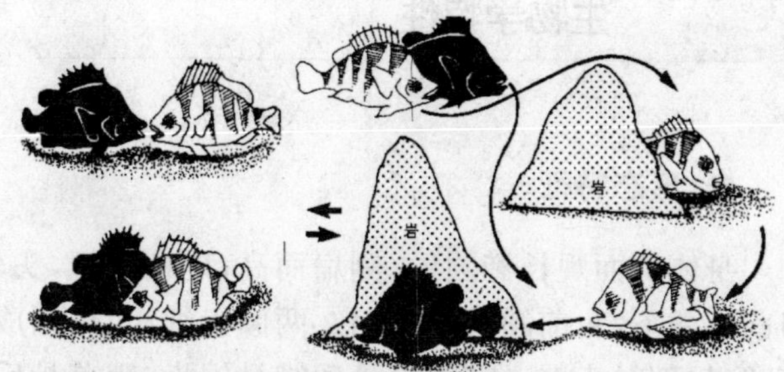

第十三章　斜带髭鲷养殖

斜带髭鲷 *Hapalogenys nitens*，隶属鲈形目石鲈科 Pomadasyidae 髭鲷属 *Hapalogenys*，俗称唇唇、黑加吉、包公鱼等(图 13-1)，多见于我国、日本及朝鲜半岛沿海。因其体色独特、生长迅速、肉质细嫩、肉味鲜美，尤其产卵前，肉味更加鲜美，是一种名贵的海产鱼类，深受消费者喜爱。

图 13-1　斜带髭鲷(引自朱元鼎，1963)

第一节　生物学特性

一、形态特征

身体侧面观长椭圆形，侧扁而高，尾柄较短，头较大，口前位微下斜，前颌骨能伸缩。两颌齿细小，排列成绒毛带状，颏部具小髭。前鳃盖骨后缘具锯齿，鳃盖骨后缘有扁棘。鳃耙短小，内缘具细锯齿。

头部具鳞，背、臀鳍均具鳞鞘。侧线完全。体背黑褐色，腹部颜色较浅。体侧有 3 条黑色斜带，第一条自背鳍起点前起向下弯曲直达臀鳍基底；第二条自背鳍 4～7 棘起向后下方弯曲直达尾柄；第三条较窄，沿背鳍鳍条部基底。各鳍均呈灰褐色。

二、生活习性

斜带髭鲷为近海暖温性中下层鱼类，喜欢栖息在多岩礁海区，无明显的集群洄游习性，但因季节和气候的影响，有深、浅水水域移动的习性。斜带髭鲷适温范围广(8℃～35℃)，也能在较广的盐度范围(15～35)内生活，是一种广温广盐性鱼类。

该鱼为肉食性鱼类，主要以甲壳类、小型鱼类、底栖动物为食。

三、生长与繁殖

斜带髭鲷生长比较快，在养殖条件下，4～5 cm 的苗种，养殖 7～8 个月，体重可达 350～750 g，两龄鱼可达

0.6～1.3 kg。特别是在性成熟前后，体重增长的速度更快，且雌鱼生长快于雄鱼。

斜带髭鲷两龄开始性成熟，3 龄基本全部成熟。在最适生长条件下，性成熟年龄还可提前 1 年。该鱼在每年繁殖期内多次分批产卵，产卵适宜水温范围为 19℃～27℃，最适水温为 20.5℃～25℃。因此，该鱼的生殖季节在我国广东、福建一带为 9～12 月份的秋冬季节，高峰期为 10～11 月份，黄、渤海为 8 月份。平均每尾雌鱼怀卵量为 30 万～60 万粒，并随体重和年龄的增长，怀卵量也增加。

第二节 人工繁殖

一、亲鱼培育

斜带髭鲷在繁殖季节，能自然产卵受精，而且受精卵质量较好。但大多时间不能形成批量，给人工育苗带来困难。因此，目前生产上一般是先催熟，再让其自然产卵。

亲鱼一般选自网箱养殖的 3 龄以上的成鱼，期间要加强管理，科学投喂。日常投喂选用鲜度好的玉筋鱼、蓝圆鲹及其他小杂鱼，也可用冰鲜杂鱼，每天投喂 1 次，投喂量为鱼体重的 6%～10%，并在饵料中添加维生素 C、E 等营养剂，以促进性腺的发育。

二、催产

待自然水温降至 27℃左右时，即可做好催产的准备工作，并要对亲鱼进行检查，密切注意亲鱼的体态变化。在环境条件适宜时，斜带髭鲷可自然产卵受精。

若要采取促熟、催产时，常用的催产药物有促黄体释放激素类似物（LRH-A）和绒毛膜促性腺激素（HCG）等，可单独使用一种激素，也可几种激素混合使用。单一使用时，LRH-A 的用量为 65 μg/kg 鱼体重效果较好，效应时间为 30 小时；还可用 $LHRH-A_2$ 2～4 μg/kg、$LHRH-A_3$ 3 μg/kg、HCG 200 IU/kg。混合使用时，HCG＋$LHRH-A_2$ 的剂量为每千克鱼体重 50 IU＋2 μg。雄鱼注射剂量为雌鱼注射剂量的一半或不注射。催产后需弱光，白天照度控制在 500～1 000 lx，晚上不开灯。一般催产后 3～4 天内即产卵，若产卵量不理想，则需进行下一次催产。注意激素用量不宜过量，否则会导致雌鱼滞产死亡。

三、产卵与孵化

正常情况下，一次人工催产亲鱼可连续自行产卵 7～15 天，整个产卵过程可达 25 天以上。产卵适温范围为 19℃～27℃，最适温度为 20.5℃～24℃，低于 19℃停止产卵。

受精卵浮性，卵径为 0.91～1.02 mm，油球 1 个。适宜的孵化温度为 19℃～25℃，最适水温为 23℃～25℃；适宜盐度为 24.2～32.1，尤以 29.5 最好。在水温为 22.4℃～24.0℃、盐度为 32.0、pH 值为 8.0～8.5 的条件下，受精卵经 27～29 小时发育孵出仔鱼；在 18.0℃～19.0℃的条件下，需 48 小时孵出仔鱼，17℃时约需 54 小时，29℃时仅需 21 小时。

受精卵一般在孵化网箱中孵化，孵化的密度不宜过高，控制在 30 万～50 万粒/立方米水体较好。孵化过程中要微充气，微流水，使卵在水中均匀分布。

四、胚胎及仔、稚鱼的发育

受精卵在水温为 22.4℃～24.0℃、盐度为 32.0、pH 值

为 8.0～8.4的海水中，经 27～29 小时孵出仔鱼(图 13-2、表 13-1)。

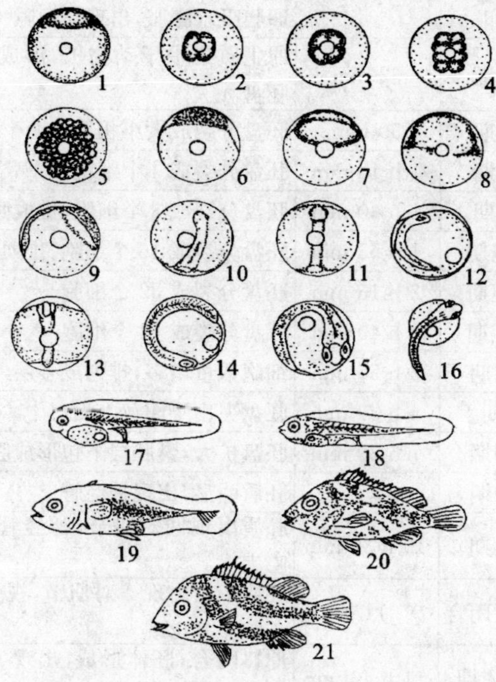

1. 胚胎隆起；2. 2 细胞期；3. 4 细胞期；4. 8 细胞期；
5. 多细胞期；6. 囊胚期；7. 原肠初期；8. 原肠中期；
9. 原肠后期；10. 原口闭合期；11. 胚胎形成；
12. 胚体抱卵黄囊 3/5；13. 尾芽卷曲；14. 胚体抱卵黄囊 2/3；
15. 胚体抱卵黄囊 4/5；16. 初孵仔鱼；17. 1 日龄仔鱼；
18. 3 日龄仔鱼；19. 11 日龄稚鱼；20. 37 日龄稚鱼；
21. 62 日龄幼鱼

图 13-2　斜带髭鲷胚胎、仔、稚、幼鱼发育

(引自雷霁霖，2005)

表 13-1　斜带髭鲷的胚胎发育过程(水温 22.5℃～24.0℃,盐度 32.0)

发育期	受精后时间	主要形态特征
受精卵		卵膜吸水膨胀,出现卵间隙
胚胎隆起	32 min	原生质集中于动物极,形成隆起的胚盘
2 细胞期	50 min	胚盘分裂成大小相等的两个细胞
4 细胞期	1 h 15 min	胚盘分裂成 4 个细胞
8 细胞期	1 h 30 min	胚盘分裂成 8 个细胞,排成两列
16 细胞期	1 h 55 min	胚盘分裂成 16 个细胞,排列成 4 列
32 细胞期	2 h 15 min	胚盘分裂成 32 个细胞
64 细胞期	2 h 40 min	胚盘分裂成 64 个细胞
多细胞期	2 h 55 min	细胞数量增多,排列成多层
囊胚期	4 h 30 min	胚盘突出于卵黄上面
原肠初期	7 h 30 min	胚盘扩大,囊胚层下包形成胚环
原肠中期	9 h	胚盾明显,出现神经管
原肠后期	10 h 30 min	胚盾出现两对肌节,神经管前端稍膨大
原口接近闭合	11 h	胚盾中段出现 4 对肌节,视囊形成,心脏原基出现
胚体形成期	11 h 40 min	原口闭合,胚体形成,出现 6～8 对肌节,柯氏泡出现
胚体抱卵黄囊 3/5	12 h 30 min	心脏形成,但不跳动,晶体形成
尾芽卷曲	14 h 10 min	肌节 20 对,心脏跳动,柯氏泡消失
胚体抱卵黄囊 2/3	15 h 30 min	肌节 20 对以上,脑分化成前、中、后三部,胚体能扭动
胚体抱卵黄囊 4/5	24 h 30 min	胚体扭动急剧,接近孵化
孵出期	27～29 h	仔鱼破膜而出

(引自雷霁霖,2005)

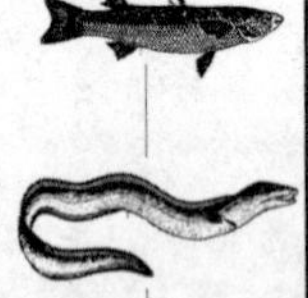

在温度为18.0℃～23.0℃的条件下，斜带髭鲷初孵仔鱼全长为2.100～2.475 mm，卵黄囊椭球形，油球贴于卵黄囊后端，仔鱼活动能力弱，随水流漂浮。其仔、稚鱼的生长发育过程大致如下(图13-2)。

1日龄仔鱼全长为2.800 mm，头朝下倒悬于水中。

3日龄仔鱼全长为3.150～3.400 mm，卵黄囊大部分被吸收，已经开口，肛门开通，眼睛发亮，游泳活泼，均匀分布于水层中。

6日龄仔鱼全长为3.725 mm，卵黄囊和油球已全部消失，鳔泡已发生。

11日龄仔鱼尾鳍分化，发育至稚鱼期。

37日龄稚鱼全长为10.0～12.0 mm，背鳍鳍棘、鳍条分化完成，体呈黑色。

40日龄稚鱼全长为15.0 mm，在腹部、尾部和胸部有数列鳞片生成。

62日龄稚鱼全长为25.0 mm，鳞片已完全形成，完成变态，进入幼鱼阶段。

第三节 苗种培育与养殖

一、苗种培育

斜带髭鲷鱼苗培育的方法有室内人工育苗和室外土池育苗两种。

(一)室内育苗

1.放养密度

斜带髭鲷仔鱼的放养密度一般为12万尾/立方米水体，

随着仔鱼的长大,后期为 0.5 万～0.8 万尾/立方米水体。

2. 饵料与投喂

斜带髭鲷室内育苗的饵料系列为:轮虫——卤虫无节幼体——海洋枝角类——鱼糜。3～20 日龄仔鱼投喂轮虫的密度保持在 10～12 个/毫升。15 日龄仔鱼以后开始投喂卤虫无节幼体,密度为 3～5 个/毫升。轮虫和卤虫无节幼体投喂前应进行强化培育。25 日龄仔鱼开始投喂海洋枝角类和桡足类幼体,密度为 3～5 个/毫升。37 日龄稚鱼以后投喂海洋枝角类、桡足类成体直至变态成幼鱼。然后用鱼糜驯化投喂,每天多次投喂。

3. 日常管理

仔鱼培育期间,采用微充气培育,每天定期换水 1/3～1/2,注意换水前后水温的一致性,育苗水温不应低于 20℃。换水后及时投喂轮虫、卤虫无节幼体等饵料,并添加适量的小球藻,以净化水质和作为轮虫的饵料。每天清晨吸污清底 1 次,及时吸去沉底的死苗、残饵和粪便。稚鱼培育期逐渐加大充气量,每天换水 1/2～2/3,有条件时可采用流水培育或微流水培育。育苗期间光照强度应控制在1 000 lx 以内,避免直射光。

二、池塘育苗

池塘培育苗种质量好、生长快、方法简便,但成活率不高。

1. 放养密度

每亩水面可放养开口仔鱼 10 万～20 万尾。

2. 管理

仔鱼全长 8 mm 之前不换水,每隔 1～2 天可注入部分新鲜海水,以保持池塘水质相对稳定。稚鱼全长 10

mm以上时，每天可适量进、排水。育苗期间要定时测定池塘的理化因子。池中饵料生物不足时，应及时补充投喂轮虫、桡足类等浮游生物，或泼豆浆、鱼浆等以促进浮游生物繁殖。鱼体长达15 mm后，逐渐驯化投喂人工饵料，适应后即以人工投饵为主，投喂鱼糜和配合饵料。

仔鱼下塘后每天要坚持巡塘，观察鱼苗的摄食、生长和活动情况，检查饵料生物的密度，检查有无敌害生物等。

三、网箱养殖

1. 养殖海区的选择及网箱结构

养殖海区的选择及网箱结构见第二章网箱养殖部分。

2. 苗种放养

斜带髭鲷的苗种有野生苗和人工育苗两种。放养规格一般在25～100 mm，放养密度为200～400尾/立方米水体，并随鱼苗的生长逐步疏养。

3. 饵料及投喂

斜带髭鲷养殖的饵料以新鲜杂鱼或冰鲜杂鱼为主，也可投喂配合饲料。规格小时，一般加工成鱼糜，投喂量为鱼体重的15%左右，每天分4～5次投喂；全长100 mm以上的鱼种可投喂切断的鲜杂鱼，每天投喂2～3次；成鱼可投喂整条的小杂鱼，投喂量为鱼体重的3%～16%，每天投喂1～2次。

第十四章　许氏平鲉养殖

许氏平鲉 *Sebastes schlegelis*，隶属于鲉形目 Scorpaeniformes 鲉科 Scorpaenidae 平鲉属 *Sebastes*。该属种类繁多，分布也较复杂，我国近海就有 10 种左右，是一支始于古新世、至今广布于北半球温带水域的海洋鱼类，属喜岩礁性底栖鱼种。许氏平鲉同种异名较多，在我国大多又称黑鮶，俗称黑寨、黑鱼、刺毛、黑石斑、黑老婆、黑石鲈等（图 14-1），因其个体较大，肉味鲜美、肉质细嫩，具有较快的生长速度和较强的抗病能力，能进行多种模式养殖，如网箱、池塘、工厂化，甚至可以像扇贝一样吊笼养殖，效果也很好；可以单养也可混养。而且许氏平鲉还是卵胎生型鱼类，相对产仔量较大，繁殖率较高，因此具有很大的开发潜力。

图 14-1 许氏平鲉(引自张春霖,1955)

第一节 生物学特性

一、形态特征

身体侧面观呈长椭圆形,稍侧扁,眼中等大、侧上位,口较大,两颌、犁骨、腭骨具绒毛牙,前鳃盖骨边缘有 5 根硬棘,鳃盖骨后上角有 2 棘。腹鳍位于胸鳍基的后下方,尾鳍截形。体灰黑褐色,腹面灰白。体侧布有不均匀黑色斑点。

二、生活习性

许氏平鲉为冷温性近海底层鱼类,喜栖于岩礁地带泥沙质海底,无远距离洄游习性。小个体多分布于沿岸,大个体常栖于水较深、流较急处,不善集群。分布于太平洋的西部水域,在我国,主要分布于黄海、渤海和东海;在国外,分布于朝鲜、日本沿海及俄罗斯鄂霍茨克海南部。

许氏平鲉属肉食性鱼类,摄食范围较广,十分贪食,以鱼、虾类为食,也摄食一些蟹类、头足类等。

三、生长与繁殖

许氏平鲉的寿命较长，生长也较快，雌、雄略有差异。据报道，尤其是5龄以前生长快，5龄以后生长速度开始下降，8龄以后明显下降。

许氏平鲉属卵胎生、一次性产仔鱼类，行体内受精。产仔期在5～6月份，盛期于5月上、中旬，水温为10℃～17℃，繁殖场即在近海礁石底质水域。

许氏平鲉性成熟较晚，通常雄鱼约3龄，雌鱼约4龄，体长分别达20 cm和25 cm以后才开始性成熟。但也有个别雌性的体长小于20 cm就开始性成熟。该鱼繁殖力甚大，一尾体重为1.5 kg、体长为31 cm的待产亲鱼怀卵量达12.78万粒，一尾体重为3.73 kg、体长为47 cm的亲鱼怀卵量达48.6万粒，这在卵胎生鱼种中是不多见的。

许氏平鲉的卵径较大，成熟卵径为1.25～1.29 mm，受精卵大小在1.29～1.33 mm，受精卵在卵巢腔内发育孵化至体长5.7 mm左右的仔鱼才开始排出体外。

四、胚胎发育

许氏平鲉的胚胎发育是在母体内进行的，对每个阶段的发育特点和所需时间，难以准确确定。据对固定标本的观察，其发育过程基本与其他硬骨鱼类相同。

第二节　人工繁殖

一、亲鱼

许氏平鲉育苗所用亲鱼主要有海区捕捞的自然成熟

待产的亲鱼和人工养殖的成熟亲鱼。后者具有亲鱼利用率高、产仔稳定及可通过调节水温、光照来控制产卵时间等优点，因此，在日本已被广泛采用。在国内，为了降低成本，主要是捕捞自然海区的待产雌鱼。

由于许氏平鲉在晚秋 11 月前后雌、雄交尾，受精卵要在雌鱼体内发育 4～6 个月，孵化成仔鱼后才从母体中产出，故仅采捕雌鱼作为亲鱼即可。通常在 4 月下旬，生殖季节临近时，用定置网或鱼笼采捕亲鱼，要求为体表不损伤、腹部膨大、饱满、生殖孔红肿的待产鱼，将亲鱼放入暂养池中暂养。暂养密度为 1 尾/立方米水体。因亲鱼已近临产，可不投饵，保持微充气，日换水量为池水的 1～2 倍，池顶用黑布遮光，水面光照度控制在 1 000 lx 以下。

高龄亲鱼虽然产仔量大，但产出的仔鱼个体偏小，活力低，畸形严重，在培育中成活率极低，而低龄小个体亲鱼则相反。因此，在选取亲鱼时，应选取低龄(4～6 龄)的个体为亲鱼，这对提高仔鱼的成活率是非常重要的环节。

二、产仔

怀仔亲鱼白天不甚活泼，一般单独或几尾集聚在一起躲避在暂养池的角落处，夜间则游动加强，特别是临产前游动达到高潮，产仔时边游边产，产仔时间多发生在子夜到凌晨时分。仔鱼从母体内一次性排出体外，健壮的仔鱼体色乌黑，身体平直，立刻漂浮于水的表层游动；而发育较差的仔鱼，体呈灰白色，有的尾部卷曲，有的未能出膜仍为胚胎，死后沉于池底。

三、仔、稚、幼鱼的发育

由于许氏平鲉成熟卵的胚胎发育过程是在母体的卵

巢内完成的，在此不做介绍。仔、稚、幼鱼发育的形态特征如图 14-2。

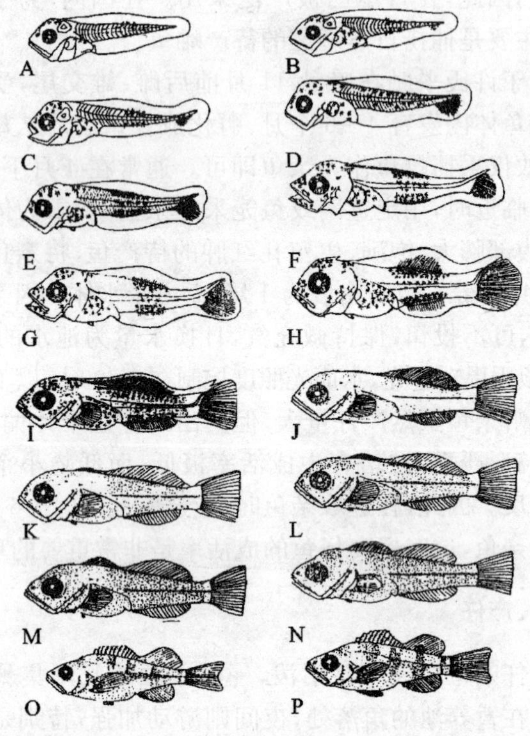

A. 6. 77 mm；B. 6. 92 mm；C. 6. 96 mm；D. 7. 30 mm；
E. 7. 64 mm；F. 8. 07 mm；G. 8. 46 mm；H. 8. 76 mm；
I. 10. 66 mm；J. 10. 87 mm；K. 11. 40 mm；L. 12. 42 mm；
M. 13. 40 mm；N. 15. 60 mm；O. 21. 50 mm；P. 36. 50 mm

图 14-2　许氏平鲉仔、稚、幼鱼的发育(引自雷霁霖，2005)

在 11. 6℃～20. 5℃条件下，从初产仔鱼开始到卵黄吸收完毕，口与肛门打通开始索取外源性营养为止，要经 3～4 天。

1 日龄仔鱼，全长为 5.52 mm，下颌略长于上颌，色素为点状，分布于颅顶、背部、腹囊、躯干部，背鳍膜开始于听囊上方，油球卵黄较大。

2 日龄仔鱼，色素为星状，口唇周围也分布有色素，躯干部色素分布从第 11～12 节开始至 18～20 节。

3 日龄仔鱼，全长为 5.95 mm，在部分仔鱼胃内发现有砂壳虫、拟铃虫及其他纤毛虫等，证明仔鱼已能进食，开始投喂轮虫。

4 日龄仔鱼，尾鳍褶辐射丝清晰，油球分散，在部分仔鱼胃内发现轮虫，仔鱼进入尾原基出现期。

5 日龄仔鱼，全长为 6.25 mm，卵黄消失，油球分散，腹囊乳白，躯干部出现尿粪素胞，鳃盖棘出现，下颌明显长于上颌。

7 日龄仔鱼，尾原基向尾鳍条转变期，油球仍有残余，开始增投卤虫及桡足类无节幼体。

9 日龄仔鱼，全长为 7.01 mm，头部骨棘明显，鱼苗游动活泼，尾鳍条出现，能见到仔鱼捕食桡足类及卤虫。

12 日龄仔鱼，全长平均为 7.47 mm，尾鳍条明显，背鳍原基出现，尖形齿出现，仔鱼大量吃卤虫、桡足类无节幼体。

16 日龄仔鱼，全长为 8.52 mm，背鳍原基向鳍条转换，腹囊黄色素多，向后延伸成黄色带，仅尾柄尚无色素，鳍褶开始消失，摄食能力增强，仔鱼栖息于水的底层。

22 日龄仔鱼，全长平均为 10.25 mm，腹鳍条出现，鳍褶全部消失，背鳍、臀鳍、腹鳍开始出现硬鳍条，鱼体背增宽，鳃盖具 5 棘，开始出现残咬现象。

26 日龄稚鱼，全长平均为 11.47 mm，框骨形成，脉棘形成，各部器官已全部形成，侧线部位开始出现鳞片。这时稚鱼在水中出现分层分布，大个体在中下层游动，小个体多分布于水的中上层，并开始表现集群，对外界移动物体反应敏捷，残咬现象加剧。这时期死鱼较多，小个体因被咬而死，大个体常因吞食小个体被梗死。

30 日龄稚鱼，全长平均为 15.40 mm，鱼体色发黄，外部形态完全近似成鱼。稚鱼活动能力很强，摄食强烈，喜弱光，集群特征明显。

35 日龄稚鱼，全长平均为 19.40 mm，鱼苗对引物表现出较强的趋向性，开始投喂鱼、虾肉糜，加以驯化。

37 日龄幼鱼，全长平均为 21.70 mm，幼鱼开始摄食死饵。

40 日龄幼鱼，全长平均为 22.10 mm 以上，幼鱼已完全摄食死饵，集群强烈，早期发育至此结束，可出池下海进行网箱培育。

第三节 苗种培育

一、苗种培育设施

许氏平鲉育苗设施同真鲷、牙鲆等育苗设施，亦可用现成的虾、蟹、贝类育苗室育苗。在水深仅 30 cm 的海带育苗池，也能取得较好的育苗效果。

二、放养密度

初孵仔鱼身体弯曲，沉于池底，经过一段时间后，慢慢浮起，做间歇性游动，逐渐扩散分布于池中。初孵仔鱼放养密度根据池子和培养条件，可掌握在每立方米水体 1

万尾左右。

三、环境条件

水温在 11℃以上即可发育生长，最好不低于 15℃。在不同的温度下，仔、稚鱼发育的总积温不一样，培育至 22 mm 的仔鱼所需要的积温，在平均水温为 14.4℃～14.6℃时，为 619℃～627℃(需 43 天)；在平均水温为 18.5℃时，为 462℃(需 25 天左右)。

培育池中溶解氧通常保持在 5 mg/L 以上，pH 值稳定在 7.8～8.6，水面光照度只要不使池水中藻类过量繁殖，可适当提高。为了保持池中有足够的溶氧量，一般每 2～3 m^2 布 1 气石，连续充气，在仔鱼发育的前期可微充气，随着仔鱼的生长，可逐渐加大充气量。

待仔鱼都具有一定游泳能力后，用吸污器将池底的死鱼等污物清除干净，第三天开始投饵后，每天清污一次。当投放死饵后，日吸污两次。培育用海水为砂滤水，开始可间断性微流水，随着仔鱼的增长和投饵量增加，逐渐加大流水量，日换水量逐渐增长至养殖水体的 1 倍以上。

四、饵料

仔鱼进入培育池的同时，要接种小球藻 30 万～40 万个细胞/毫升，并每天追添以维持此浓度，直至投喂轮虫结束。仔鱼产出后第三天，开始投喂轮虫，密度为 3～5 个/毫升。第 6～7 天，增投用乳化鱼油进行营养强化的卤虫无节幼体，投喂量保持在 0.5～1.0 个/毫升，并逐步减少轮虫投喂量，使之保持在 1～2 个/毫升。第 14 天，仔鱼全长长到 7.5 mm 左右时，除投喂卤虫无节幼体(1.5～2.0 个/毫升)外，适当增投桡足类，其投喂量根据日获取量适当调节。当鱼苗全长为15～20 mm,开始试投鱼、虾肉糜、适口配合饲料等死饵,直至完全摄食。

五、越冬

鱼种培育至当年12月(北方地区),水温降到5℃以后,进入越冬期,进入越冬前应更换网箱,稀疏密度,体长8～10 cm的鱼种以50尾/立方米水体左右为宜。越冬期间许氏平鲉基本停食。到第二年水温回升到5℃～6℃以上时,开始引诱投食,每日1～2次,投饵率为0.5%～6%。越冬成活率视鱼种的大小及体质状况而异。在有条件的单位,应将鱼出箱转为陆上室内或坑道水池越冬,以降低海上越冬风险。

第四节 成鱼养殖

一、养殖网箱

许氏平鲉鱼苗长到2.6～3.0 mm,能够大量抢食鱼肉糜等死饵以后,应及时出池到海上网箱中进行当年幼鱼的培育。所用网箱的形状和规格尚无统一标准,着重考虑操作、管理的便利及抗风浪能力等因素,放置在水质清新、水流畅通、风浪较小、无污染、水深适宜(一般8～15 m的内湾)的泥沙底质的海区。

网目的大小由放养鱼的规格而定,随鱼个体的增长,其网目相应加大,网线也相应加粗。不同规格鱼所用网目及网线规格可参考表14-1。

表 14-1 鱼种规格与网目的关系

鱼种规格(cm)	3～5	5～7	7～10	10～14	14～20	20 以上
网目规格(cm)	0.4	1.0	1.5	2.0	3.0	4.0
网线粗细(股)	6	6	9	12	15	15

二、放养密度

初期放养密度依苗种的规格而定，一般全长 2～3 cm 的苗种每立方米水体放 300 尾左右，全长 8～10 cm 的鱼种每立方米水体为 100 尾左右。

三、饵料及投喂

饵料以小杂鱼为主，也可投喂配合饲料。饵料大小要适口，投喂时坚持少量多次的原则，前期每日 2～4 次，后期可改为每日 2～3 次。小杂鱼的日投饵率为 10%～40%，配合饵料日投饵率为 1%～3%，主要视鱼吃食情况随时调整。

四、日常管理

清除网箱上的附着生物，保证网箱内外水质交换，是网箱养鱼最重要的管理工作之一。特别是在鱼种培育期，最有效的方法是适时换网。一般经 20～30 天养殖，网箱上附着生物达到一定的数量，鱼种也长到了较大的规格，这时换成较大网目的干净网箱，对保持网箱内外水质交换及下一步的管理都是十分必要的。

安全检查是另一项重要的管理工作。应进行定期和临时检查，定期检查最好在投饵后进行，临时检查主要在大风浪或台风前后进行。检查网衣的破损情况，鱼的活动以及敌害生物的入侵等情况。要认真做好“三防”工作：即防病、防逃、防敌害。

日常管理过程中，应对海区及网箱主要水质因子进行定期或随时测量。记好网箱养鱼日志，包括天气、风向、风力、水温等，还应定期（每半月一次）进行鱼的生长测定等项目，作为各阶段调整投饵量和管理的依据，以便为以后的工作总结经验。

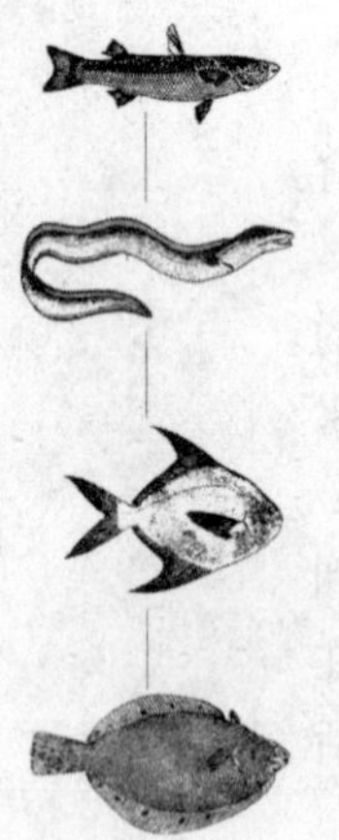

第十五章　大泷六线鱼养殖

大泷六线鱼 *Hexagrammos ofakii*，隶属鲉形目 Scorpaeniformes 六线鱼科 Hexagrammidae 六线鱼属 *Hexagrammos*，俗称六线鱼、欧氏六线鱼、黄鱼等(图 15-1)。主要分布于我国黄海、渤海、东海和日本、朝鲜及俄罗斯远东海域。该鱼耐低温、食性杂、抗逆能力强，蛋白质丰富，味道鲜美，是一种很有发展潜力的养殖品种。

图 15-1　大泷六线鱼(引自张春霖，1955)

第一节 生物学特性

一、形态特征

身体较长、侧扁，头稍尖、中等大，口较小、端位，上颌较下颌略长，两颌具圆锥形牙齿，眼后缘有一黑色皮质羽状突起，头背侧无棘和棱。鳃孔宽大，鳃耙短小。体被细小栉鳞。身体每侧有5条侧线。背鳍棘较细弱，棘部与鳍条部相连，相接处有一凹刻，附近有一明显的黑色圆斑。胸鳍圆形、较大，腹鳍胸位，尾鳍截形，中部稍凹。

体黄色或黄褐色，体侧有大小不同、形状不规则的灰褐色云斑。

二、生活习性

大泷六线鱼为近海冷温性底栖鱼类，全年生活在沿岸及岛屿的岩礁附近，一般水深50 m以内。生活水温为8℃～23℃，盐度为16～32。

大泷六线鱼为肉食性鱼类，几乎全年摄食(只有在护卵时不摄食)，摄食种类繁多，主要有鱼类、虾类、蟹类、头足类等。

三、生长与繁殖

大泷六线鱼寿命较长，与同海区的花鲈、牙鲆等相比，生长速度较慢，在秋季出生的仔鱼生长到翌年3月，全长可达12～67 mm。从体长来看，1～3龄生长最快、3～5龄次之、5龄以后较慢；从体重来看，1龄之内生长速

度很慢、3～5 龄间生长速度很快、6 龄以后生长速度又减慢。

大泷六线鱼一般 2～3 龄性成熟，通常雄鱼早于雌鱼，生殖期在 10～12 月份。山东半岛以北海域多在 10 月初到 11 月初，黄、渤海水域多在 10 月末至 12 月初。水温降至 18℃时开始产卵，产卵最适水温为 12℃～15℃。大泷六线鱼为一次性产卵鱼类，产球形黏性卵，卵径较大（1.89～2.05 mm），颜色不一，有黄褐色、棕色、橘红色、浅黄色等。怀卵量较少，一般在 1 万粒之内。卵刚产出时不显黏性，20～30 分钟后，卵与卵之间互相黏着成团块，并附着在海底岩礁、砾石、贝壳或海藻上。

第二节　人工繁殖

一、亲鱼

由于大泷六线鱼亲鱼较容易捕到，故苗种生产所用的亲鱼，大多采用现捕的办法。从 10 月中下旬，自然海区大泷六线鱼的生殖季节，用鱼笼捕捉，选择体长 300 mm 以上的健壮成熟鱼作亲鱼，雌、雄比例可在 1∶1.5 左右。捕获的亲鱼放入池内暂养。

二、产卵与孵化

在自然海区，大泷六线鱼产沉性黏着卵，多产在水下 2～5 m 海底的藻类礁石上（少数也可深达 10 m 以上）。刚产出的卵，膜薄而柔软，受精后在原卵膜之外又生一层外膜，表面呈皱褶状，这时卵膜较厚，富有弹性，并相互黏结。从海区捕获的野生亲鱼，在人为条件下，有时也能自然产卵，但大多数产卵并不理想，一般需要进行人工催产。选择腹部膨大、成熟较好的雌鱼，体重 150～300 g 的雌鱼可注射 LRH-A 50～80 μg，分 2～3 次用完，每次间隔 24 小时。注射后当雌鱼腹部充分膨胀，检查卵径达到 1.5 mm 以上时，便可挤卵，进行人工授精。雄鱼通常不用注射性腺激素。在进行人工授精过程中，避免阳光直射，动作尽量轻快。受精卵经 30 分钟后便会卷曲凝固成具弹性的卵块，经 3～5 次洗卵后，便可移入孵化器孵化。

在适宜的温度范围内，水温高孵化时间快，但孵化率降低。如水温为 17℃时，16～20 天即可完成孵化，孵化率仅为 32%；13℃时，孵化率为 50%～70%；8℃～10℃时，孵化时间为 25～30 天，孵化率达 90%以上，6℃以下则不孵化。

无论是在孵化缸还是在孵化网箱中孵化，都要保证有一定的流水，充足的溶解氧，而且孵化时间长，需要经常洗卵。待仔鱼孵出到一定密度后，要及时将仔鱼取出。往往在洗卵后孵出量较大，应注意及时收集。

三、胚胎发育

在水温为 11℃～14℃的条件下，大泷六线鱼胚胎发育特征见表 15-1、图 15-2。

四、仔、稚、幼鱼发育

初孵仔鱼全长为 5.5～8.2 mm，棕黄色，头部淡青，色素沿背部脊椎呈线状分布。卵黄囊椭球形、橘黄色，油球一个，位于卵黄囊腹面。口裂清晰，有开合动作。消化道未达肛门。鱼浮于水表层，有明显的趋光性。

表 15-1 大泷六线鱼胚胎发育时序(水温 11℃～14℃)

发育期	受精后时间	主要特征
受精卵		卵径 1.90～2.15 mm
卵裂期	2～21 h	动物极出现分裂沟,每次细胞一裂为二,分为 2、4、8、16、32、64 个不同的细胞期。此时胚体细胞均匀隆起成丘状,多个油球在其上,卵黄在其下
囊胚期	21～1 d 16 h	细胞继续分裂构成囊胚。初期胚盘明显突起,高达卵黄囊的 1/5,随后囊胚细胞向周围扩展,高度减低。胚盘紧贴在油球下
原肠期	1 d 16 h～2 d 17 h	囊胚包围卵黄 1/4,囊胚边缘发育成为后期的胚环。以后胚环的一端向上加厚,形成胚盾的原基,随着囊胚的下移,胚盾向上伸展,中间加厚,即成胚体的初形。囊胚边缘继续下包,包围卵黄的 3/4,油球合并,胚环则发育为原肠口,结束原肠期,进入神经胚阶段
神经胚期	2 d 17 h～7 d	受精 68 小时后,胚体初形发育出神经板,胚体首尾分明,前端膨大形成头部,头和躯干分开,尾芽出现。91 小时,脑两侧出现眼泡,胚体背部下陷形成脊索沟。100 小时,眼泡更加明显,其前出现嗅囊,胚体出现 3～4 节体节。125 小时,眼泡外侧有透明的晶体板,脑后两侧有听囊和心脏原基出现,体节增多为 10 节。128 小时,心脏原基下方形成围心腔,尾部离开卵黄,油球向胚体侧面移动。151 小时,心脏开始搏动,胚胎扭动,眼晶体形成,听觉器明显,胚体背部出现黑色素

(续表)

发育期	受精后时间	主要特征
心跳期	7 d～13 d	7 天，心脏全部搏动，血液无色，离开卵黄的体后部达胚体长的 1/3，并经常左右摆动，油球合并为数个，下移至胚体腹、尾部。8～10 天，心动加快，胚体扭动频繁，头、背、腹部血管明显，胚体与卵黄接触部出现泄殖腔原基，鳍褶出现，听囊膨大，眼发育完全，眼球外缘色素浓密。10～13 天，心跳有力加快，多于80 次/分钟，卵黄血管网明显，血液红色，胸鳍出现，口器形成，背部色素增多呈星状，胚体透明，头、尾相接，包围整个卵黄囊
孵化期	13～20 d	胚体盘曲在卵内不时转动。卵内油球合并成一个或数个集聚。体形渐大，口器偶见启闭。接近孵化期，胚体转动频繁。直至胚体可以翻滚多次，最后躬曲着身体破卵膜而出，在水中 1～2 秒后，躯体展开，完成仔鱼孵化

(引自雷霁霖，2005)

两日龄仔鱼全长为 6.2～8.2 mm，体墨绿色。卵黄囊和油球开始收缩，鳃丝、肌节、消化道和尾鳍都在明显分化。上、下颌开合频率增加。

3～4 日龄全长为 7.0～8.5 mm，身体黑色素增多，听囊内可见耳石两块。仔鱼活泼，逆水性强，多群体游动。

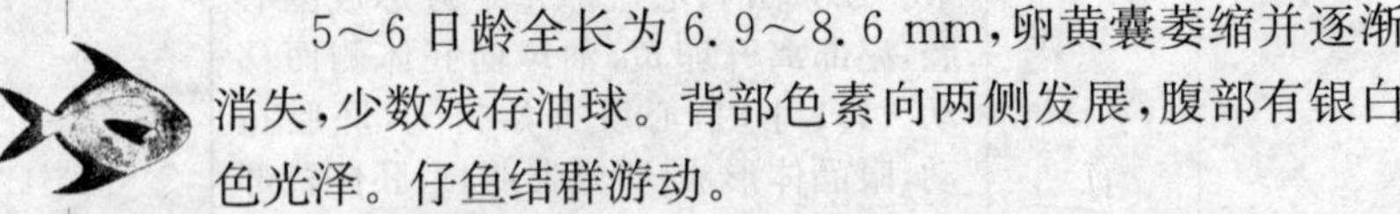

5～6 日龄全长为 6.9～8.6 mm，卵黄囊萎缩并逐渐消失，少数残存油球。背部色素向两侧发展，腹部有银白色光泽。仔鱼结群游动。

7～8 日龄全长为 7.6～8.9 mm，尾鳍条出现。消化道一环，内有食物。上、下颌张合自如。

9～10 日龄全长为 8.1～9.2 mm，臀鳍基出现，背鳍褶进一步增大。已见主动摄食。

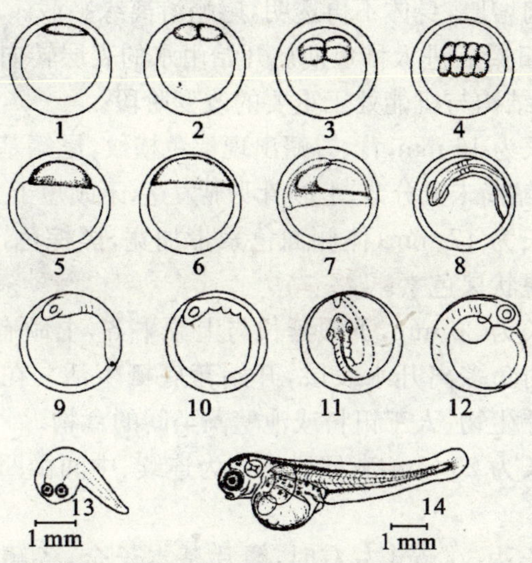

1. 未分割胚盘；2. 2 细胞期；3. 4 细胞期；4. 8 细胞期；
5. 高囊胚期；6. 低囊胚期；7. 原肠中期（胚盾，胚环出现）；
8. 原肠晚期（胚体肌节出现）；
9. 神经胚期（原口接近关闭，眼泡出现，肌节明显）；
10. 神经胚期（尾芽、心原基出现）；
11. 心跳期（体节增多，头尾环抱卵黄囊）；
12. 孵化前期（口器可见，油球合并）；
13. 刚出膜时仔鱼的瞬间姿态；14. 初孵仔鱼

图 15-2　大泷六线鱼胚胎发育（引自雷霁霖，2005）

14～15 日龄全长为 9.0～11.0 mm，胸鳍条出现。消化道开始分化，弯曲处有一透亮的盲囊。体色青绿色，色素由体背面向前延伸达头后部，体侧面黑色素增大。

18～19 日龄全长为 11.0～13.5 mm，腹鳍基出现，胸鳍发育完善，背鳍、臀鳍呈膜状，尚无鳍条。头顶部左、右两块色斑，色素集中。

20日龄之后，全长为14 mm，臀鳍宽长，鳍条出现。躯体肌肉增厚，身体不再透明，尾鳍游离缘平截。

20日龄后进入稚鱼期。开始由水的表层转向底层生活，身体结构与机能处于重要的改变阶段。

全长为16 mm，背、臀鳍出现棕色横纹，尾鳍基部色素密集，各鳍尚未见分节；上颌骨明显发达，下颌短于上颌。

全长为17 mm，体侧面色素带加宽，黑棕色，头和躯体遍布星状黑色素。

全长为20 mm，下颌延长与上颌平齐，上颌有小齿5颗。此时鱼多离开水表层，开始营底栖生活。在水下层掠食悬浮生物、人工饵料或池壁藻类间的食物。

全长为23 mm，背鳍已发育为连续、中间微凹的前后两部分。

全长达30 mm左右时，鳞片基本长全，各鳍发育完善，内部器官也基本发育完善，此时已进入幼鱼期。

40.0 mm以后，体色慢慢由绿色变为黄褐色，各鳍均有黑黄色素斑，体色更加趋近于成鱼。当幼鱼达到45 mm时，喜栖居于中、下层，但很少活动，只有在投饵时才游向水面觅食。

第三节 鱼苗培育与养殖

一、鱼苗培育

1. 主要条件

育苗池可采用长方形的水泥池。育苗用水采用砂滤

海水，经过砂滤，盐度为 29～32，光照强度为 200～1 000 lx。

2. 培育密度

投放密度为 0.3 万～0.5 万尾/立方米水体，每一池中最好投放相隔 5 天之内孵出的仔鱼。

3. 饵料与投喂

从仔鱼投放开始，每日向培育池中添加海水小球藻，其密度为 50 万个细胞/毫升，直到第 30 天停止添加。从仔鱼孵出的第 3 天开始投喂轮虫，至第 30 天结束，每日投喂 2～4 次，使水体中轮虫密度保持在 4～8 个/毫升。从第 8 天开始增投卤虫幼体，至第 45 天结束，每日投喂 2～3 次，开始几天每次投喂量为 0.1～0.2 个/毫升，随着苗种摄食量的增加，逐渐提高到 1～2 个/毫升。从第 20 天开始，可驯化投喂配合饵料。当鱼苗全长达 3 cm 时，增投鱼、虾、贝肉糜。

4. 日常管理

前期采取只加水不换水的方式，直至池满，然后开始换水或慢流水，换水量随鱼苗的生长逐渐增加。从培育的第 10 天开始，每日吸底 1 次并清除水面油膜，保持培育池水质清洁。

二、成鱼养殖

大泷六线鱼的成鱼养殖仍处于试验阶段，还没有形成一定的规模。养殖技术还有待完善。总结目前的养殖方式主要是网箱养殖，部分还进行了池塘养殖试验。养殖技术及管理与许氏平鲉相类似，在此不再赘述。

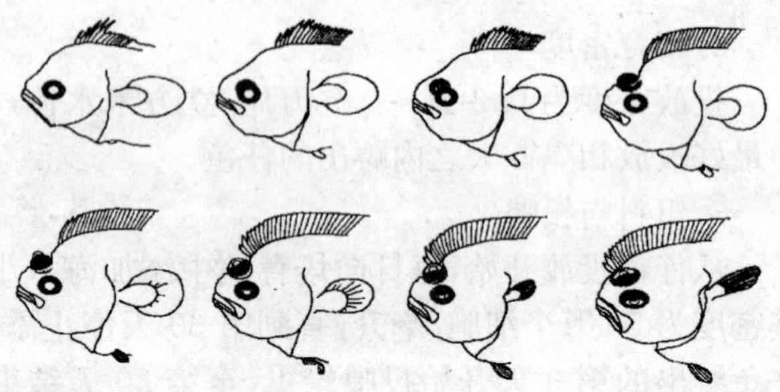

第十六章　鲆、鲽类养殖

通常指的鲆、鲽类属于鲽形目，即人们常说的比目鱼。身体甚为侧扁，在仔鱼阶段为左右对称状态，变态后一眼移向另一侧，形成两眼同位于头部的左侧或右侧，使成鱼的身体左右不对称。

鲽形目鱼类在北大西洋、太平洋近赤道和热带水域甚为丰富，所有种类几乎都是海洋鱼类，仅有少数在索饵时进入淡水江河中。由于种类较多、肉味鲜美、资源丰富，是世界上重要的经济鱼类，也成为不少国家新兴的养殖种类。我国在鲆、鲽类养殖研究方面，主要对牙鲆、大菱鲆等的人工繁殖、苗种培育、工厂化养殖及人工放流方面开展了大量生产性研究。从目前的情况看，我国沿海工厂化养殖的鲆、鲽类主要有大菱鲆、牙鲆、石鲽等，但半滑舌鳎、塞内加尔鳎、大西洋牙鲆、漠斑牙鲆、圆斑星鲽等种类的养殖潜力也不可忽视。

第一节 大菱鲆养殖

大菱鲆 *Scophthalmus maxxmus*，隶属鲽形目 Pleuronectiformes 鲆科 Bothidae 菱鲆属 *Scophthalmus*，俗称多宝鱼(图16-1)。分布于大西洋东北部，北起冰岛、南至摩洛哥附近的欧洲沿海以及地中海的西部沿海，是欧洲的特有种。它具有生长迅速、肉质好等特点，已成为世界重要的水产养殖种类之一。

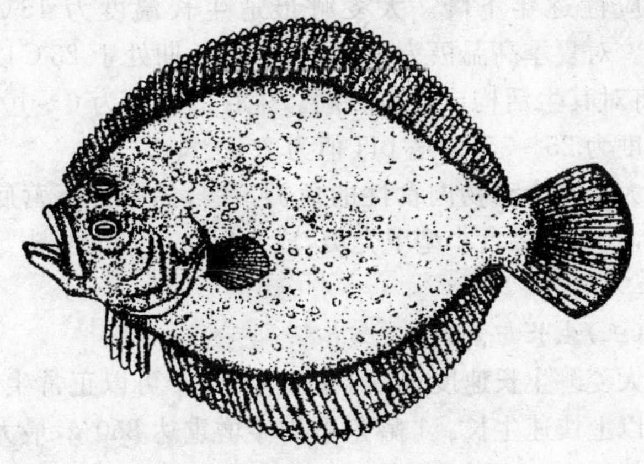

图 16-1 大菱鲆(引自雷霁霖，2005)

一、生物学特性

(一)形态特征

大菱鲆的两眼位于头部左侧，身体俯视扁平近似菱形，接近圆形。体无鳞或体表有很多似鳞状的小扁平突起(角质鳞)。有眼侧棕褐色，黑色点状色素和咖啡色的花纹清晰可见。无眼侧白色、光滑无鳞。侧线发达，在胸鳍上方有弧状弯曲。背、臀、尾鳍均很发达，并有鳍膜相连，腹鳍较小。皮下及整个鳍边含有十分丰富的胶质。

(二)生态习性

成熟个体常栖息于较开阔、水深在70～100 m深的沙质、沙砾或混合底质的海区，喜好安静而幽暗的生活环境，平时很少游动；小个体则生活在小海湾附近的水域。

大菱鲆属于冷温性鱼种，耐低温是其突出特点。其中1龄鱼的生活范围为3℃～23℃；两龄以上的鱼对高温的适应性逐年下降。大菱鲆最适生长温度为15℃～18℃。对夏季高温极为敏感，当水温长期处于23℃以上时，将对其生活构成严重威胁。生存的盐度为6～40，最适盐度为25～35；最适pH值为7.6～8.6。

大菱鲆为动物肉食性的鱼类，在自然条件下营底栖生活，其幼鱼摄食小型甲壳类，成鱼以鱼类、虾类、头足类为食。

(三)生长与繁殖

大菱鲆生长速度很快，水温高于7℃可以正常生长，10℃以上快速生长。1龄鱼平均年增重达850 g，最大个体可超过1 000 g。

自然界中雌性大菱鲆3龄性成熟，体重为2～3 kg；雄鱼两龄性成熟，体重为1～2 kg。自然繁殖季节为5～8月份，产卵场的水温在14℃左右。个体繁殖力随体重的增加而增大。在繁殖季节可分批多次产卵，每次产卵的数量相差较大，平均为100万粒/千克体重。人工养殖条件下，性成熟年龄有提前的可能，但其体重和体长却与野生亲鱼相差不大。需要指出的是，虽然达到性成熟年龄，但不一定都能性成熟，有资料显示，自然水域大菱鲆 4～5 龄的个体，其性成熟率仅为 50%。

二、人工繁殖

（一）亲鱼选择

大菱鲆亲鱼有两种来源：一是从野生群体中挑选；二是从养殖群体中挑选。由于我国不是原产地，因此，只能依赖第二种途径获得亲鱼。

养殖条件下，亲鱼的首次性成熟年龄一般比野生的亲鱼成熟早一年，即雌鱼两龄、雄鱼 1 龄。但初次性成熟的个体，特别是雌鱼，其产卵数量和质量都不太理想，所以最好选择 3 龄的雌鱼（体重大于 2 kg）和两龄的雄鱼作为繁殖的群体。挑选的亲鱼要求体形完整、色泽正常、体质健壮、体无伤病、摄食旺盛。雌、雄比通常为 1∶(1～3)。

（二）亲鱼培育

1. 培育条件

亲鱼培育一般采用面积为 20～60 m^2 的圆形池、长方形池及方形池，水深 0.8 m 左右，有良好的进、排水条件。放养密度一般在 1～2 尾/平方米，按体重计算为 2～5 kg/m^2。水质需经过严格检验，应符合农业部发布的海水养殖用水水质的要求，溶解氧保持在 5 mg/L 以上，pH 值为 7.8～8.2，氨氮要小于 0.1 mg/L，盐度为 28～32。最好流水培育，日换水量为培育水体的 4～6 倍，控制光照强度在 200～600 lx，持续充气增氧。

2. 营养强化

目前，大菱鲆尚无亲鱼培育的专用饲料，所用饲料大多都是自行配制的冷冻颗粒饲料，配方中除鱼粉、鲜杂鱼、豆粕等基础性原料外，还要添加有促使亲鱼性腺发育所必需的高度不饱和脂肪酸、维生素和矿物质,另外添加部分活性物质和诱食剂等。所用鲜杂鱼,一定要选用鲜度较好的玉筋鱼、沙丁鱼、鲐鱼、鲅鱼、鳀鱼、小黄鱼、白姑鱼等优质鱼。如有条件,以乌贼粉代替鱼粉,则可有效增强卵子的活力,提高亲鱼的产卵量。

3. 光、温控制

鲆、鲽类亲鱼的性腺发育与光照时间、光照强度以及温度的关系非常密切,大菱鲆也是如此。通过人工控制光照与温度,可使亲鱼按生产计划要求,按时达到性成熟和产卵。

水面光照强度保持在200～600 lx,光照时间由每天8小时逐渐增加至18小时,水温控制在10℃～14℃。这样通过2～2.5个月的调控,可使亲鱼性腺发育成熟,达到产卵的要求。

4. 日常管理

每日投喂1～2次,日投喂量为鱼体总重的1%～3%。注意观察亲鱼的摄食、活动情况,及时清理池中的残饵、粪便,保持池内清洁,发现问题,及时解决。

(三)采卵、授精及孵化

即使达到性成熟的大菱鲆亲鱼也无明显的副性征和生殖行为,只是成熟的雌性亲鱼腹部突出程度较明显、生殖孔发红。在人工养殖条件下,至今尚难实现自然产卵、受精。因此,大菱鲆的繁殖只能采用人工授精的方法。在人工授精之前,有两种较为常用的做法:一是通过控温、控光让亲鱼自然成熟、自行排卵,然后人工采卵、授精;二是在控温、控光的基础上通过人工催产的方法,让成熟亲鱼排卵,再人工采卵、授精。两种方法各有优点,生产中可自行选择。

大菱鲆体内卵子分批成熟,分次产卵。因此,人工采卵授精时,要密切观察亲鱼的发育动态,及时采卵授精。采卵时要力度均匀适中,顺生殖腺由后向前分别挤出精液和成熟卵,于一干净的容器内(如烧杯等),然后将精液加入少量海水稀释,再倒入成熟的卵中(也可采用干法授精的方法,直接将精液倒入卵中),边倒边匀和,并不断加入海水,搅拌均匀,静置10~15分钟,用砂滤海水冲洗受精卵,取上浮卵进行孵化。有关大菱鲆卵的质量评定,可根据以下指标初步判定:

1.卵子的浮性

最重要也是最简单的评定方法之一就是卵子从鱼体挤出后在水中的浮性。一般认为,卵子在水中迅速上浮是好卵,与之相反,上浮速度缓慢或滞留在水体中层的卵则是劣质卵。这些卵通常都被抛弃掉,除非卵子供应严重不足时才可保留,如用于孵化,孵化率也较低。

2.卵子的大小

该鱼卵的大小与仔鱼的大小和卵黄囊指数成正相关。一般来说,仔鱼越大,卵黄囊指数越高,质量越好。卵子的大小一般与亲鱼所处的温度有关,温度高,亲鱼所产的卵小;温度低,所产卵则较大。产卵初期和末期的卵也较小。

3.卵子的清晰度

在低倍镜下,好卵一般具有清晰的卵膜和细胞质,凡是膜上有凹点或是细胞质上有凹陷的卵都是质量不好的卵。

4.油球

卵中有一个较大油球的通常认为是好卵,油球较小,或是有多个油球则是低质量的卵。一旦仔鱼孵化出膜,油球在卵黄中的位置是仔鱼质量好坏的一个重要指标。

高质量仔鱼的油球应该位于卵黄囊的最后端与体腔壁相连。如果油球不与体腔壁相连，或是位于卵黄囊的前端，这些仔鱼通常在开口前死亡或是发育成严重畸形的后期仔鱼。这与亲鱼营养不良、受精卵孵化条件不合要求有关。

5. 第一次卵裂的对称性

大菱鲆属盘状分割胚，高质量卵的第一次卵裂表现为分裂球对称、分裂速度适中，而低质量卵则是分裂不对称，且在同一批卵内分裂速度快慢不一。

6. 受精率

受精率高的卵，通常具有发育较好的卵质，被认为是好卵。但常常高受精率的卵也不总是有着高的孵化率。高质量卵的孵化时间比较一致，在相同的孵化条件下，好卵的孵化速度要相对快一些。

大菱鲆的受精卵为球形、无色透明的浮性卵，可采用孵化桶、孵化池或在孵化池中安置孵化网箱进行孵化。孵化的密度要视具体情况，一般孵化池的孵化密度为 1 万～2 万粒/立方米水体，孵化箱中可达 50 万～100 万粒/立方米。受精卵入箱前可用浓度为 20～30 mg/L 的 PVPI 碘进行消毒处理，孵化时温度要控制在 13℃～15℃，盐度为 28～35，pH 值为 7.8～8.2，微充气，使受精卵均匀分布于水中。

虽然光照对大菱鲆的性腺发育非常敏感，但受精卵的孵化与光照强弱关系不大，光照强度在 200～2 000 lx 均可，一般取 500 lx、光照时间为 16 小时较好。

若要对大菱鲆受精卵进行运输，最好的运输时期是神经胚时期（大约在受精后 72 小时，13℃）；运输的密度不应大于 4 万粒/升。

（四）胚胎、仔、稚、幼鱼发育

大菱鲆的卵呈圆球形，无色透明，平均卵径为 0.98 mm 左右，中央有油球 1 个。在盐度为 28～30 的海水中浮于水面，其动物极向下，植物极向上（即胚盘向下，卵黄向上）。受精卵在水温 13℃时，约经 116 小时仔鱼孵化出膜；水温 15℃时，约经 96 小时仔鱼孵化出膜。

大菱鲆卵裂属典型的盘状分裂，在水温为 13℃左右的条件下，胚胎发育情况见表 16-1、图 16-2。

表 16-1　大菱鲆胚胎发育（水温：13℃±0.2℃）

受精后时间	发育期阶段
	受精
2 h	原生质集中
2 h 30 min	2 细胞
3 h	4 细胞
3 h 40 min	8 细胞
4 h 10 min	16 细胞
5 h	32 细胞
6 h 30 min	64 细胞
7 h 10 min	128 细胞
10 h 20 min	多细胞
11 h 20 min	高囊胚
12 h 50 min	低囊胚
18 h 20 min	原肠期开始，胚环形成
20 h 20 min	胚环某部加厚形成胚盾原基
26 h 50 min	胚盾出现，胚盘下包
31 h 10 min	胚盘下包 1/5，胚体初现
36 h 20 min	胚盘下包 1/2，胚体延伸

(续表)

受精后时间	发育期阶段
44 h 10 min	胚盘下包 2/3,头突出现
53 h 10 min	胚盘下包 3/4,头突扩大,听区扩大
60 h	克氏囊出现,肌节 10 对
65 h	原口封闭,尾芽形成
70 h	尾形成,晶体出现,色素出现
95 h 30 min	胚体绕卵黄 3/4 尾延长,心跳开始
115 h	胚体绕卵黄 4/5,即将孵化
116 h	正在孵化,体色透明,背、臀、尾鳍褶色素明显

(引自雷霁霖,2005)

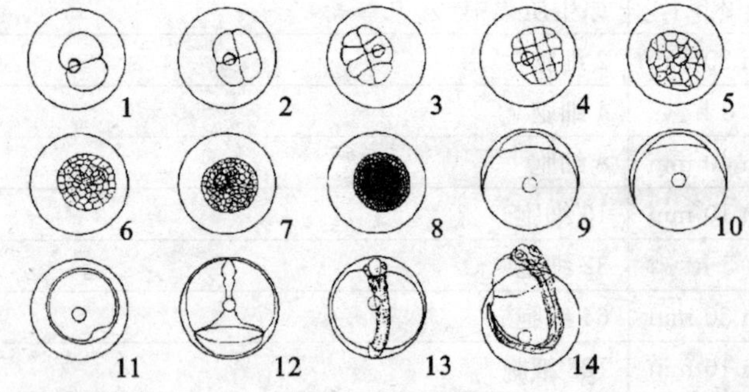

1. 2 细胞;2. 4 细胞;3. 8 细胞;4. 16 细胞;5. 32 细胞;6. 64 细胞;7. 128 细胞;8. 多细胞;9. 高囊胚;10. 低囊胚;11. 胚盾初期;12. 下包 3/4,头突扩大;13. 尾出现;14. 正在孵化

图 16-2 大菱鲆胚胎发育(引自雷霁霖,2005)

大菱鲆的胚后发育,除具有硬骨鱼类发育共同的特征外,还有自身的特点。如初孵仔鱼鳍膜上具有两丛棕色的色素,因此被称为"红苗",此色素丛可维持到 5～9 日龄,从 10 日龄以后,仔鱼全身被大量黑色菊花状色素,

故变为“黑苗”；到 20～24 日龄，基本达扁平状，黑色素逐渐变浅，体被大量花状色素，此时又有“花苗”之称。仔鱼开鳔期一般在孵化后的第 8 天至第 12 天，开鳔的好坏，直接关系到随后出现的“危险期”，导致早期仔鱼大批死亡，有时死亡率可高达 100%。大菱鲆胚后发育的具体形态特征见图 16-3、表 16-2。

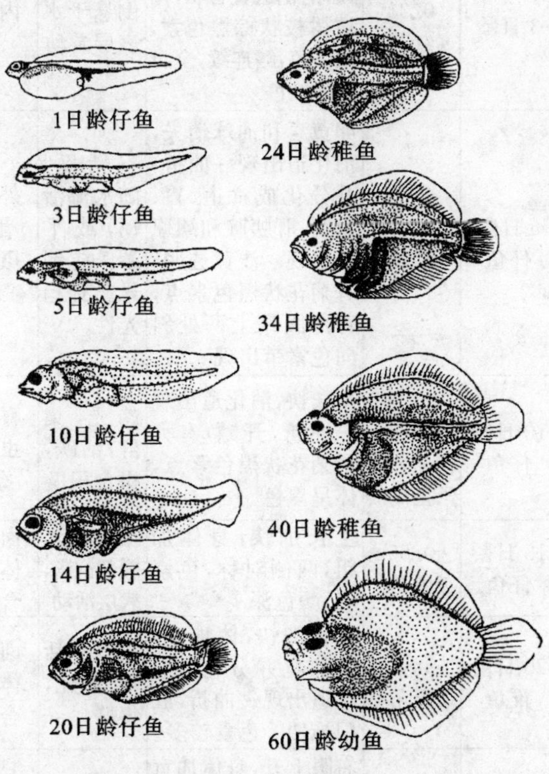

图 16-3 大菱鲆早期变态发育的形态

（引自李鲁晶，2003）

表 16-2　大菱鲆仔、稚、幼鱼生长发育(水温:13℃±0.2℃)

发育阶段	日龄(孵出起)	全长(cm)	形态构造	生态习性	饵料系列
前期仔鱼	初孵仔鱼	0.25	浅黄透明,卵黄囊大,有黑色素斑点分布	倒悬式,多在表层水体中活动	内源性营养
	3 日龄	0.33(红苗)	少量卵黄,口、肛开通,消化道直管状,体被树枝状棕黑色素,眼黑色,鳍连续,全身略显红色	倒悬于水表层游动	内源性营养
后期仔鱼	5 日龄仔鱼	0.35(红苗)	卵黄囊和油球消失,消化道出现一曲折,并分化成食道、胃、直肠,肝胰脏和鳔原基出现。浅黄透明,有菊花状黑色素点,背部腹鳍上两处斜向色素带出现	不活跃,随水流活动,或平游,或倒悬。有趋光性	外源性营养。摄食轮虫
	10 日龄仔鱼	0.47(红苗→黑苗),1 期死亡高峰	生长快,消化道出现一曲折,开鳔,有大量菊花状黑色素点,体呈黑色	趋光,集群,活跃,摄食积极	喜食卤虫无节幼体
	15 日龄仔鱼	0.65(黑苗)	生长加快,身体加粗,两侧对称,色素多,颜色深	摄食主动,腹部饱满,表层活动	卤虫幼体+配合饲料
稚鱼	20 日龄稚鱼	0.8(黑苗)	生长加快,体加宽,鳍加宽并分化。消化道出现一曲折,肛门拖便。色素较多	表层活动,趋光,集群	卤虫幼体+配合饲料
	25 日龄稚鱼	1.0(花苗),2 期死亡高峰	右眼上升,身体加宽呈扁平状。消化道出现一曲折。右眼开始上升	开始伏底	配合饲料

(续表)

发育阶段	日龄(孵出起)	全长(cm)	形态构造	生态习性	饵料系列
幼鱼	33 日龄幼鱼	1.8(花苗),3 期死亡高峰	生长加快,右眼升至头顶部,体形似成鱼,色彩丰富,体部呈菱形,外形接近成鱼	大量伏底	配合饲料
	60 日龄幼鱼	3.0(沙色苗)	两眼位于左侧,身体底色为浅棕色,被白色、灰色、棕色	完全营底栖生活,喜集群	积极摄食配合饲料
	90 日龄幼鱼	5.0～6.0(沙色苗)	与成鱼完全相似,可作为商品苗出售	完全营底栖生活,集群性强	积极摄食配合饲料

(引自雷霁霖,2005)

三、苗种培育技术

(一)培育设施与培育条件

有关苗种培育的基本设施及环境条件可参阅第二章的有关部分。

(二)大菱鲆工厂化育苗工艺

总结大菱鲆的苗种培育程序,可用图 16-4 表示:

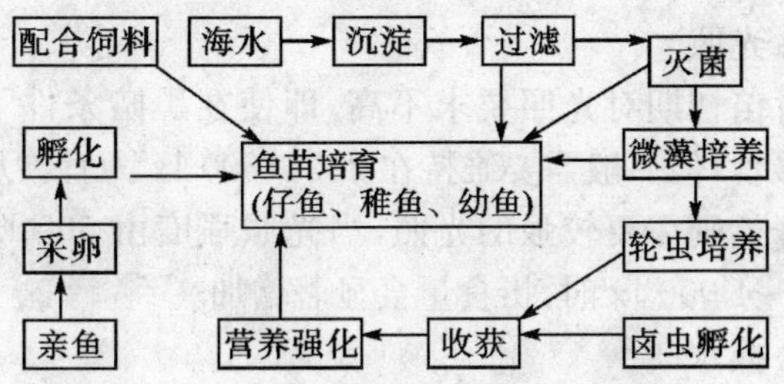

图 16-4 大菱鲆苗种培育工艺示意图

（三）水质管理

育苗是否成功，在保证水量的情况下，很大程度上依赖于水的质量，大菱鲆的仔鱼对水质的要求尤其苛刻。

1. 充气与溶解氧

初孵仔鱼具有较强的抗低氧能力，开始摄食后，对氧的依赖性便会逐步增强，且表现愈来愈敏感，因此要随着鱼苗的生长逐渐增加充气量。良好的充气条件有助于增进鱼苗食欲、加速生长、抑制细菌增殖和提高鱼苗成活率。

2. 盐度

大菱鲆虽属广盐性鱼类，但变态前的仔鱼自身渗透压的调节能力较弱，所以仔鱼期的盐度不宜太低。盐度保持在 28～32 较为适宜。

3. 水温

育苗期的水温可由 13℃逐渐升至 18℃～19℃。但在内源性营养时期，为提高卵黄的利用率，水温以不超过 15℃为佳。大菱鲆仔鱼适应的最高水温是 25℃，但时间不宜太长。

4. 悬浮物

大菱鲆对水中悬浮颗粒物质的要求较高，水中悬浮的颗粒物质如果高于 15 mg/L，就容易造成鱼苗窒息死亡。

5. 光照

育苗初期对光照要求不高，即使在黑暗条件下也能少量摄食，但一般需要维持在 200～600 lx 为宜。从变态早期开始则需要较强的光照，当光照强度由 500 lx 增至 2 000～4 000 lx 时，摄食量会显著增加。

6. 换水

5 日龄以内的仔鱼，可以采用静水培育的方式，开始每日添加新水，满池后，再换水。日换水量（添水量）可由

20%逐步增至100%。日换水次数由1次逐步增至两次。从6日龄开始则应尽早建立流水培育程序，水交换量应随仔鱼的生长和密度的增大而逐步增加。保证池水的pH值在7.8～8.2，氨氮小于0.01 mg/L。

7. 添加小球藻与光合细菌

仔鱼孵出后的第三天开始，应向培育池中添加小球藻，使池水中浓度达到每毫升50万个细胞左右；条件许可的情况下，可同时添加光合细菌50～100 mL/m^3水体。

（四）培育密度

初孵仔鱼的放养密度可达1.0万～2.0万尾/立方米水体，随着仔鱼的生长，要逐渐稀疏，正常情况下，1.5 cm以下的稚鱼为1万尾/立方米水体左右，1.5～2.0 cm的稚鱼为5 000～8 000尾/立方米水体，2.0～3.0 cm的稚鱼为2 000～5 000尾/立方米水体，3.0～5.0 cm的幼鱼可保持在1 000～2 000尾/立方米水体。

（五）饵料及投喂

人工育苗的饵料系列，经过多年的研究，基本采用轮虫——卤虫无节幼体——颗粒配合饲料这一简单的模式。轮虫作为开口饵料，连续投喂15～20天，从第12～15天投喂卤虫无节幼体，25天以后驯化投喂配合饲料。到目前为止，生产上尚无完全使用微颗粒饲料喂养早期仔、稚鱼的先例。

投饵量要认真掌握，轮虫以5～10个/毫升水体为佳，卤虫无节幼体由开始的0.1～0.2个/毫升，逐步增加至0.5～1个/毫升。并要适当投喂单胞藻，密度为50万个细胞/毫升左右，形成“绿水”培育的环境，以维持育苗池中轮虫的食物饵料，并通过微藻的光合作用，净化育苗池的水质。微颗粒配合饵料的投喂一定要适口，25天以前一般不投喂，若要投喂，其颗粒饵料的粒径为 250～400 μm；体重 100～150 mg 的仔、稚鱼饵料粒径应为 400～600 μm；体重 500 mg 以上的稚鱼，投喂饵料粒径为 600～800 μm。投喂的颗粒饲料容易吸水膨胀下沉，造成污染水质，浪费饵料，要采取“少投勤投”的原则。

（六）培育期间的危险期

在大菱鲆仔、稚鱼发育过程中，通常有 4 个发生大量死亡的时期，也称危险期，分别是：内源营养向外源营养转化的开口初期；孵化后 8～12 天的开鳔期；孵化后 16～18 天的变态初期；孵化后 22～25 天的内部器官快速发育变化期。实践证明，不论哪一个危险期，基本都与营养和环境有关，因此，育苗过程中要特别注意。

（七）苗种质量和规格

鱼苗达到一定的规格要求，即可出售进行成鱼养殖。一般规定小规格苗种为全长 5.0～8.0 cm，大规格苗种要大于 8.0 cm。苗种必须色泽正常，健康无损伤、无病害、无畸形、无白化，活动能力强，摄食良好。全长合格率在 95％以上，伤残率低于 5％。

（八）苗种运输

鱼苗运输前要根据养成水环境的情况提前进行调节，运输前一天，应停食。运输方式有尼龙袋充氧运输、活水船运输等。尼龙袋充氧运输，每袋可放 5～10 cm 的鱼种 100～200 尾，15 cm 的鱼种 30～60 尾，运输时间可维持在 10～30 小时。

四、大菱鲆养殖模式与技术

目前国内、外大菱鲆养殖模式，主要有工厂化流水养殖和网箱养殖两种方式。

网箱养殖主要在欧洲较为流行，近年，我国的南方也以“南北接力”的方式进行大菱鲆的养殖，即每年的 10 月底，当南方沿海自然水温下降至 21℃以下时，从北方购进大规格的鱼种，进行网箱养殖，至翌年的 5～6 月份，水温较高时，大菱鲆已达商品规格。实践证明，此模式已取得成功，效益显著。

工厂化流水养殖又有开放式和封闭式流水之分。封闭式流水养殖是将养殖废水通过一系列的水处理措施，使之达到要求后，再循环利用。这种方式既能节水，又能节能，同时还可控制外界的污染，是发展无公害健康养殖的方向。但由于目前整个水处理技术尚不完善，仍然制约着这一模式的发展。所以，目前的大菱鲆养殖仍以开放式的流水养殖为主。

（一）养成设施

工厂化养殖的厂房，除常见的工厂化养殖车间外，近几年还发展了简易的温室大棚（图 16-5）。大棚用塑料顶，上盖草帘或竹帘以达到防晒和保温的作用。这种温室大棚式的养殖模式，是当前我国北方沿海养殖大菱鲆最经济的选择。

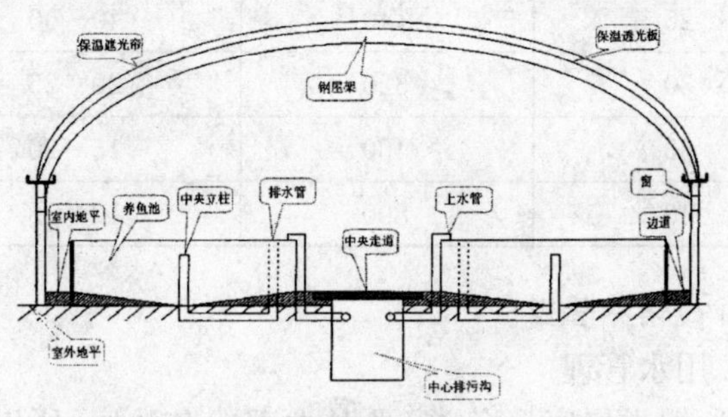

图 16-5　温室大棚的整体构造（引自雷霁霖，2005）

(二)养殖环境条件

水温是养殖大菱鲆的关键因素，水温的高低，决定着养殖的成败。一般要求最适宜的温度为 14℃～18℃，最高不能长时间超过 24℃。因此，深井海水的利用，给我国大菱鲆的规模化生产提供了保证。虽然深井水的温度较为恒定，能保证大菱鲆的生长要求，但盐度、氨氮、pH、化学耗氧量，特别是重金属离子的含量等水质理化指标均需符合养殖用水的水质要求。

(三)鱼种放养

鱼种放养时要求入池的水温与运输的水温温差不超过 2℃，盐度相差不大于 5，其他的水质指标也应基本一致。放养密度要根据饲育条件、水质、换水量、生长情况等进行调节。放养密度见表 16-3。

表 16-3　养成阶段大菱鲆的放养密度

平均全长(cm)	平均体重(g)	放养密度(尾/平方米)
5	3	200～300
10	10	100～150
20	85	50～60
25	140	40～50
30	320	20～25
35	460	15～20
40	800	10～15

(四)饲养管理

1. 用水管理

鲆、鲽类属底栖鱼类，平时大都伏在池底，所以养殖的水深不需太深，以 60～80 cm 较为适宜。养殖池内水质的调节主要通过换水量来控制，一般日换水量应保持在养殖池水的5倍以上，使池中污物和残饵排出池外。

2. 饲料与投喂

使用人工配合饲料养殖鲆、鲽类，改变以小杂鱼作为饲料的养殖方法，是避免资源浪费、保护生态环境的有效措施。目前，国外大菱鲆养成全部使用干颗粒饲料，平均饲料系数低于1.1，而且生长速度很快，8个月内可长到500 g以上。我国普遍的做法除直接投喂鲜杂鱼外，还投喂以鲜杂鱼为黏合剂与鱼粉、维生素、专用粉状饲料等混合加工成不同粒径的湿性软颗粒饲料，使用干颗粒饲料的情况较少。

投喂时要根据鱼的吃食情况，随时调节，及时投喂。每次投喂时以大多数鱼吃饱不再抢食为止。小于100 g的鱼种每天投饵4～5次；100～200 g的大鱼种，每天3～4次；200～300 g的鱼种，每天喂2～3次；300 g以上的鱼，可每天喂两次。用鲜杂鱼制成的饲料时，其日投喂量为鱼体重的1.5%～3%；用湿颗粒饲料时，日投喂量为鱼体重的1%～2%；用干颗粒饲料时，一般日投喂量为鱼体重的0.3%～1%。在水温低于12℃、高于22℃或鱼摄食不良时，应减少投饵次数及投喂量。

在养殖过程中，除单独使用鲜杂鱼制成的饲料、湿性颗粒饲料、干性配合饲料外，还可以将几种饲料和鲜杂鱼交叉使用，其养殖效果也相当理想。

3. 日常管理

白天要经常巡视车间，检查气、水、温度和鱼苗有无异常情况；夜间值班更应注意。每月测量一次生长情况，统计成活率，并据测量结果调整投饵量，换算饵料转换率，综合分析养成效果。及时捞出体色发黑、活动异常、有出血、溃疡症状的病鱼，放入小池中观察和单独施药治疗，待伤病痊愈后再放回大池。经常镜检不正常鱼，及时发现病灶，并采取预防和治疗措施。

(五)生长及出池

在正常生长温度范围内(10℃～22℃)，随温度的升高而生长速度加快。在正常情况下，鱼苗在体重 100 g 以前，生长较慢；体重 100 g 以后体重的增长速度明显加快。从 10 cm 左右的苗种开始养殖，8～12 个月个体平均体重可达 500 g 左右；再经过 1 年左右的养殖期，个体体重达 2 000 g 以上。大菱鲆同期苗的生长速度差异很大，在相同的条件下，同样经过 20 个月左右的养殖期，成鱼最大个体可达 4 300 g，而最小个体仅 550 g。因此，选好苗种、优化养殖条件、使用优质饲料、预防疾病发生，对养好大菱鲆、提高养殖效率十分重要。

养成鱼达商品规格后，即可出池上市。对于上市的商品鱼，从外观上必须满足表 16-4 要求。一旦产品检验合格，即可根据市场需求，以活鱼或鲜品的形式包装、运输。

表 16-4　大菱鲆商品鱼的感官要求

项目	要求
体表	体态匀称，体形正常，无畸形；允许有少量白斑
鳃	鳃丝清晰，呈鲜红色或紫红色，黏液透明
眼球	眼球饱满，角膜清晰
气味	具有鲜鱼固有的鲜腥气味，无异味
组织	富有弹性

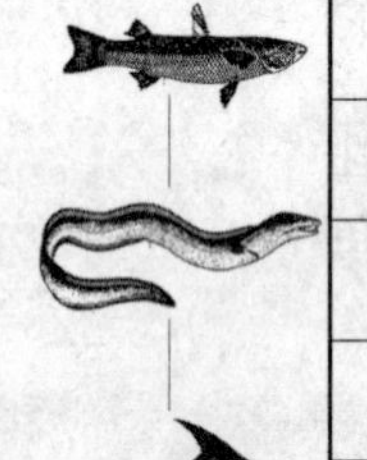

第二节 牙鲆养殖

牙鲆 *Paralichthys olivaceus*，隶属鲽形目 Pleuronectiformes 鲆科 Bothidae 牙鲆属 *Paralichthys*。在我国各地，牙鲆的俗称颇多，通常有牙片、偏口、牙鳎、左口、平目、地鱼、牙鲜、半边鱼、比目鱼等（图 16-6），是太平洋西岸东北亚的特有种。主要分布于中国、朝鲜半岛、日本和俄罗斯的远东沿岸海域。在我国主要栖息于黄海和渤海，东海和南海较少。牙鲆肉质细嫩、味鲜美，是一种深受人们欢迎的名贵食用鱼类。生长快、个体大，是海水养殖的良好鱼种。

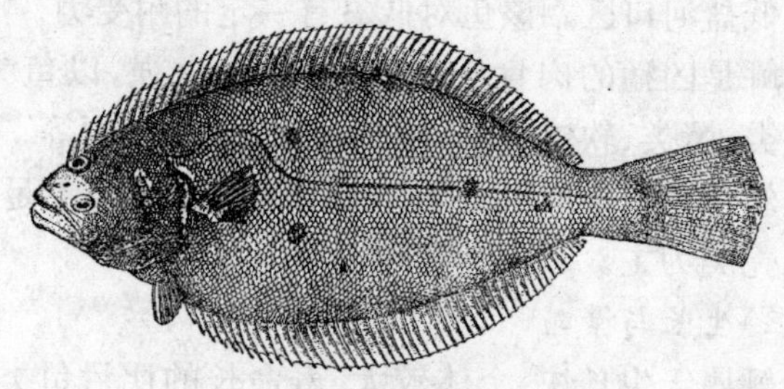

图 16-6 牙鲆

一、生物学特性

（一）形态特征

体侧扁，俯视呈长卵圆形。两眼位于左侧，有眼侧两鼻孔位于眼间隔正中的前方，无眼侧两鼻孔接近头背缘。吻较长，口前位较大，上颌延伸至下眼后缘，两颌约等长。

上、下颌各有 1 行大而尖锐的齿，前部齿强大，呈犬齿状。前鳃盖骨边缘略游离。有眼侧被栉鳞，无眼侧被圆鳞。两侧侧线同等发达，在胸鳍上方呈弓形弯曲。各鳍无棘。背鳍、臀鳍发达，胸鳍有眼侧较大，腹鳍左右略对称，尾鳍双截形。

有眼侧暗褐色，体部有少数黑斑或深褐色斑点，故又称褐牙鲆，无眼侧白色。

(二)生态习性

牙鲆属暖温性底栖鱼类，具有潜沙习性。大多数情况下栖息于底质为泥沙、砂石或岩礁、水深为 20～50 m、潮流畅通的沿岸水域，一般昼伏夜食。

牙鲆生长的适温范围为 13℃～24℃，最适温度为 21℃左右。既能生活在外海高盐海区，也能栖息于盐度为 8 的低盐河口区。该鱼对低氧有一定的耐受力。

牙鲆是凶猛的肉食性鱼类，捕食能力强，以鱼为主，也食虾类、蟹类、软体动物、环节动物、棘皮动物等。天然稚鱼至幼鱼期以摄食桡足类、糠虾类、端足类、十足类等小型甲壳类为主。

(三)生长与繁殖

牙鲆属于生长快、个体较大、寿命长的比目鱼类。主要生长季节为春季、夏末和秋季，除生殖季节和越冬季节之外，均生长较快。分布于我国黄海、渤海水域的牙鲆群体的年龄组成为 1～8 龄，以 1～2 龄鱼占优势；体长组成为 110～680 mm，优势体长为 180～220 mm；体重为 35～6 200 g，优势体重为 100～175 g。

牙鲆雄性两龄、雌性 3 龄开始性成熟，4 龄几乎全部成熟，繁殖群体主要由 3～4 龄组成。天然水域牙鲆的繁殖季节依分布区域而不同，实际上主要受水温影响。在我国黄、渤海区域的产卵期为4～6月份，盛产期在5月下旬至6月中旬，产卵水温为10℃～21℃，最适水温为15℃；在日本南部海域最早于2月份开始产卵，中部海域以南各地为2～5月份，日本海沿岸为5～6月份，东北海域为6～7月份。牙鲆繁殖力很高，渤海区绝对繁殖力为46万～230万粒，平均170万粒左右，相对繁殖力为260～1 130粒/克体重。

二、人工繁殖

(一)亲鱼培育

1. 亲鱼的选择

牙鲆的亲鱼一是捕捞野生亲鱼，二是人工养殖亲鱼。野生亲鱼能很好地保持种质的优良性状，但捕捞的数量、亲鱼的驯养都是生产中较难解决的问题；而人工亲鱼则可能发生种质退化的情况。因此，一个良好的亲鱼繁殖群体，应是两者有机的结合。

一般选择野生亲鱼的年龄在3～6龄，体重为1.6～7.0 kg。人工养成的亲鱼年龄在2～5龄，体重1.0～5.0 kg，体形正常，无外伤、无白化，无黑化的个体。由于雌、雄之间的生长差异，雄性个体可适当小些。一般挑选的雌、雄性比为1∶1。

2. 亲鱼培育

亲鱼培育主要在室内进行，也可在网箱中培育，但多数都是在室内培育。培育池一般为30～100 m^3。亲鱼喜好光照较暗、比较安静的环境，因而亲鱼池顶及四周常采用黑色布幔遮光，遮光率为70%～90%。放养密度一般为1～2尾/立方米水体。

亲鱼的饵料以新鲜杂鱼为主，如沙丁鱼、玉筋鱼、鲐鱼、竹荚鱼、黄姑鱼、白姑鱼等，不论何种鱼，只要其含脂量低、新鲜度好、亲鱼喜食即可。另外，饵料中可添加适量的维生素 E、C 和复合维生素等营养剂，以提高卵的质量。还可投喂配制的新鲜或冷冻颗粒饲料，效果亦很好。每天投饵 1 次，投饵量为亲鱼体重的 1%～3%。产卵盛期捕获的成熟亲鱼，一般不摄食，此时对产卵并无多大影响。

亲鱼培育一般使用砂滤海水，通过换水来保持池内清洁，及时将残饵和污物清除。日换水量为培育水体的 3～5 倍，高温期应加大到 6～10 倍。水温及光照等环境因子的适宜范围可参照以下数据调节：水温为 14℃～16℃，光照为 100～500 lx，盐度为 28～35，pH 值为 7.7～8.6，溶解氧为 6 mg/L 以上。

3. 温、光调控

可以利用光、温因子对牙鲆的性腺发育进行调控，根据生产需要，使亲鱼提前或延迟产卵季节，达到转季育苗的目的。为了促使其性腺发育良好，水温不能低于 9℃，最好控制在 14℃～16℃。亲鱼培育时光照调节是采取长日照处理法，从日落后到晚上 21:00～24:00 用灯光照明(设于池面上方 0.4～1.0 m 处，水面照度为 100～500 lx)，连续照射 1～2 个月，即可促其产卵。雌性牙鲆性腺成熟、产卵与环境之间的关系见图 16-7。

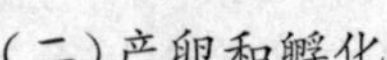

(二)产卵和孵化

牙鲆属分批产卵的鱼类，在繁殖季节，一尾雌鱼分数次产卵，一次产卵量为 4 万～45 万粒。一般情况下，人工养殖的亲鱼产卵量明显超过野生牙鲆，体重 2.5～4 kg 的 3～4 龄亲鱼，每尾产卵量可达 300 万粒。当性成熟后可在池中自然产卵受精。自然产出的卵受精后漂浮于水

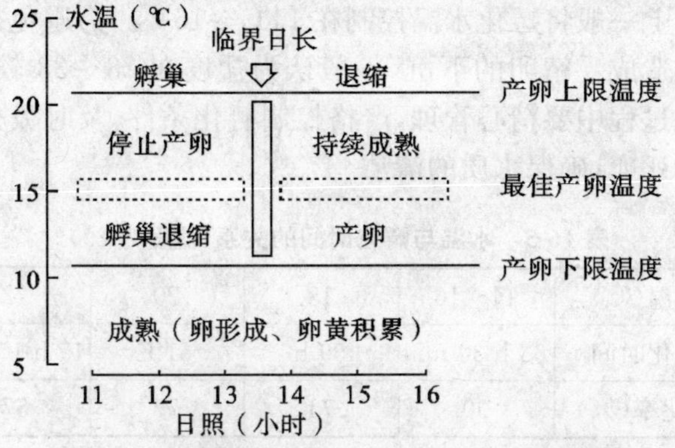

图 16-7 牙鲆雌鱼成熟产卵与温度、日照的关系

（引自连建华，2000）

面，在池水溢流排水的同时将其导入用 80 目筛绢网制成的集卵网箱中。由于上浮卵长时间在集卵槽中被水冲击、搅动，易受损伤，所以，每天要及时采集集卵网箱中的上浮卵。去除杂质及下沉卵后，按 1 g 卵数约为1 300～1 600粒/毫升或 1 200 粒/毫升的参数计数后进行孵化或运输。

受精卵可使用玻璃钢水槽或孵化箱进行孵化，孵化密度为 10 万～60 万粒/立方米水体，微流水、微充气。也可以在育苗池内直接孵化，放卵密度为 1. 5 万～4. 0 万粒/立方米水体，充气孵化，并保证卵在水体中翻动而分布均匀。

若要运输受精卵，可用塑料袋充氧装运，每袋装入 20 万～30 万粒受精卵，袋内充氧。运输途中应避免温差过大。

在水温为 10℃～24℃的条件下，受精卵均能孵化，水温越高，孵化时间越短，但孵化率却降低（表 16-5）。因此生产上一般将孵化水温控制在14℃～16℃。为避免盐度过低造成受精卵的下沉，一般认为盐度在28～33较好。孵化过程中要精心管理，严格控制孵化条件，及时吸去下沉的死卵，确保水质的清洁。

表16-5 水温与孵化时间的关系（盐度为29）

水温(℃)	14～16	18	20	22
孵化时间	63 h 30 min	59 h	51 h	45 h 10 min
孵化率(%)	90	74	70	57

（三）牙鲆胚胎及胚后发育

在水温为14.6℃～15.5℃的条件下，牙鲆受精卵经60多小时的孵化，仔鱼就破卵膜而出，整个胚胎发育进程见表16-6、图16-8。

表16-6 牙鲆胚胎发育进程（水温14.6℃～15.5℃）

发育阶段	受精后时间	主要特征
受精卵		卵膜吸水膨胀，出现卵周隙，卵径0.96 mm
胚盘隆起	1 h	原生质集中于动物极而形成隆起的胚盘
2细胞	1 h 50 min	胚盘分裂成大小相等的两个细胞
4细胞	2 h 25 min	胚盘上形成4个细胞
8细胞	3 h 25 min	形成8个细胞，在胚盘上排成两列，每列4个细胞
16细胞	4 h 5 min	形成16个细胞，排成4列，每列4个细胞
32细胞	4 h 35 min	胚盘上形成32个细胞

(续表)

发育阶段	受精后时间	主要特征
128 细胞	6 h 15 min	胚盘上形成 128 个细胞,侧面观排成多层
高囊胚期	10 h	由多层细胞组成的胚盘呈高帽状,突出卵黄上
低囊胚期	11 h	细胞大量增多,胚盘逐渐下降呈扁平低帽状,覆盖在卵黄上
原场初期	14 h 30 min	胚盘扩大,囊胚层开始下包形成胚环
胚体形成期	15 h 45 min	原口闭合,胚体形成,柯氏泡出现
胚体下包 1/2	18 h 50 min	胚盾明显,胚体下包 1/2
胚体下包 2/3	21 h 40 min	胚盘下包卵黄 2/3,胚盾前端出现神经沟,脊索管
视囊期	22 h	神经沟闭合,眼泡出现
卵黄栓形成期	27 h 10 min	卵黄栓形成
克氏囊形成期	33 h 40 min	尾端胚孔关闭处出现克氏囊
胚体绕卵黄 1/2	34 h 40 min	胚体绕卵黄 1/2
尾牙期	43 h 30 min	尾芽开始形成,脑分化为较清楚的五部分
晶体初现	44 h 30 min	听囊和晶体相继形成,心脏明显但不跳动
胚体绕卵黄 3/5	50 h 40 min	柯氏泡消失,心脏开始作间隔跳动
胚体绕卵黄 4/5	57 h 40 min	胚体扭动增加,接近孵化

(引自连建华,2000)

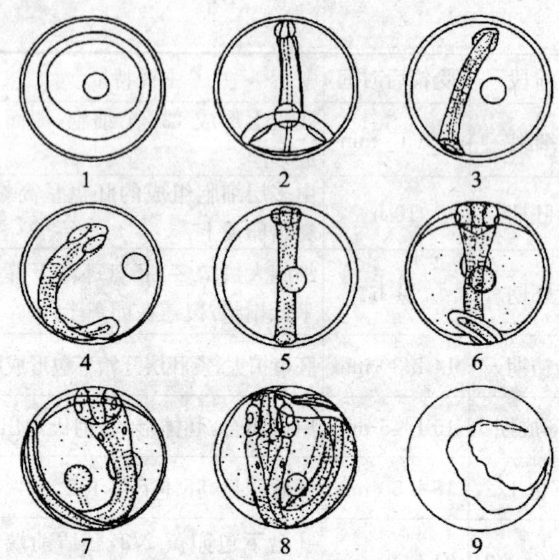

1. 原肠早期；2. 原肠晚期；3. 原口接近关闭；

4. 原口关闭；5. 尾芽出现；6. 胚体(具 25 对肌节)；

7. 胚体抱卵 4/5；8. 即将孵化；9. 孵化后空卵壳

图 16-8　牙鲆胚胎发育过程(引自陆忠康，2001)

牙鲆自初孵仔鱼开始，经过前期仔鱼、后期仔鱼和稚鱼三个阶段的发育而达到幼鱼期。其全过程表现由浮游生活经变态转入底栖生活。胚后发育见图 16-9。综合其发育特征，可将牙鲆胚后发育阶段分期及主要特征归纳为表 16-7。

三、苗种培育

(一)育苗工艺及培育条件

参阅第一节大菱鲆部分。

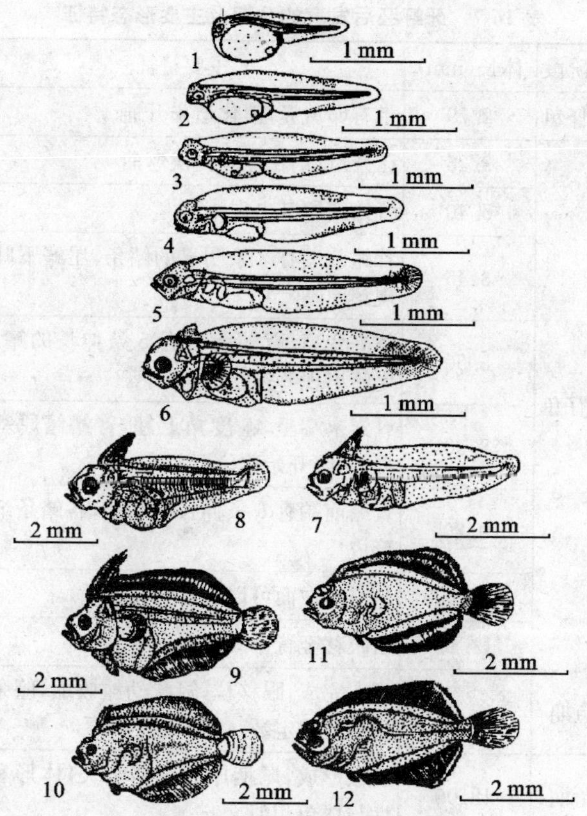

1. 初孵仔鱼；2. 1 天仔鱼；3. 口和肛门出现；
4. 卵黄囊接近消失，5 天；5. 冠状幼鳍原始出现，9 天；
6. 冠状幼鳍出现，15 天；7. 冠状幼鳍鳍条出现，17 天；
8. 右眼开始上升，20 天；9. 背鳍、臀鳍鳍长形成，26 天；
10. 右眼转到头顶，28 天；11. 右眼转过头顶，30 天；
12. 右眼转到左侧，35 天

图 16-9 牙鲆胚后发育(引自连建华，2000)

表 16-7　牙鲆胚后发育的分期及主要形态特征

发育阶段	体长(mm)	主要特征
前期仔鱼	2.79	带有卵黄囊,消化道未开通
后期仔鱼	3.25	已开口,消化道有一次弯曲
	5.40	背鳍鳍原基出现
	5.45	背鳍前端有 3 条明显的鳍条,尾鳍下叶出现鳍原基
	5.50	体高变高,背鳍前端有 5 条伸长的鳍条,尾鳍出现 6 条鳍条
	8.30	脊索末端呈 45 度角上翘,臂鳍鳍原基出现,右眼开始移位
	9.20	背鳍前端有 6 条伸长的鳍条,各鳍条继续形成
	10.25	从身体左面可以观察到右眼
	12.10	右眼移至背中线
稚鱼期	13.20	变态完成,眼移位,冠状幼鳍收缩,鳍条数达到成体定数
幼鱼期	18.00	鳞被形成,尾柄原始鳍褶消失,体形和习性与成鱼相似

(二)水质管理

1. 水温

从孵化时的 15℃,到入池后每天升高 1℃,直至 19℃时在恒温培育,一般不超过 23℃。变态以后的稚鱼不耐 10℃以下的低温,但对 20℃以上的高温抵抗力有所提高,因此,全长 3 cm 以后的鱼苗,可调整到生长最适温 18℃～24℃。

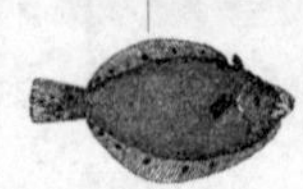

2. 光照

育苗池前期饲育的光照强度以 400～1 000 lx 为宜，光照过高或过低均对鱼苗生长不利。在低于 20 lx 的照度下培育，鱼苗不摄食或很少摄食，虽然可以完成变态，但个体黑色素细胞异常发达，变态结束后，10 天内全部死亡。如果光照过强，育苗池内的藻类光合作用加强，除易引起鱼苗患气泡病外，还易使 pH 值变化，影响鱼苗生存。后期培育的光照为 300～500 lx 即可。光照强度在 1 000 lx 以上时会影响鱼苗的摄食和生长，且体色发黄，体质变弱。

3. 充气

育苗池一般每 2～3 m^2 布 1 个气石即可，开始弱充气，以后随仔鱼的生长而逐渐加大充气量。投喂配合饲料时若充气影响鱼的集群摄食，可局部或全池暂时停气。

4. 换水

育苗用水的调控，主要是通过换水来解决。初期一般采用静水培育，随着苗种的生长而改用流水。换水量的多少，要根据鱼苗的规格、饵料种类和投喂量、排水方式及培育方法而异。具体换水量可参照表 16-8。为减少饵料流失，白天可减少流水量，夜间加大换水量；在投喂配合饲料期间和夜间均应循环流水。

5. 添加小球藻、光合细菌

仔鱼孵化后的第三天开始，应向饲育水中添加小球藻及光合细菌，直至投喂轮虫结束，使池水中小球藻浓度达 50 万～60 万个细胞/毫升为宜，光合细菌添加量为 10～100 mL/m^3 水体。其主要作用是净化水质、为池中轮虫提供基础饵料、减小透明度使仔鱼均匀分布。

表 16-8　牙鲆苗种培育期的换水率

日龄(天)	全长(mm)	换水率(%)
0～5		0
6～10	4.2～6.0	15～40
10～15	6.0～7.5	40～60
15～25	7.5～12.5	60～120
26～30	13.0～14.0	120～180
31～55	14.0～30.0	200～350
56～70	30.0～40.0	400～500
70～90	40.0～50.0	600～800
>90	>50.0	>1 000

(三)培育方法及培育密度

牙鲆苗种的初期，都是在室内培育池中进行，待鱼苗长到伏底前后就可分为直接培育和网箱培育两种。直接培育是将鱼苗在池中继续培育成大规格鱼种；网箱培育是将伏底前后的稚鱼转移到专用网箱内培育。该网箱可设置在室内的育苗池内、池塘及海上。

放养密度与水质、水温、换水量、饲料营养、培育池的形状、培育技术密切相关。一般情况下的培育密度可参照表 16-9。

(四)饵料及投喂

随着育苗技术的不断提高，饵料系列趋于简单化。目前牙鲆育苗的饵料系列见图 16-10。

表 16-9 牙鲆苗种培育的放养密度

苗种全长(mm)	放养密度(尾/平方米)
初孵仔鱼	2万～3万
8～10	1万
13～15	5 000～6 000
20～25	2 000～4 000
25～30	1 500～3 000
35～40	1 000～2 000
45～50	600～1 000
70～80	300～600
100	150～300
120～130	120～200
150～160	80～120

配合饵料(15天起)
卤虫无节幼体(13~40天)
轮虫(4~25天)
0 5 10 15 20 25 30 35 40 45 50 55 60
日期

图 16-10 牙鲆育苗饵料系列示意图

自仔鱼孵出的第三天开始投喂轮虫，至 22 日龄为止，每天可分 2～4 次投喂，投喂密度前 10 天保持在 5～10 个/毫升，以后增加到 10～15 个/毫升。具体投喂量一般以下次投喂前水体中剩余的轮虫密度不低于 5 个/毫升灵活掌握。第 12 天开始投喂卤虫无节幼体，投喂密度为 0.5～2.0 个/毫升。当轮虫和卤虫幼体并喂时，鱼苗通常只摄食卤虫幼体，因此，应提前半小时先投喂轮虫为佳。18 天左右开始驯化投喂配合饵料，每次投喂轮虫、卤虫幼体前，投喂 2～4 次配合饵料。只有当鱼苗全部伏底，摄食配合饲料良好时，才可完全停止投喂卤虫无节幼体。

全部投喂配合饲料后，要养成定时定量的习惯。配合饲料的颗粒直径要与鱼种规格相适应，一般每天投喂 4～5 次，随着鱼种的长大，可减少到每天 2～3 次。投喂量可参照表 16-10 或根据饲料场商提供的数据、鱼的摄食情况等作出调整。

表 16-10　牙鲆苗种培育配合饲料的投喂量

苗种全长(mm)	30～40	40～50	50～60	60～70	70～90
饲料粒径(mm)	1～2	2	2～3	2～3	3～5
投饵率(%)	4～3	4～3	3	3	2.5～3

牙鲆苗摄食时，先瞄准对象，而后从池底快速游起，将悬浮于水中的饵料猎获后又马上沉底。完全沉底的饵料难以及时再被利用，因此，投喂饵料时，要花时间耐心细致地投喂。

（五）清污

一般孵化后的 10 天以内不吸底排污，10 天以后，可两天吸一次。若高密度培育，仔鱼排泄物及残饵较多，易使水质恶化，应提前清污并增加吸污次数，做到每天一次。特别是投喂配合饲料后，至少应每天一次。后期可结合换水，使残饵、排泄物等随水流排出。

四、成鱼养殖

牙鲆成鱼养殖有工厂化养殖、网箱养殖和海水池塘

生态养殖几种方式。工厂化养殖，单产高、饲料系数低、成活率高、管理方便、安全，但投资大、养殖成本高；海上网箱养殖，设施投资少、生长快、生产成本低，但饲料系数高、管理不方便、风险大；池塘生态养殖，投资少、生长较快、生产成本低、风险比海上网箱小，不足之处是单位产量低、出池收获麻烦。具体选择何种方式养殖，要因地制宜，综合考虑。

（一）网箱养殖

1. 养殖海区的选择

参阅第二章相关内容。

2. 苗种放养

在我国北方地区，一般在5月份，水温稳定在15℃以上时开始放苗。过早放苗，水温低，鱼苗不摄食，搬运鱼苗时造成的伤害不易恢复，容易造成大量死亡。南方要在高温及台风过后的10月份以后放苗。

网箱养殖牙鲆最好要大规格鱼种，不仅能提高养殖成活率，也能充分利用海区最适水温期，在较短时期内养至商品规格。一般情况下，在北方地区，放养全长15～20 cm的大规格鱼种，每平方米网箱可放养30尾左右，中间不分苗，一直养到9月下旬至10月份，大部分可达商品鱼。

3. 饲料及投喂方法

可使用湿颗粒饲料或购买牙鲆专用的颗粒配合饲料，还可不定时投喂小杂鱼。一般每天早晚两次投喂，投饵时应掌握“慢、快、慢”的原则，即开始时少投慢投，以诱集鱼上浮摄食；待大部分鱼游上争食时，则多投快投；当大部分吃饱散开后，为照顾弱小者，在慢慢地少投一些。日投喂量一般为鱼体重的1%～3%，但生产中，主要是根据鱼的摄食情况随时调整。

4. 养殖管理

鱼进入网箱后，必须经常检查，每天一次，除非特殊天气。要观察鱼的活动情况、生长情况，要早发现鱼病和死鱼并及早捞出，死鱼必须集中上岸处理，切忌抛入海中污染水质。要注意灾害天气的袭击、赤潮生物的毒害，必要时可移动或下沉网箱，以暂时躲避。每隔 7～10 天，将网箱提起，检查网箱的安全情况，彻底捞除死鱼和检查活鱼状况。若网箱上的附着物过多，对水的交换影响较大时，应考虑更换较大网目的网衣。

(二)工厂化养殖

1. 养殖条件

牙鲆的工厂化养殖与其他鲆、鲽类基本一样，其养殖设施可参阅大菱鲆养殖一节，此处不再赘述。对于水质问题，除温度一般要求在 14℃～26℃外，其他条件也必须符合海水养殖用水水质的标准。

2. 养殖池水深及放养密度

虽然牙鲆系底栖生活鱼类，但池水深度也不宜太小。有人用不同水深(40 cm，60 cm，90 cm)进行养殖试验，其结果是水体越深，养殖牙鲆的增重率越高。对于“水越浅，水交换越彻底”的做法，值得探讨。

鲆、鲽类的放养数量与其他非底栖鱼类有所不同，通常是以放养面积来计算，折算成单位面积放养的数量，可见表 16-11。

3. 饲料与投喂

同网箱养殖。

4. 日常管理

每次投饵结束，都要结合换水，清除池底的粪便及残

饵，并定期刷池清底。要保证有较大的换水量，一般在高水温期（大于20℃），达到10倍以上的换水量，其他时间也要6～8倍。要随时观察鱼的摄食、活动状态，测量鱼的生长情况，根据鱼种的大小调整养殖密度，同时做好养殖的生产记录。

表16-11　工厂化室内养殖牙鲆放养密度

全长（cm）	体重（g）	放养密度（尾/平方米）
10	10	200
15	40	100
20	70	70
25	140	60
30	320	50
33	400	40

（三）池塘养殖

近年来，有些单位利用闲置虾池试养牙鲆，获得了良好的效益。如今又发展到与对虾、梭子蟹、贝类及其他鱼类混养的综合生态模式。

1. 养殖池塘条件

选择池塘要充分考虑到海区的水源、水质，特别是水的温度。在此基础上要选择无污染的沙底或泥沙底的池塘，面积不宜太大，以0.3～1.0公顷为宜，平均水深要在2 m以上，具有进、排水设施，合理配备增氧设备，以便应急之用。放苗之前，要做好清池消毒、肥水培饵等工作。

2. 放养密度

在池塘养殖中，放养密度主要与池塘的大小、水深、换水能力有关。换水条件较好的小型池塘（不超过1公顷),放养全长 12 cm 左右的鱼种,每公顷可放7 500～10 000尾;超过 1 公顷的池塘,放养密度应控制在每公顷3 000～5 000尾。

3. 饲料及投喂

可参照上述网箱养鱼饲料及投喂方法。如果可购到当天收获的鲜杂鱼,切块投喂亦可。具体投喂量要根据天气、水质、生物饵料的多少和鱼的摄食情况及残饵情况而定。必须定点、定时、定量投喂,以便检查鱼的摄食情况和清除残饵。

4. 日常管理

条件许可时,每天要监测水质,随时调节,特别是高温期或阴雨天。根据潮汛情况,尽量多换水。上、下午都要巡池,观察水色变化、摄食情况、有无死鱼等,发现问题及时解决。

(四)活鱼运输

养殖的牙鲆主要是以活鱼的形式上市出售,死鱼的价格会大大降低。因此,活鱼运输技术对于生产厂家和销售商都非常重要。

用来准备运输的鱼,必须体质健壮,无病态。运输前1～2 天,最好停食,使其肠道排空,减少运输途中水质的污染。运输时一般控制水温为 10℃～12℃,因此,要根据水温情况进行降温处理,降温要逐步进行,不能太急,每小时缓慢降 1℃,提前 6～12 小时达到要求。

运输可用专用塑料袋和带盖泡沫塑料箱运输。使用双层塑料袋,装水 5～5.5 kg,装鱼 4 kg 左右,装鱼后迅速充氧,用皮筋分别扎紧两层塑料袋后,装入塑料泡沫箱,根据需要加冰后用塑料胶带封箱,再装入纸箱中发运即可。装水、称鱼、装鱼、充氧、扎袋、装箱、封箱,流水作业操作过程

要衔接紧凑迅速,操作时间过长将影响发运质量。

活鱼运输工具还可用活鱼运输车和玻璃钢桶充氧运输等方式。活鱼车由普通卡车加活鱼柜组成,活鱼柜配备有水质净化、水体循环过滤、自动排污、自动充氧、消能消波等水处理系统。活鱼运输车因能始终保持水质清新,故适于远距离运输,而且可比空运大大节省费用。玻璃钢桶充氧活鱼运输方法比较简单,可以作为短途运送工具使用。

第三节 圆斑星鲽养殖

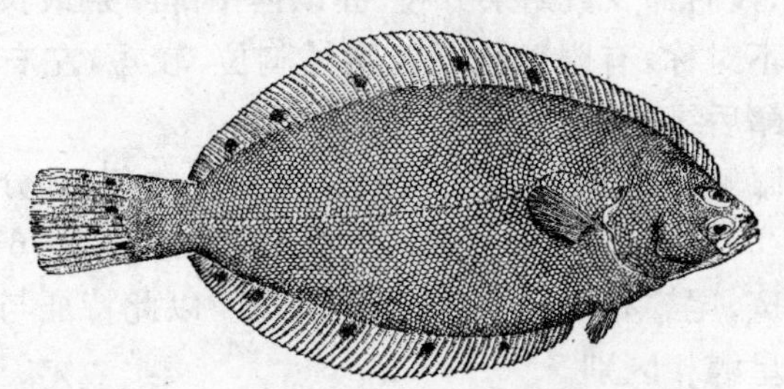

图 16-11 圆斑星鲽(引自张春霖,1955)

圆斑星鲽 *Verasper variegatus*,隶属于鲽形目 Pleuronectiformes 鲽科 Pleuronectidae 星鲽属 *Verasper*,地方名为花斑宝、花边爪、花里豹子、花瓶鱼等,也称为星鲽(图 16-11)。分布于渤海、黄海和东海北部,日本北海道以南至九州沿海,朝鲜半岛沿海也有分布,产量不多。在我国主要分布于辽宁和山东等沿海。

一、生物学特性

(一)形态特征

圆斑星鲽身体俯视呈卵圆形,体较高,左右不对称,两眼中等大,在头右侧,上眼接近头背缘,下眼较上眼稍前。口中等大,近前位,斜裂,两颌齿短小,钝圆锥形。前鳃盖骨后缘游离。鳃耙扁而短,鳃孔大。

鱼体两面均有中等大小的鳞片,有眼侧为强栉鳞,无眼侧为圆鳞,体两侧均有发达的侧线,侧线前部在胸鳍上方有一较低的弓状弯曲部。

背鳍基底很长,起点与上眼瞳孔相对,无棘,大多数鳍条不分枝。臀鳍始于胸鳍基底下后方,起点前方有一向前棘,仅后部少数鳍条分枝,亦以体中部鳍条最长。两侧胸鳍不对称,有眼侧较长。腹鳍胸位,较短,左右略对称。尾鳍后缘近弧形。

有眼侧体暗褐色,亦带灰绿。无眼侧白色,具分散的小黑斑。背鳍有 6～8 个黑色大圆斑;臀鳍有 5～6 个黑色大圆斑,尾鳍有 3～4 个较小的圆斑。以此特征与近缘种条斑星鲽相区别。

(二)生态习性

圆斑星鲽属暖温性大型底栖鱼类,主要生活于沙底、泥沙底或海藻繁盛的礁石底,水深为 10～30 m 的沿岸海湾水域。2～3 月份在黄海中部越冬,4 月份向近岸移动,5～9 月份在鸭绿江口、海洋岛以北水域和辽东湾有索饵鱼群分布,12 月份广泛分布于海洋岛以南至成山头附近的海区,之后游向越冬场。圆斑星鲽对温度的适应性较强,生活水温为 4℃～25℃,适宜生长水温为 15℃～23℃;适宜生长盐度为 23～32,适宜 pH 值为 7.5～8.5。

圆斑星鲽的食性属于底栖及游泳生物食性的鱼类，食谱较窄，主要摄食甲壳类、软体动物、多毛类和小鱼等。

（三）生长与繁殖

圆斑星鲽是生长速度较快的大中型鱼类，且适应低温生长。性成熟年龄为3龄左右，生殖期各地区有差异，在我国黄海北部记录为12月份至翌年2月份，日本北海道一带也为12月份至翌年2月份产卵。但有人认为在黄、渤海水域为4～5月份产卵。其产卵场一般在沿岸砂底或生长海藻的岩礁附近，产卵场水深为10～30 m。怀卵量由几万至40余万粒，平均怀卵量在19万粒左右。该鱼性腺为分批成熟、多次排卵类型，排卵间隔一般为2～4天，多者可达10天以上。

二、人工繁殖

（一）亲鱼来源

星鲽的亲鱼主要来自海捕的野生群体。将捕到的圆斑星鲽尽快运到育苗场，进行药浴消毒处理，杀灭体表的寄生虫，防止伤口感染病菌发炎。然后分类将性腺发育程度大约一致的亲鱼暂养在一起，按每平方米1～2尾的密度进行流水培育。

对于性腺发育不良的星鲽或非繁殖期捕获的星鲽，通过人工驯化，投喂鲜杂鱼，辅以沙蚕、虾蛄、贝肉等，使其适应人工养殖环境，进行营养强化培育，促进性腺成熟。当季不能成熟者，可加强饲养管理，继续养殖至下一成熟季节。对于性腺成熟良好的亲鱼，可直接催产、采卵，实施人工授精。

（二）催产及人工授精、孵化

圆斑星鲽属于分批产卵型鱼类，人工培育条件下，排卵周期不稳定，卵巢腔内卵常常过熟，受精率不高，因此一般都采取人工催产、人工授精的方法。挑选腹部隆起膨大、柔软的雌鱼和能挤出乳白色精液的雄鱼，注射激素人工催产。注射激素为绒毛膜促性腺激素，注射剂量为每千克雌鱼500 IU，或促黄体素释放激素，剂量为50～10 μg/kg体重。注射部位为背部肌肉，雄鱼根据精液情况，可减半注射或不注射。

观察到亲鱼排卵后（短时间内腹部隆起迅速），要及时采取人工授精，以免造成卵的过熟。人工授精时首先挑选可挤出乳白色精液的雄性亲鱼，将精液挤出，盛于一洁净干燥的容器内（也可稀释于0.9%生理盐水中，冷冻保存备用）。其次挑选腹部膨大、肛门突出的雌性亲鱼，在腹部轻轻用力，挤出成熟卵于另一容器内，然后往挤出的卵中立即加入精液，边加海水边搅拌均匀，2～3分钟后洗净，置于孵化箱中孵化。孵化水温控制在10℃～14℃，其余事项，可参照牙鲆、大菱鲆的孵化。

当条件适宜时，亲鱼也可在室内水池内自然产卵。但在目前的条件下，自然产卵的受精率、孵化率均较低。因此适宜于圆斑星鲽自然产卵的条件还有待深入研究。

（三）胚胎及幼体发育

圆斑星鲽的成熟卵为半浮性卵，圆球形，卵黄透明、均匀，卵中无明显的油球。在适宜水温范围内，水温越高，孵化时间越短。在水温为11℃时，经153小时脱膜孵出仔鱼，9℃时需192小时，7℃时需250小时。各发育阶段特征见表16-12、图16-12、图16-13。

表 16-12 圆斑星鲽的胚胎发育(11℃±0.5℃)

发育时期	发育时间(小时)	各时期简要发育特征
卵膜举起	1	受精膜举起,卵周隙十分狭小
胚盘突起	3	胚盘形成,胚盘占比例很小
2 细胞	4	在胚盘顶部中央出现一经裂纵沟,将其分为两个细胞
4 细胞	5	卵裂沟与第一次卵裂垂直,形成等大的 4 个细胞期
8 细胞	6	卵裂沟与第一次平行,形成 2 排,共 8 个等大的细胞
16 细胞	7	卵裂沟与第二次平行,此次卵裂开始卵裂球大小不一
32 细胞	9	经裂,进入 32 细胞期
64 细胞	10.5	纬裂,形成两层细胞,排列不均
128 细胞	11	卵裂球大小形状不规则,卵裂不同步
桑葚胚	14	细胞不断分裂,在动物极处排成多层
高囊胚	23	与桑葚胚相比,此期细胞数量明显增多、体积变小
低囊胚	27	囊胚层开始变薄并向扁平发展
囊胚末期	29.5	可见由于下包作用开始而形成的胚环
原肠早期	35.5	胚环下包约 1/3
原肠中期	48	胚环下包已完成 1/2
原肠晚期	52	胚环下包约 4/5
神经板	54	胚体有一部分明显加厚,形成神经板
神经沟	60	神经板两侧加厚,隆起,神经褶形成
神经管	66	神经褶从神经沟中部开始愈合,后逐渐向两端愈合
眼泡形成	72	胚体头部两侧向外隆起,形成眼泡

（续表）

发育时期	发育时间（小时）	各时期简要发育特征
体节形成	78	身体中部形成多个体节
嗅板形成	86	嗅板在眼泡前部形成，色素细胞开始出现
晶体形成	105	晶体十分明显并已嵌入视杯当中，两者构成眼睛
听囊出现	114	胚体绕卵黄囊将近 3/5，在眼泡后方可见一对泡状的听囊
心跳出现	123	心跳开始出现，频率很慢
耳石形成	138	一对听囊已经十分明显，里面各有两个耳石，呈黑点状
脱膜孵化	153	仔鱼脱膜孵出

（引自王开顺，2003）

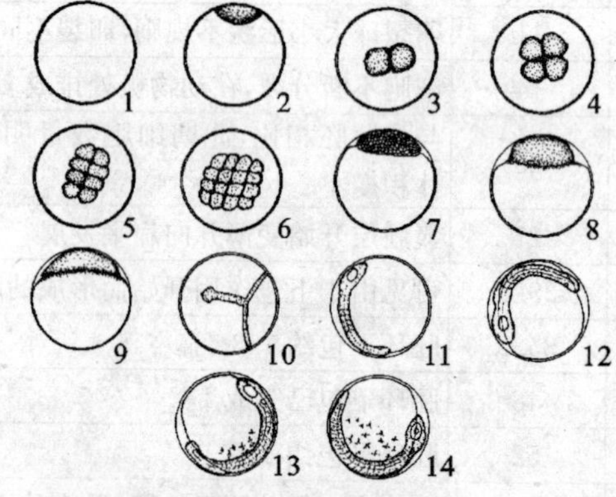

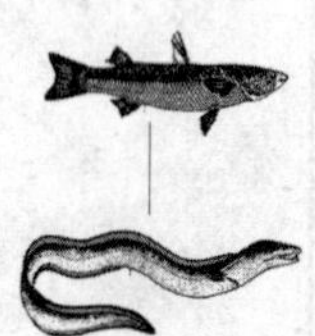

1. 未受精卵；2. 胚盘隆起；3. 2 细胞期；4. 4 细胞期；
5. 8 细胞期；6. 16 细胞期；7. 多细胞期；8. 高囊胚期；
9. 低囊胚期；10. 原肠晚期（神经胚初期）；11. 眼泡出现期；
12. 尾芽期；13. 耳囊期；14. 心脏跳动期

图 16-12　圆斑星鲽胚胎发育图（引自姜志强，2005）

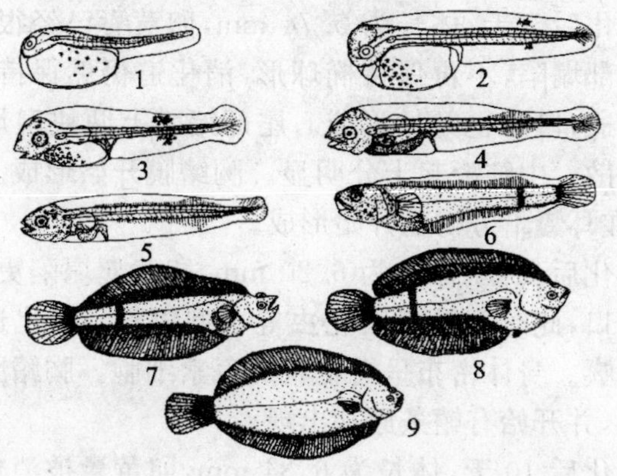

1. 初孵仔鱼；2. 1 日龄仔鱼；3. 5 日龄仔鱼；4. 8 日龄仔鱼；
5. 15 日龄仔鱼；6. 30 日龄仔鱼；7. 40 日龄稚鱼；
8. 50 日龄稚鱼；9. 60 日龄幼鱼

图 16-13　圆斑星鲽仔、稚鱼发育(引自姜志强，2005)

仔鱼孵出时的温度为 13℃±0.5℃，以后逐日升高 0.5℃，直至 15℃±0.5℃时。在此条件下，圆斑星鲽的发育特征如下：

初孵仔鱼的体长为 4.17 mm，卵黄囊扁椭球形，消化肠管很直，紧贴卵黄囊上，前后均未开口。色素细胞呈雪花状，散布于身体表面。背、腹鳍膜在尾部相连。

孵化后 1 天，体长为 4.66 mm，卵黄囊长度约占体长 1/3。消化道更加明显，但仍未打通。色素细胞更加密集，体色变深，尾部色素细胞开始向鳍膜扩散。

孵化后 3 天，体长为 5.23 mm，卵黄囊长度只占体长的 1/4 左右。消化道后端延伸并接近体表。在尾部扩散的色素细胞不再继续扩散，在鳍膜上形成两块扇形色斑。神经管前端脑的分化渐趋明显，可见中脑形成的脑突。背鳍膜起始端已延伸至头部，胸鳍原基形成。

孵化后5天，体长为5.74 mm，卵黄囊已经很小，并开始局部塌陷，不再保持椭球形，消化道仍然保持挺直，肛门打通，口凹也开始形成。尾部鳍膜上两块扇形色斑未见扩散。中脑隆起十分明显。胸鳍膜开始形成。耳囊变大，在耳囊下方鳃盖开始形成。

孵化后6天，体长为6.20 mm，卵黄囊塌陷更明显。仔鱼开口，此时开始投喂轮虫等小型饵料。消化道仍紧贴卵黄囊。身体密布呈雪花状的色素细胞。胸鳍膜进一步变大，并开始有鳍条原基出现。

孵化后10天，体长为6.34 mm，卵黄囊被消化成几块，消化道变长并开始盘绕。圆形色素斑点密布全身。胸鳍膜变得很大。鳃丝出现。

孵化后14天，体长为6.56 mm，卵黄囊消化完毕，消化道在体内盘绕数圈。色素细胞开始由身体向外扩散，其中尾部扇形色斑处最先开始扩散。

孵化后19天，体长为6.96 mm，消化道在体内进一步盘绕、紧缩，为变态做好准备。色素细胞从身体向四周发散，此时可见背鳍膜基部鳍条原基开始出现，色素扩散沿鳍条原基进行。

孵化后26天，体长为9.19 mm，尾锥上翘，尾鳍开始形成，但其上尚没有色素沉着。身体开始迅速增高并向扁平发展。

孵化后50天，体长为21.88 mm，仔鱼变态完成，身体密布圆形黑色斑点，左侧眼睛已迁移到右侧（左眼的迁移开始于孵化后的第29天，第43天时完全迁移至右侧），体形与成鱼完全一致，进入幼鱼期。

三、苗种培育

(一)仔鱼布池

圆斑星鲽初孵仔鱼无色透明,游动速度快,在孵化容器(孵化网箱)中孵化后,再移入培育池,操作较困难,因此,布池时,以仔鱼出膜之前入池较方便。

苗种培育池以圆形池为好。由于星鲽仔鱼个体较大,布池的密度以每平方米 0.5 万～1 万尾为宜。密度太小浪费水体,密度太大成活率低,且生长慢。水质条件可参照大菱鲆的要求。

(二)苗种培育管理

圆斑星鲽苗种培育的水温控制非常重要,较低的水温不利于其生长,而较高的水温其成活率又急剧下降。水温调控的具体的做法是:9 日龄之内控制在 14℃左右,9～15 日龄控制在 14℃～16℃,到 15 日龄期间饲育水温可升至 16℃,以后维持这一水温。

圆斑星鲽苗种培育期间,不宜强光直射,光照强度应控制在 1 000 lx 左右。孵化后第二天,开始换水,每日换水 2 次,初期每日换水 20%～30%,以后逐渐增加换水量。到第 10 天,每日换水 50%;孵出后 10～35 天,换水量逐渐增至池水的 1 倍以上;随着配合饵料的投喂、鱼苗的生长、稚鱼开始着底,要改用流水培育,换水量应为池水的 1～3 倍。从仔鱼入池,就要微量通气,伴随鱼苗的成长,再逐渐增加充气量。每日吸底、清除污物一次。

(三)饵料及投喂

仔鱼入池后,可向池中加入小球藻,保持池水中小球藻密度为 50 万个细胞/毫升。孵出后 5～6 天,消化系统开通,肠道逐渐变粗,仔鱼活动能力较强,这时应开始投喂经过小球藻和营养强化剂强化过的轮虫。孵出后第8天,大量仔鱼才开始摄食,因此,开始不要投喂过多,始终保持池水中轮虫密度5个/毫升左右。孵出20天左右,可以投喂经营养强化后的卤虫无节幼体,日投1～2次,密度保持在1个/毫升,并减少轮虫的投喂。孵出30天以后,鱼苗进入伏底变态阶段,可停止轮虫的投喂。经过5～15天的时间,变态基本完成,幼鱼进入伏底生活状态,开始驯化投喂配合饲料,减少卤虫幼体的投喂量。经过1周的转换,可以逐渐停止投喂卤虫幼体。经过60～80天的培育,幼鱼全长可达30 mm以上,达到苗种出售规格或进行人工放流。

圆斑星鲽成鱼养殖正处于发展起步阶段,受苗种的制约,成鱼养殖还达不到规模化的程度,养殖模式主要以工厂化养殖为主,养殖技术中的各个环节,都是参照大菱鲆等的技术来探索。在此不再赘述。

第四节 石鲽养殖

石鲽 *Platichthys bicoloratus*,隶属鲽形目 Pleuronectiformes 鲽科 Pleuronectidae 石鲽属 *Platichthys*,俗称石钉、石夹子、石板、石江、石镜、二色鲽和时礓等(图16-14),主要分布于北太平洋沿岸水域。在我国,分布于黄、渤海到东海的西北部;朝鲜半岛、日本、库页岛及千岛群岛以南沿海都有其分布。该鱼肉质鲜美,营养丰富,生长较快,耐低温,抗病能力强,饵料利用率高,养殖成本较低,特别是易于密集运输,已成为养殖的主要品种。

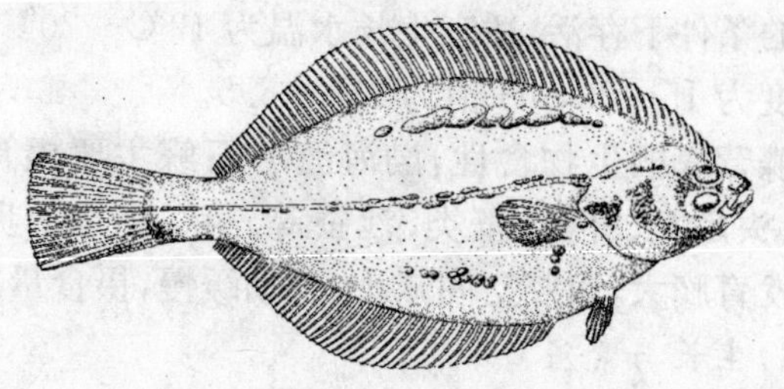

图 16-14　石鲽(引自张春霖,1955)

一、生物学特性

(一)形态特征

石鲽俯视稍呈卵圆形,头部稍大、略扁,背面稍凸起,眼中等大,均在右侧,口前位、斜形,左右侧稍不对称。两颌的牙齿小而略扁,上、下颌各有 1 行,无眼侧的牙较为发达。前鳃盖边缘稍呈游离。身体无鳞,完全光滑,稍大的鱼体右侧沿侧线及其上、下常有纵行粗糙的骨板伴列;沿背鳍基底下方有大形骨板 1 行,沿臀鳍基底下方有较小骨板 1 行,沿侧线上下亦有散在小形骨板 1 列,鳃盖上亦有分散的小骨板。无眼侧完全光滑,侧线呈直线状或前部微微高起。

鳍条不分枝,背鳍起点在无眼侧。臀鳍起于胸鳍基底稍后下方,起点前方有一短前向棘。有眼侧的胸鳍较长且宽,无眼侧的呈圆形。左、右腹鳍近于对称。尾鳍后缘呈孤形或截形。有眼侧为褐色或黄褐色,有时体表及鳍上有小型暗色斑纹。

(二)生活习性

石鲽为冷温性底层鱼类,常栖息在砂底或泥沙底沿岸海域,喜欢水质清新且水流较缓的环境。石鲽能在 0℃

～30℃的条件下存活，适宜生长水温为12℃～20℃，适宜生长盐度为15～32，pH值为7.5～8.5。

石鲽营底栖生物食性，渤海海域石鲽主要摄食对象为鱼类、头足类、虾类、蟹类、沙蚕等。秋、冬季产卵期由于性腺发育膨大，腹腔空间减小，游动缓慢，摄食量减少。

（三）生长与繁殖

在比目鱼中，石鲽个体属于中等大小。在体长10 cm以下时，体重增长较慢，鱼体体形较长；当鱼体长到10 cm以上时，鱼体体形渐宽，鱼体厚度增加，体重增加明显。性成熟之后，石鲽仍继续生长，雌鱼生长速度快于雄鱼。因此性成熟后的同龄鱼，体形上雌鱼明显大于雄鱼。

石鲽于体长为150 mm以上的两龄开始达到初次性成熟。秋季水温低于13℃时性腺开始发育，低于10℃时可以达到成熟排卵。产卵期在10～12月份，黄海北部产卵为10～11月份，南部略晚，在11～12月份。石鲽喜欢在水质清澈、潮流畅通的水域产卵。

石鲽属于秋季降温型产卵鱼类，一个产卵季节可分批多次产卵，卵呈浮性。产卵量为2.8万～32万粒，高者可达73万～265万粒。

二、人工繁殖

（一）亲鱼

可以在繁殖期从海上捕捞性成熟的亲鱼，但大多数是从养殖的成鱼中挑选两龄以上、活力好、无损伤、性腺已开始发育的成鱼作为亲鱼。

石鲽亲鱼的培育比较简单。在海上网箱养殖的石鲽成鱼，当秋季水温降到低于10℃时，即有大量亲鱼的性腺发育成熟。但为了获得质量较佳的受精卵，可从入秋后就选出部分亲鱼进行强化培育。主要投喂鲜杂鱼，同时在饵料中添加复合维生素、微量元素及卵磷脂等营养物质。

（二）催产与授精

如果从海上捕捞的亲鱼，性腺发育已经成熟，可以直接挤出卵子和精子，通过人工授精的方法，获得受精卵。人工强化培育的亲鱼，生殖腺也能正常发育，在环境条件适宜时，能够自然产卵。该适宜的条件主要是环境刺激和注射激素。

常用的环境刺激方法有流水刺激和变温刺激。流水刺激是在每次排水时，当水位排到最低点后，通过边加水、边排水的方法，用流水刺激鱼体，促进其排放精、卵。变温刺激是通过短时间的升温或降温，改变亲鱼培养温度，然后再回到培养温度，刺激亲鱼排放精、卵，达到催产的目的。

人工注射激素，一是绒毛膜促性腺激素胸腔注射，雌鱼 1 000 IU/kg 体重；二是注射促黄体素释放激素类似物 LRH-A，雌鱼 20 μg/kg 体重；三是绒毛膜促性腺激素和促黄体素释放激素类似物 LRH-A 混合注射，雌鱼注射剂量分别为 500 IU/kg 体重和 10 μg/kg 体重。雄鱼注射剂量减半。

（三）孵化

石鲽的卵呈球形，无色透明，卵径为 1.03～1.15 mm，无油球。在孵化池中，孵化密度控制在 20 万～40 万粒/立方米水体。孵化期间及时除去下沉的死卵，孵化水温控制在 8.5℃～9℃，光照控制在 500～2 000 lx，并不间断地微量充气。

胚胎发育速度与水温具有直接的关系，当水温为 6℃

～6.5℃时，从受精卵到孵化出仔鱼需221小时30分钟；当水温为8.5℃～9℃时约需170小时；当水温为10.5～11℃时大约要131小时。

（四）胚胎、仔、稚鱼发育

在水温为6℃～6.5℃条件下，受精卵经221小时可孵化出膜，其胚胎发育情况如表16-13、图16-15。

表16-13　石鲽胚胎发育时序表（水温6℃～6.5℃）

受精后时间	发育时期
4 h 45 min	胚盘隆起
6 h 30 min	2细胞期
9 h 30 min	4细胞期
13 h 30 min	8细胞期
15 h	16细胞期
17 h	32细胞期
18 h	64细胞期
23 h 15 min	分裂后期
29 h 30 min	囊胚期
69 h	原肠期
100 h 30 min	体节出现期
115 h 30 min	眼基出现期
140 h	肌肉效应期
144 h 50 min	心脏出现期
185 h 30 min	心跳期
208 h	出膜前期
221 h 30 min	胚体出膜

（引自李鲁晶，2003）

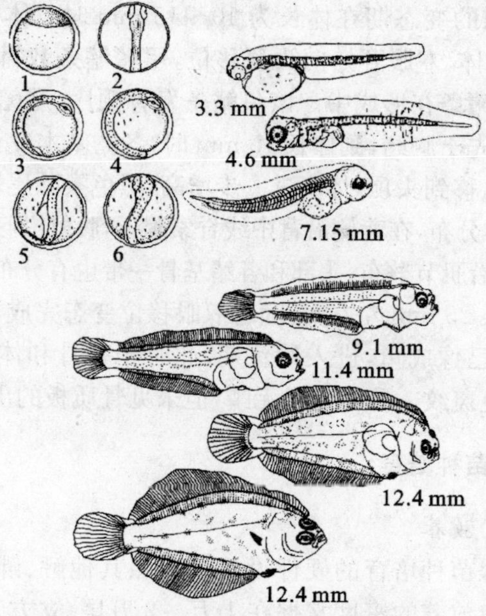

1. 囊胚期；2. 视杯期；3. 晶体出现期；4. 尾芽形成期；
5. 尾芽游离期；6. 将孵化期；7. 初孵仔鱼；8. 仔鱼前期；
9. 尾原基出现；10. 肾、臂鳍条形成；11. 稚鱼前期；
12. 稚鱼后期；13. 幼鱼

图 16-15　石鲽的早期发育(引自李鲁晶，2003)

初孵仔鱼全长为 2.95～3.44 mm，体细而延长，脊索末端呈直线状，鳍膜以中央部最宽，其上没有色素，随着发育鳍膜上才开始出现色素胞，消化管在前腹形成回旋部，肛门位于体前方 1/3 处。

卵黄消失后的仔鱼，鳍膜上色素开始增多，并随发育散布开来，其黑色素胞在背部较多，从头前部至尾端，鱼体腹部从下颌部、消化管背面，从直肠部至尾部逐渐出现点状分布，但体侧则较少，鱼体体高也在增大。

石鲽的变态期在体长为 10～15 mm 时。体长达 10 mm 的个体,左眼开始向头顶移位,尾鳍鳍条数目趋于稳定,背鳍鳍条在形成中。该鱼鳍条发育顺序,尾鳍先于背鳍,臀鳍先于胸鳍,到体长 15 mm 时,各鳍基本发育完成。左眼亦已移到头顶,体高进一步增高,黑色素除尾端外,几乎为全体分布,在背侧沿背中线脊索附近,腹侧沿腹中线并排,体侧沿肌节散布,头部和各鳍基骨一带也有分布。

体长 25 mm 左右时,随着双眼移位变态完成,鱼苗伏底,形态已像成鱼,进入幼鱼期,此时鳍基骨和体侧开始形成浅色斑纹。鱼体光滑无鳞,但未见骨质板的出现。

三、苗种培育

(一)放养

石鲽苗种培育的硬件设施可参照其他鲆、鲽类的要求。仔鱼放养的密度掌握在 1 万～2 万尾/立方米水体。随着稚鱼的生长,放养密度逐渐降低。全长 1.7～2 cm 时,0.4万～0.6 万尾/立方米水体;全长 2.1～3 cm 时,0.3万～0.5 万尾/立方米水体;全长 3.1～5 cm 的幼鱼,0.1 万～0.2 万尾/立方米水体。

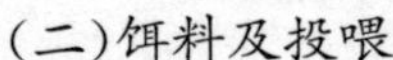

(二)饵料及投喂

石鲽仔、稚鱼的投喂大致可分为以下几个阶段:

(1)卵黄囊阶段(0～4 天):依靠吸收自身卵黄囊的营养,不开口摄食外界食物。

(2)轮虫饵料阶段(5～15 天):开口摄食外界食物,主要摄食轮虫。每日投喂 1～2 次,轮虫投喂密度为 10～12 个/毫升。随着仔鱼摄食增加而加大投喂量,池中轮虫密度始终保持在 4～5 个/毫升。

(3)轮虫、卤虫无节幼体混合投喂阶段(16～25 天):

开始投喂卤虫无节幼体，每日投喂两次，使池中密度始终保持在 0.5 个/毫升左右，并逐渐减少轮虫的投喂量。

(4)卤虫无节幼体和配合饲料阶段(26～45 天)：开始驯化投喂配合饲料(或鱼肉糜)，每日投喂 6～10 次，随着鱼的长大，配合饲料的规格逐渐由小到大，投喂量逐渐增加，投喂次数减少到 2～4 次。卤虫无节幼体的投喂量逐渐减少，直至完全转换为摄食配合饲料。

(5)配合饲料阶段(46 天至出苗)：稚鱼完全转换为摄食配合饲料，停止投喂卤虫无节幼体。

(三)日常管理

石鲽仔鱼适应在低温情况下生长，耐高温能力差。在一般情况下，石鲽苗种培育的盐度为 27～32，适宜水温为 8℃～13℃，最好是水温从 9℃逐渐提升到 11℃，幼鱼期再提高到 13℃。培育过程中要尽量减小水温的变化幅度，控制好光照强度(500～1 000 lx)和充气量。

仔鱼入池后，加入少量的小球藻，密度保持在 30 万个细胞/毫升，用以调节水质。开始 5～6 天为静水饲育，通过添水的方式，每日增加 30%左右的水量，直至池满后再换水；此时随着仔鱼的生长，日换水 60%左右；至鱼苗达 10 mm，即将进入变态阶段，此时换水量为养殖水体的 1 倍。从变态后到全长 3～5 cm 的幼鱼，每天水交换量由养殖水体的 3～4 倍流水循环增加到 6～7 倍流水循环。

苗种培育一段时间后，要求每天吸底一次。虽然经常吸底，池中死角、池壁仍会有许多污物和腐烂物质难以清除；同时，水中的病害生物密度增高，苗种生长受到影响，发病概率增高，需要及时倒池，对原池进行彻底清洗。通过倒池，苗种水体环境改善，摄食量提高，对提高苗种生长率和成活率都有促进作用。

定时检查鱼体发育进展，根据苗种发育需要，及时调整水温与换水量；观察苗种摄食情况，调整投喂饲料种类及投喂量；测定水质、观察鱼体活动情况，对吸底吸出的死鱼或池中发现的病鱼、死鱼进行检查，分析发病和死亡原因，及时采取应对措施。

四、成鱼养殖

（一）工厂化养殖

1. 苗种放养

石鲽苗种体重一般为 10 克/尾以下的放养密度为 2 kg/m²；10～50 克/尾的为 2 kg/m²；50～100 克/尾的为 5～7 kg/m²；600～800 克/尾的为 10～20 kg/m²。

目前，石鲽的野生苗种较为丰富，这些苗种，在车间养殖初期成活率很低，有的几乎全部死亡。为了降低死亡率，需要采取以下措施：购买体形完整或轻微受伤的苗种，购买苗种后，进行筛选，将受伤有病的鱼隔离治疗；最好初放时在池底铺上一层细沙，防止鱼体伏底擦伤。

2. 饲料及投喂

目前，石鲽的饵料主要有鲜杂鱼和配合饲料，其中以软颗粒饲料饲喂效果最好，但新制成的软颗粒饲料由于疏松，投喂时散失率大，浪费较为严重。所以，生产中多将软颗粒进行冰冻冷藏，增加饲料的颗粒完整性和保形性。

当鱼的体重为 100 克/尾以下时，每天投喂 3～4 次；100 克/尾以上时，每天投喂 2～3 次；水温低于 3℃或高于 25℃时每天最多投喂 1 次。

硬颗粒配合饲料日投喂量为鱼体重的 1%～2%，鲜杂鱼投喂量为鱼体重的 3%～5%，软颗粒饲料为鱼体重的 1.5%～3%。具体的投喂量要根据鱼摄食情况来确

定，不宜有残饵。

3. 水质管理

石鲽属于平面养殖，水位不要太高，一般保持水深为50～60 cm即可。生长的适温范围为5℃～23℃，最适生长温度为12℃～20℃；最适生长盐度为17～33；水中溶解氧达4 mg/L以上。石鲽不喜欢强光，一般要求光照在400 lx以下。

在一般情况下，随着水温的升高而逐渐增加换水量。常温养殖时，每日换水量为养殖水体的5倍；夏季高温时，日换水量为养殖水体的6～10倍；冬季低温时，日换水量可减少，为养殖水体的2～3倍。当水质浑浊时，要在每日清洗池子的同时，将池壁上的污物刷掉排出。

在养殖过程中，随着鱼体的生长，个体大小会出现差异，同一池中的鱼体大小不同，会影响到鱼的摄食，应定期对鱼种大小规格进行筛选，保持同一养殖池中的规格一致，便于生产管理和提高养殖效率。

(二)池塘养殖

池塘面积较大，养殖密度较低，具有一定的自然生态环境。近年来，利用已有的虾池养殖石鲽，尤其是在养虾冬闲季节，培育大规格石鲽苗种，特别适宜捕获的野生苗种暂养，已被广大养殖户普遍采用。

1. 池塘养殖环境

石鲽具有一定的伏底潜沙性，要求底质为沙底或泥沙底，淤泥底的池塘不适宜石鲽养殖。养殖池面积以0.5～2公顷较为适宜，水深能达到1.5 m以上。能及时换水，夏季养殖水温最高不超过30℃。

2. 鱼种放养

要求鱼苗体长为8 cm、体重为10 g以上、色泽正常、活动能力强、健康无损伤。放养密度应根据养殖条件而定，面积为 0.3 公顷左右的池塘，放养1 000～2 000尾/亩。对于换水条件好的池塘，可以相应地增大石鲽放养密度，换水条件差的池塘，放养密度不宜过高。

3. 饲料投喂

鱼苗入池后，稳定 2～3 天即可投喂。开始投喂以新鲜的饵料鱼为主，将其切成碎块，驯化 1 周后可加投部分配合饲料。投饵量应根据吃食情况、天气及水质环境进行调整，一般为鱼体总重量的 5%～10%。如果水温太低，要少投或不投喂，水质较差时也要少投。要经常注意观察鱼苗摄食情况及残饵情况，灵活控制投喂量。

4. 日常管理

日常管理主要是加强水质管理。应掌握有潮就进、有水就换的原则，无自然纳潮条件的可用机械提水。换水量原则上以量少、多次为宜。要经常检查进、排水口的防逃网是否有破损，网框周围是否有缝隙，发现问题时，及时修补。日常要勤观察，发现水色异常时，要及时加注新水。定时检查鱼苗摄食情况，以便控制投喂量。每天测量水温和气温，做好记录，及时了解气候及环境的变化，以采取相应的管理措施。

(三)网箱养殖

1. 鱼种的选择

鱼种以大规格鱼种为宜，一般要求选体长 10 cm 以上的健康、无外伤的个体。

2. 放养密度

网箱养殖水质条件好，养殖初期水温低，体长在 10～15 cm 的鱼种，每平方米可放养 100 尾。在养殖过程中，随着个体的生长，随时进行筛选和疏散。

3. 饲料及投喂

网箱养殖石鲽的饲料见工厂化养殖。在投饵之前，要观察水质、水色、鱼的体色、鱼的活动情况等，根据经验估计投喂量。每日投喂两次，因石鲽不喜强光，中午一般不投喂。先投少量观察，待鱼集群后迅速投喂，同时观察鱼摄食状况、鱼的体色、体形情况。投喂配合饲料，规格较小的鱼种每日投喂量为体重的2%～4%；100 g以上的个体为1.5%～3%；400 g以上的个体为1%～2%。投喂鲜杂鱼时，投喂量可按配合饲料的两倍投喂。

4. 日常管理

在鱼种进箱前，要检查网箱是否安全。在网箱使用两周后，需定期换洗网箱，除去附着的藻类和污泥。随着鱼体的长大，应及时调整网箱的网目，更换较大网目的网衣，增加水体交换能力，保持箱内水质条件良好。

第五节 半滑舌鳎养殖

半滑舌鳎 *Cynoglossus semilaevis*，隶属鲽形目 Pleuronecliformes 舌鳎科 Cynoglosidae 舌鳎属 *Cynoglossus*，俗称舌头鱼、鳎米、龙利、牛舌等(图16-16)。主要分布于我国的黄、渤海区域，在东海、南海及日本、朝鲜半岛沿海也有分布。该鱼具有适盐广、适温宽、食物层次低等特点，是理想的增养殖对象。

一、生物学特性

(一)形态特征

半滑舌鳎身体较长，呈舌形的扁片状，左右两侧不对称，两只小眼均在左侧；口小，下位，口裂弧形，左右不对称，无眼侧的弯度较大；有眼侧上下颌无齿，无眼侧两颌具绒毛状细齿，呈带状排列；头部两侧各有一对鼻孔；鳃孔窄，鳃盖膜左右相连，鳃耙退化为细小尖突。

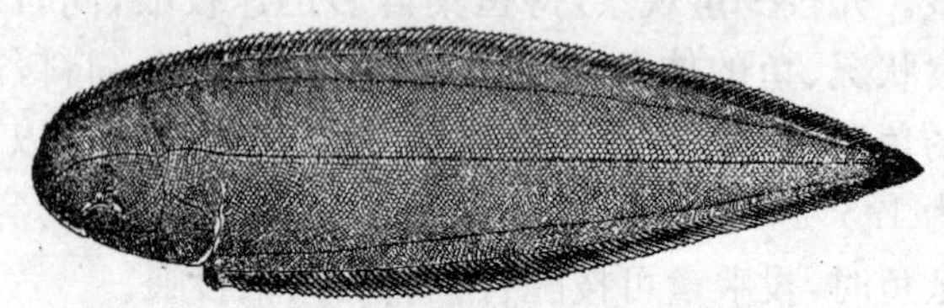

图 16-16　半滑舌鳎(引自张春霖，1995)

半滑舌鳎的鳞细小，有眼侧为栉鳞，无眼侧为圆鳞或间有弱栉鳞。有眼侧有 3 条侧线，侧线延伸至头部，在吻部彼此相连，无眼侧无侧线。

背鳍及臀鳍均与尾鳍相连续，鳍条均不分枝，无胸鳍，无眼侧无腹鳍，仅有眼侧有腹鳍，尾鳍尖形。

有眼侧为褐色、暗褐色、古铜色或青灰色，鳍呈黑褐色，边缘淡色。无眼侧为白色。

(二)生活习性

半滑舌鳎属暖温性近海底层大型鳎类，该鱼活动范围小、种群数量不多。喜栖息于水深为 5～15 m 的河口附近浅海区。平时匍匐于泥沙中，只露出头部或两只眼睛，不太集群，行动缓慢、活动量较小。

半滑舌鳎对水温有较强的适应能力，能在 4℃～32℃的水温中生存，生长适温为 14℃～28℃，水温高于 30℃时，会出现明显的不适应。而且它能在盐度为 5～37 海水中存活，生长适宜盐度为 16～32。

半滑舌鳎食性较广泛，主要摄食的种类包括鱼类、十足类、口足类、双壳类。

（三）生长与繁殖

半滑舌鳎个体较大，寿命较长，鱼体在两龄以前生长快速，尤其是初次性成熟前；性成熟后生长速度减慢。半滑舌鳎的生长期，主要在水温较高的5～8月份和10～11月份。8～10月份进入成熟产卵期，摄食明显下降，生长缓慢。雌、雄鱼个体生长差异相当大，无论是体长还是体重，同年龄的雌鱼比雄鱼生长的要快。

半滑舌鳎两龄开始性成熟，3龄全部成熟。渤海区雌鱼最小性成熟体长为490 mm，雄鱼为198 mm。每年性腺成熟1次，分批成熟，多次产卵。在渤海区的繁殖时间为8～10月份，9月中旬为产卵盛期，10月上旬产卵结束。卵子为分离的球形浮性卵。

半滑舌鳎的卵巢极发达，怀卵量很高，体长在560～700 mm的个体，怀卵量波动范围为76万～250万粒，大多数个体在150万粒左右。雄鱼的精巢极不发达，从而导致了其自然繁殖受精率低、种群繁殖力弱的现象。

二、人工繁殖

（一）亲鱼选择

亲鱼的来源一般有海捕野生成熟的亲鱼和人工养殖培育的亲鱼。人工培育的亲鱼目前又有全人工培育的亲鱼和野生成鱼经人工养殖驯化培育的“半人工亲鱼”。直接利用海捕亲鱼进行繁殖的，可在黄、渤海区域于每年的8月下旬至10月中旬的产卵季节捕捞。挑选发育良好、健康活泼、无外伤、鳞片完整的个体，清洗亲鱼体表附着的黏液和污物，运回育苗场后，即可催产、采卵。

（二）亲鱼的驯化培育

蓄养亲鱼的水泥池以 30～50 m^2 的圆形池较好。放养密度为每平方米 1～2 尾，雌、雄性比为 1∶3。培育采用充气常流水的方式，每天换水量为培育水体的 2～4 倍。要求水温为 20℃～26℃，海水盐度为 26～32，pH 值为 7.8～8.4，溶解氧 6 mg/L 以上，其余指标要符合 NY5052—2001 规定的要求。

培育期间的饵料种类有沙蚕、双壳贝、虾蛄和小鲜鱼。早、晚各投喂 1 次。投饵量为亲鱼体重的 3%～5%。初捕获的亲鱼，拒食时间长，甚至出现个别亲鱼饿死的现象，驯化时要有耐心。驯化摄食正常后，投喂也要有耐心，因为半滑舌鳎不集群摄食，寻找食物花费时间很长，摄食过程缓慢，池中要有一定量的剩余饵料，才能保证亲鱼吃饱。要求每天吸底 1 次，及时清除残饵、污物及死鱼。

（三）亲鱼光、温调控

全人工培育的亲鱼或“半人工亲鱼”，经过精心喂养和肥育，达到了理想状态后，可参照自然海区个体性腺发育的基本规律及有关的生物学特性，实施控温、控光措施，促进亲鱼性腺发育，实现不受季节限制、全年育苗。

其中以控温为主、控光为辅，当温度下降到 25℃左右时开始调节光照时间，使之每天不超过 16 小时。温度要逐渐降低，最终保持在 18℃左右；光照时间要逐步缩短。经过 2～3 个月的精心管理，雌鱼腹部明显隆起，用手轻轻抚摸腹部，明显可以感到性腺呈松软状态。此时表明性腺完全成熟，进入产卵期。

（四）产卵和孵化

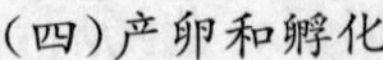

培育良好的亲鱼可以自然产卵受精。对性腺已发育

但成熟不太好的亲鱼(特别是捕获的野生亲鱼),可以采用注射激素进行催产的方法。当发现亲鱼已排卵而不能自行产卵时,应及时采取人工挤卵和挤精的方法,进行人工授精;否则,卵子会退化吸收,无法进行苗种繁育。

半滑舌鳎产卵前,明显有雌、雄聚集的现象。雄鱼聚集在要产卵的雌鱼周围,进行产卵诱导刺激。雌鱼产卵时尾部时常上下拍动,背鳍、腹鳍不停地抖动。当雌鱼出现一次大的拍动动作时,整个鱼体隆起,雄鱼迅速钻到雌鱼腹部下面,并被雌鱼掩盖,很快便出现产卵和排精现象。

性腺发育良好的亲鱼,轻压腹部可挤出卵子或精液。由于半滑舌鳎雌鱼的排卵量相当大,而雄鱼的精液量很少,进行人工授精时,为了保证较高的受精率,可用 1～3 尾雄鱼配 1 尾雌鱼。半滑舌鳎的成熟卵子呈浮性,采用湿法人工授精较好。挤出卵子后,加入海水,稍微搅拌,然后加入精液,不停地均匀搅动,静置 10 分钟左右,分离出未受精的死卵,将受精卵清洗干净,放入孵化器中孵化。

孵化器一般为 80 目的筛绢制成的网箱,放入水泥池中,水泥池和孵化箱内不间断充气,使孵化箱内水体缓慢波动。光照控制在 1 000 lx 以下,孵化水质要求同亲鱼培育水质一致。孵化水温最好低于产卵水温 0.5℃,保持水温稳定在 20℃～23℃,受精卵经过 30～40 小时,仔鱼便可破膜而出,完成孵化。

(五)胚胎和仔、稚、幼鱼发育

1.胚胎发育

半滑舌鳎卵为球形、浮性卵,无色透明。卵径为1.17～1.20 mm,卵膜薄而光滑透明,具弹性。卵黄颗粒均匀,呈乳白色,多油球,一般为 97～125 个。半滑舌鳎受精卵的细胞分裂方式与其他硬骨鱼类相同,属盘状卵裂、均等分裂型。在 22℃～24℃胚胎发育时序见表 16-15、图 16-17。

表 16-15　半滑舌鳎胚胎发育时序表(水温:22.4℃～24.0℃)

受精后时间(小时:分钟)	发育时期
35 min	胚盘形成
1 h 30 min	2 细胞期
1 h 45 min	4 细胞期
2 h 10 min	16 细胞期
2 h 50 min	32 细胞期
3 h 50 min	多细胞期
4 h 40 min	高囊胚期
6 h 30 min	低囊胚期
15 h	胚盾形成
17 h	胚体雏形
22 h 44 min	原口关闭
26 h 10 min	心脏跳动、脑分化
28 h 45 min	胚体绕卵黄 4/5,脑分化为 3 部分,晶体形成
30 h	头部抬起脱离卵黄,脑分化为 5 部分,心脏拉长,晶体暗褐色
36 h 25 min	胚体包整个卵黄,且不停扭动,各鳍分化完善
38 h 40 min	卵膜失去弹性,胚体头端出现一圈孵化腺,胚体在膜内不停扭动
39 h 50 min	仔鱼开始孵化
41 h	仔鱼全部孵化

(引自雷霁霖,2005)

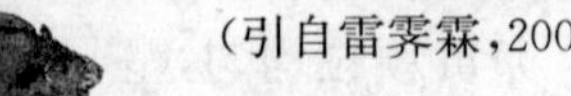

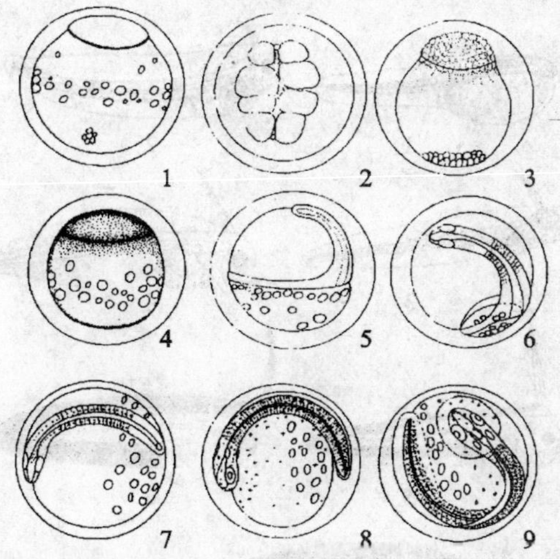

1. 受精卵；2. 8 细胞期；3. 多细胞期；4. 低囊胚期；
5. 原肠中期；6. 原口即将关闭；7. 原口关闭，柯氏泡形成；
8. 胚体绕卵黄囊 3/5；9. 即将孵化

图 16-17　半滑舌鳎胚胎发育图(引自雷霁霖，2005)

2. 仔、稚、幼鱼发育特征(图 16-18)

初孵仔鱼，全长为 2.5 mm，背、臂鳍鳍膜较宽。肛门前位，卵黄囊梨状，油球数量减少，多数聚集在卵黄囊的后半部。卵黄囊上的黑色素细胞多集中在前半部，孵化前，仔鱼的胃、直肠即已形成；初孵后，这些结构清晰完整。初孵仔鱼很活跃，在水中快速游动，有时伏底，有时上浮。

第 2 天仔鱼，全长为 5.03～5.16 mm，肌节 13＋51＝64 对。卵黄囊大部分被吸收，肛门已开口体外。耳石清晰可见，尾鳍膜分化出 10 余条弹性丝。冠状幼鳍呈三角状。仔鱼性情活泼，在不同水层倒立或水平浮游，频繁变换游动方式。

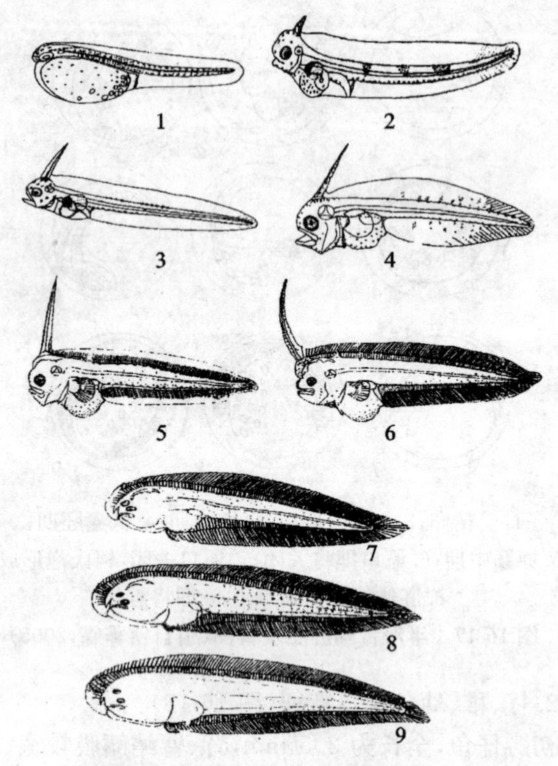

1. 初孵仔鱼；2. 3 日龄仔鱼；3. 5 日龄仔鱼；4. 12 日龄仔鱼；5. 18 日龄稚鱼；6. 24 日龄稚鱼；7. 29 日龄稚鱼；8. 57 日龄幼鱼；9. 79 日龄幼鱼

图 16-18　半滑舌鳎仔、稚、幼鱼发育(引自雷霁霖，2005)

第 3 天仔鱼，平均全长为 5. 41 mm，卵黄囊残存部分聚集在油球处，肛门与外界相通。胃膨大呈葫芦状，与肠相通。肠粗大、内褶增多，整个消化系统发育完善，开始出现不规则的蠕动。冠状幼鳍增高，胸鳍增大。躯干上的 5 处色素较前更浓密。腹缘两侧的色素胞排列规则，每对肌节处分布两个色素胞。肠的表面出现数个星状色素胞。仔鱼活力强，常在池底游动。

第4天仔鱼，全长为5.44～5.56 mm，卵黄囊全部被吸收。肌节不易辨清。咽、食道、肠相通，胃较前膨大。多数仔鱼口已开裂，不时上下闭合。上下颌及鳃盖骨形成，出现鳃丝。胸鳍增大，有3～4根鳍条生成，冠状幼鳍增高。腹沿两侧的色素胞较前更加浓密。多数仔鱼具捕食能力。胃肠蠕动和血液流动均有规律。

第7天仔鱼，全长为6.27 mm，背、臀鳍膜均已产生皱褶，尾鳍条数根。口裂增大，肠道弯曲反复，肠内充满食物。

第9天仔鱼，全长为7.10 mm，尾部背鳍膜开始分化。鳔泡增大，下颌略长于上颌，下唇出现两对绒毛齿。整个躯干呈棕褐色。仔鱼性情活泼，夜间多集群于水表层，白天多伏于池底。

第19天稚鱼，体长为10.4～10.7 mm。冠状幼鳍缩短变粗。身体各部形态发生明显变化，体变宽，腹部比例加大。鳔泡、视囊和听囊均进一步增大。眼睛左右对称。上、下颌牙齿均出现。背、臀及冠状幼鳍上布有米黄色点状色素，星状、枝状和点状褐色色素胞布满躯干。稚鱼性活泼，具较强的趋光性。多数聚于水表层或中层，有时浮于水表静止不动。对声音反应敏感。肠道粗壮，摄食力强，肠胃中食物经常呈饱满状。个体大小开始出现差异。

第25天稚鱼，体长为12.8～13.2 mm，鱼体进一步增高、变宽，肌肉加厚，眼睛开始错位，少数个体右眼已移至头顶。冠状幼鳍继续缩短，体表两侧出现不规则的波纹，鱼体呈棕褐色。

第30天稚鱼，体长为14.0～14.2 mm。除少数个体外，大部分稚鱼的右眼完全移至左侧，体干呈半透明。鳍条发育完全，冠状幼鳍消失。外部形态与成鱼相似。躯体各部色素胞更加浓密，体表布满黑色星状和棕色点状色素胞。游动方式为侧偏游，分散浮游于水中上层。

第 60 天幼鱼，体长为 23.4～24.7 mm。外部形态近似成鱼。各鳍完善，侧线出现，进入幼鱼期。

第 80 天幼鱼，体长为 28.0～28.3 mm。躯体的有眼侧呈棕褐色，无眼侧呈白色。有眼侧鳞片完全长成，具侧线 3 条。外部特征与成鱼相同，唯有各部大小比例略显差异。幼鱼营底栖生活，贴壁力强，不集群，有趋光性。贪食，喜活饵，以卤虫成体为主要饲料，腹腔饱满。性情活泼，对声音敏感。

三、苗种培育

（一）培育条件

半滑舌鳎的育苗条件，与牙鲆、大菱鲆等条件完全一致，可参阅有关章节，在此不再详述。

（二）培育密度

仔鱼布池的密度可根据育苗场的设施条件和技术管理水平而定，同时要考虑到苗种变态伏底后，不再上浮摄食，吸底、分池困难。因此，培养密度不宜过高，一般以 0.5万～1 万尾/平方米为宜。由于仔鱼孵出后在水中游动活泼，各水层均有分布，从孵化网箱中移出仔鱼时，比较困难。所以，一般布将要孵化的受精卵为好，因受精卵上浮性好，容易收集，搬移操作容易、不易损伤。

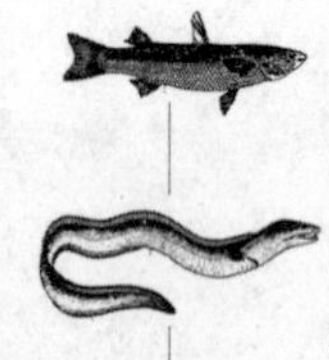

（三）培育管理

1. 水质、光照

半滑舌鳎为秋季降温性产卵繁殖鱼类，苗种培育一般从秋季高水温期，逐渐降低水温至较低温度，这与牙鲆等春季产卵鱼类正好相反。但为了鱼苗的发育速度不至太慢，一般将水温控制在20℃～24℃的适宜范围。培育要求水质清新、稳定，各项因子日波动不宜过大。要求水中连续充气，保持充足的溶解氧。

苗种不喜强光，一般将光照控制在1 000 lx以下，以400～600 lx为宜。孵出后1～12天内用静水培育，每天换水1次，换水从开始的25%逐渐加大到50%。第13天开始，变静水为微循环水，日水流量根据需要可随时增减，一般调节为总培养水体的50%～100%。

2. 饵料及投喂

仔鱼孵出后，可向池中加入小球藻，保持池水中小球藻密度为30万个细胞/毫升左右；还可每立方米水体添加100 mL光合细菌(浓度大约为25亿菌株/毫升)。孵出后3天，仔鱼活动能力较强，卵黄基本吸收完毕，消化系统开通，肠道变粗，开始开口摄食。此时应马上投喂经过小球藻和营养强化剂强化过的轮虫，一直投喂至第20～25天。每天投喂1～2次，始终保持池水中轮虫密度在5个/毫升以上。每天吸底清污1次，保持池底的清洁。

孵出后8～10天，可以投喂经营养强化后的卤虫无节幼体，保持池水中卤虫无节幼体密度为0.1～0.5个/毫升。此时如条件许可，可大量投喂桡足类。随着鱼苗的长大，逐渐增加卤虫无节幼体投喂量，减少轮虫投喂量。直至变态伏底，停止轮虫供应，开始驯化投喂配合饲料。

开始投喂配合饲料时，鱼苗不喜欢摄食，投喂的饲料大多悬浮在水体中，这样就加重了水体的污染；再者，鱼体进入伏底或附壁生活，增加了吸底清污的难度，吸底清污容易伤害幼鱼，造成受伤死亡。因此，应适当增大充气量，加大换水量，使换水量达到养殖水体的50%～150%，保持水质清洁。同时每天要吸底清污1次，吸底清污时操作要缓慢仔细，避免伤害鱼体。

当鱼苗逐渐适应配合饲料后，就要逐渐减少卤虫幼体的投喂量。30日后卤虫幼体的投喂量减至每天1次，投喂时间在下午4～5时，目的是让所有鱼苗饱食后过夜。一直到第50～60天，半滑舌鳎能完全摄食配合饲料时，停止投喂卤虫无节幼体。半滑舌鳎由于伏底摄食，将食物压在口下吸入吞食，觅食时间长，摄食缓慢，对配合饲料的水中稳定性要求比其他鲆、鲽类高，选择何种饲料必须慎重对比。

四、池塘养殖

由于半滑舌鳎的摄食方式特殊，决定了其不适宜于进行网箱养殖，只能进行池塘和工厂化养殖。而池塘养殖水体大、放养密度低、生物饵料较为丰富，而且投资少、管理操作简单、容易被普通养殖户掌握、易于普及推广。工厂化养殖则缺少以上优点，因此，半滑舌鳎更适合池塘养殖。有关工厂化养殖的技术，可参照牙鲆、大菱鲆的养殖方法。

（一）池塘养殖环境

1. 池塘的形状和大小

池塘的形状和大小可以根据地形灵活确定，因地制宜。原则上讲，池塘的形状最好为长方形，面积不超过两公顷。长方形的池塘能接受较多的风力作用，增加表层的水交换，起到增氧的作用；面积过大，不便于饲养管理，面积过小，水质不稳定，水的对流差，不利于养殖生产。

2. 池塘的水源

池塘用水必须要求水质好、无污染。同时要选择潮

流畅通，潮差大，也就是注、排水方便的地方。要充分考虑到小潮汛期间也应有一定的换水量。假若条件实在有限的话，可考虑配备相应功率的抽水设备，必须保证水质良好，防止小潮汛期间无法换水而引起的水质恶化。

3. 池塘的底质

以泥沙底、沙底、岩礁底较好。要求是底形平坦，便于养成起捕收获。淤泥底的池塘对鱼体有害，不适宜半滑舌鳎的生长。

4. 池塘水深

池塘养殖半滑舌鳎，一般要求水深在 0.5 m 以上即可。半滑舌鳎高温生长快，较浅的水深有利于提高池塘水温。

5. 池塘的周边环境

要求在生活方便、交通便利的地方，便于生产操作和生活安排。养殖池附近海区应无工业、生活污水污染及有害物质存在。池塘近海，进、排水方便及时。

(二)放养前的准备工作

1. 养殖池的整理

每年冬季，应将池水放干，清除池底沉积的淤泥及其他污物，修复加固堤坝、水闸门及防逃网。春季放鱼前一个月左右，首先按每公顷用 200～300 kg 的漂白粉或 1 000～3 000 kg 的生石灰进行全池泼洒，以杀灭有害细菌、寄生虫等病害生物。1 周后开始进水。

2. 池水培育

池塘放苗前通过培肥水质，培养池中的基础生物，如沙蚕、蜾蠃蜚、小型鱼类、甲壳类等。基础生物饵料丰富，放苗成活率高，苗种生长速度快，同时可以减少饲料投入，提高养殖效益。

(三)鱼种放养

1. 苗种质量和规格

池塘养殖半滑舌鳎的苗种要求体色正常,体质健壮、无损伤、无病害、无畸形,摄食良好,伏底、附壁能力强。苗种全长、体重合格率应在 90%以上,伤残率在 5%以下。规格要求全长在 15 cm、体重在 20 g 以上。

2. 苗种运输

由于半滑舌鳎伏底、附壁能力强,运输容器要求形状固定、内壁光滑,不宜使用帆布桶等易变形或内壁粗糙的容器。采用泡沫箱内装塑料袋充氧运输的方法较好。一般每袋可装 15 cm 的苗种 80~100 尾,可运输 6~10 小时的路程。运输用水水温、盐度可根据养殖池的水环境要求提前进行调节。运输过程中袋内水温根据路途的远近和气温的情况,可于泡沫箱内、塑料袋外放一些冰块,防止运输途中水温升高。运输途中,注意保持平稳,防止剧烈颠簸造成苗种受伤。

3. 放苗

鱼苗放养时应尽量选择晴天上午或下午进行,避开中午强烈光照、大风和阴雨天气。在池塘周围多选择几个放苗点,使苗种能均匀分散池中,有利于尽快摄食,适应环境。

放苗密度应视养殖条件而定,放苗密度以 6 000~7 500尾/公顷为宜。如果是换水条件好、饵料生物丰富的池塘,可以相应地增大养殖密度。如果是换水条件差、饵料生物贫乏的池塘,放养密度不宜过高。

(四)饲养管理

1. 水质调节

半滑舌鳎的池塘养殖,主要是利用春季到秋季的高

水温季节。水质调控也是以换水为主要手段。在条件允许的情况下，根据潮汐情况，尽量增大换水量，保持池塘水质清新、稳定。

2. 饲料投喂

在养成过程中，以投喂硬颗粒饲料为主，辅助投喂鲜杂鱼。鱼苗入池后，稳定 2～3 天即可投喂。投喂时要定时、定点，以便于检查吃食情况。但半滑舌鳎摄食分散，不集群争食，所以投喂点要适当多设，不要集中投喂于几处。投饵量应根据吃食、天气及水质情况进行调整，以稍有不足为宜，一般为鱼体总量的 1%～2%。每日投喂两次，早晨和傍晚各 1 次。

3. 日常管理

日常要进行巡塘，注意观察水色、鱼的活动、吃食情况，检查进、排水口的安全，发现病鱼时，及时将其捞出诊断，进行相应的治疗。每天要测量水温和气温，做好记录，以便及时了解气候及其他环境的变化，以采取相应的管理措施。

（五）养成起捕

半滑舌鳎潜沙、伏底能力强，采用放水和拉网相结合的方法，是其起捕的理想方法。但起捕时要选择晴朗的天气进行，操作要仔细，尽量避免鱼体受伤。

第六节 其他养殖鲆鲽类

一、大西洋牙鲆

大西洋牙鲆 *Paralichthys dentatus*，隶属于鲽形目

Peuronetiformes 鲆科 Bothidae 牙鲆属 *Paralichthys*，译称犬齿牙鲆，亦称为夏鲆、夏季鲆和墨西哥湾牙鲆或巨齿牙鲆；国内俗称大西洋牙鲆或美国犬齿鲆(图 16-19)。

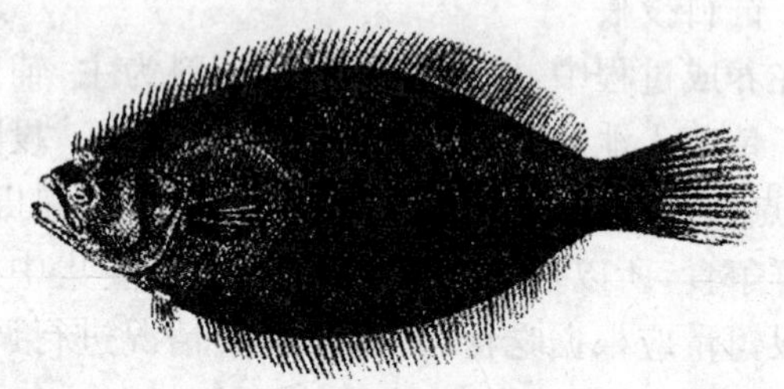

图 16-19 大西洋牙鲆(引自雷霁霖，2005)

大西洋牙鲆体侧扁，俯视长卵圆形，两眼位于头部左侧，吻端较圆钝，体宽厚。口大，颌齿 1 行，呈犬齿状。体表较光滑，黏液较多。有眼侧被弱栉鳞，无眼侧被小圆鳞。侧线发达，在胸鳍上方呈弓形弯曲。各鳍无棘，尾鳍后缘呈双截形。有眼侧体色呈暗褐色或灰黑色，体色会随栖息环境体色而变化，形成与栖息环境相似的保护色。

大西洋牙鲆自然分布于北美洲大西洋东海岸，从加拿大的新斯科舍至美国大西洋沿岸南佛罗里达，主要分布于中部大西洋湾。

大西洋牙鲆为暖温性底栖鱼类。栖息地十分广阔，通常在多泥或淤泥沉积底质，特别是平坦的砂质地栖息。春季洄游至近岸浅海及河口内湾，秋季水温下降进入深海处，一般栖息于水深 30～200 m 的岩礁水域。

大西洋牙鲆的适宜温度为 5℃～31℃，最适生长温度为 17℃～27℃，最佳栖息温度为 20℃～24℃，幼鱼以水温 26℃左右生长最快，29℃仍能正常生长，但长期处于高

温下容易生病死亡。

大西洋牙鲆为广盐性鱼类，适宜盐度为 4～35，最适盐度为 24～32，在淡水中也可生存。

大西洋牙鲆为肉食性鱼类，在自然界多以小型鱼类为食，其次是甲壳动物、头足类和多毛类等。

大西洋牙鲆的自然繁殖期，是在秋季水温下降时，属秋冬繁殖型。从大西洋北部 9 月份开始逐渐向南一直到翌年 2～3 月份。产卵盐度为 32～36，在 9.1℃～22.9℃均可繁殖产卵，自然产卵水温为 12℃～19℃，产卵盛期水温为 15℃～18℃。

大西洋牙鲆全部性成熟的年龄应为两年以上，雄鱼的生物学最小型全长为 19 cm，最大初次成熟为 40 cm；雌鱼生物学最小型全长为 25 cm，最大初次成熟为 44 cm。

在中部大西洋湾全长为 366～680 mm 的天然亲鱼，其雌鱼的繁殖力估计为 46.3 万～418.8 万粒/尾，相对繁殖力为 1 077～1 265 粒/克体重，鱼卵分批成熟，多次产卵。

二、漠斑牙鲆

漠斑牙鲆 *Paralichthys lethostigma*，隶属蝶形目 Pleuronetiformes 鲆科 Bothidae 牙鲆属 *Paralichthys*，俗称南方鲆。口大，上下颌齿各 1 行，锥状，左右同样发达；侧线明显。有眼侧浅棕色至深棕色，具弥散状的深色斑点，无眼侧白色或淡灰色。

漠斑牙鲆属暖温性海洋鱼类，分布于美国东部的大西洋沿海以及南部的墨西哥湾沿海，喜群栖，具洄游性。在半咸淡水水域中成长，性成熟后，于每年秋季迁移到离岸较远的海区，多数在秋末冬初产卵，个别在早春产卵；

产卵后，亲鱼及其后代再返回半咸淡水水域中生活。生存水温为 1℃～37℃（高盐环境下，能耐 4℃以下的低温），适宜生长水温为 7℃～32℃，最适水温为 18℃～30℃；适宜生长盐度为 0～60，最适盐度为 5～35；正常生长所需溶氧量为 3.5～20.0 mg/L，最佳溶氧量为 7.0～10.0 mg/L；适宜生长的 pH 值为 6.0～9.5，最适 pH 值为 7.0～8.2。

漠斑牙鲆属肉食性鱼类，主要摄食鱼类、虾类、蟹类等。

漠斑牙鲆在美国得克萨斯州的雄鱼 1 龄、雌鱼两龄，佛罗里达州的雄鱼 2～3 龄、雌鱼 4 龄达性成熟，初次性成熟的雄鱼体长约为 25 cm、体重为 300～400 g，雌鱼体长约为 35 cm、体重为 800～1 000 g；相对生殖力为 10 万粒/千克体重，分批成熟、多次产卵类型。卵子平均直径为 0.91 mm，具浮性。产卵季节在 11 月下旬至翌年的 4 月上旬。

受精卵在水温为 16℃～19℃的条件下，经 48～55 小时孵化出仔鱼。

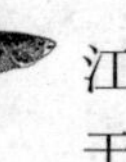

漠斑牙鲆自从引入我国辽宁、河北、北京、山东、浙江、海南、广东等地，已成为新兴的海、淡水养殖对象，适于土池、网箱、工厂化养殖。

三、黄盖鲽

黄盖鲽 *Pseudopleuronectes yokohamae*，隶属于鲽形目 Pleuronectiformes 鲽科 Pleuronectidae 黄盖鲽属 *Pseudopleuronectes*，地方名为黄盖、沙板、沙盖、小嘴等（图 16-20）。

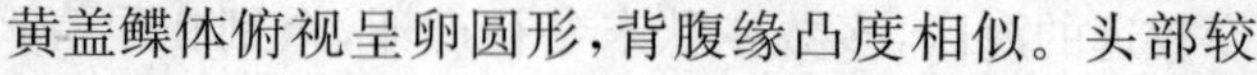

黄盖鲽体俯视呈卵圆形，背腹缘凸度相似。头部较

小，口斜形，左右侧不甚对称。眼颇小，均在右侧，下眼前缘稍在上眼之前。牙颇小而侧扁，上鳃盖边缘略呈游离。肛门在无眼侧。尾柄短而高。

鳞颇小，通常有眼侧为栉鳞，无眼侧为圆鳞，左右侧线同等发达，前部在胸鳍上方有一较低的弓状弯曲部。

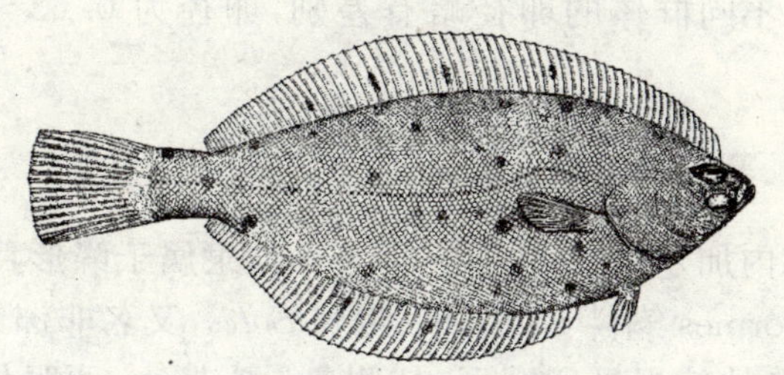

图 16-20 黄盖鲽(引自张春霖，1955)

有眼侧为褐色或黄褐色，有时有大小不等的暗色斑纹散布体部，背鳍及臀鳍上有时亦有暗色斑纹，尾鳍后缘暗色或黑色。

黄盖鲽是西太平洋特有种类，属于典型底栖食性鱼类，是分布于近岸的冷温性鱼种，喜欢在光线微弱而水质清新的海藻丛生处活动，但多数时间潜入泥沙。黄盖鲽的适温很广，终年都可以在黄、渤海近海生活。当水温为6℃～24℃时，生长良好；水温低于6℃时，生长缓慢；高于26℃、低于3℃时，死亡率开始明显上升。适宜生长的盐度范围为26～33。

黄盖鲽主要摄食底栖生物，有腔肠类、纽虫类、多毛类、软体动物类、甲壳类、棘皮动物类、原索类和鱼类等。

黄盖鲽雄性成熟比雌性早，雄鱼两龄、雌鱼3龄性腺开始成熟。繁殖群体中，雄鱼3龄、雌鱼4龄时开始大量性成熟。

黄、渤海黄盖鲽的繁殖季节在3～5月份，4月上旬为盛期。1年性成熟1次，一次性产卵。黄盖鲽具有较高的繁殖能力，其产卵个体的繁殖力波动范围为14.6万～204万粒，平均为78.25万粒。

黄盖鲽的受精卵为沉性卵，成熟卵呈半透明球形，具黏性。不同群体的卵径略有差别，卵径为0.63～0.92 mm。

四、塞内加尔鳎

塞内加尔鳎 *Solea senegalensis*，隶属于鲽形目 Peuronetiformes 鳎科 Soleoidae 鳎属 *Soles*，又名非洲鳎（16-21）。鱼体俯视呈卵圆形，甚侧扁。头较小，两眼位于头部右侧。口小，侧线近直线状。背、臀鳍均为无棘鳍，背鳍和臀鳍最后一根鳍条与尾鳍基部间有一低膜相连。有眼侧胸鳍整个中后部有一黑斑，无眼侧白色，体两侧均被小栉鳞。有眼侧第一鳃弓上的鳃耙形似短结节。

图16-21　塞内加尔鳎（引自雷霁霖，2005）

塞内加尔鳎分布于大西洋东部的比斯开湾沿岸的拉罗切利至加那利群岛一带，以及地中海西班牙和突尼斯沿海。属暖温性鱼类，主要栖息于沿岸水深100 m以内泥沙底质的浅水水域。摄食小型底栖无脊椎动物，主要是多毛类和双壳贝类，也包括一些摇蚊幼虫和小型甲壳类。雌鱼全长 32 cm，3 龄以上性成熟。产卵季节西班牙和法国沿岸为 5～6 月份，地中海突尼斯沿岸为 2～5 月份。

目前塞内加尔鳎已引进我国进行了试养，证明其非常适合我国本地的环境条件。现正探索苗种繁育和养殖技术中的一些技术环节。

第十七章　东方鲀养殖

东方鲀通称河鲀，是鲀形目中种类最多、经济价值最高的一个大类，其中的红鳍东方鲀、假睛东方鲀、紫色东方鲀，在日本被称为“鱼中之王”。在韩国，黄鳍东方鲀则深受人们喜爱。东方鲀的卵巢、肝脏、血液含有河豚毒素，需经严格处理之后方可食用，而提纯的河鲀毒素及其制剂是缓解肌肉痉挛的高级药物。因此，河鲀中体型较大的部分品种，都是开发养殖的对象。

第一节　红鳍东方鲀养殖

红鳍东方鲀 *Takifugu rubripes*，隶属于鲀形目 Tetraodontiformes 鲀科 Tetraodontidae 东方鲀属 *Takifugu*，俗称黑廷巴、黑蜡头、河豚、大黑皮、气鼓鱼等

(图 17-1)。在我国,主要分布于黄海、渤海和东海,国外见于朝鲜半岛和日本海域。该鱼体内很多器官和部位含有毒素,毒性猛烈,但各部位强弱不一样,以卵巢和肝脏含毒最强,依次为皮肤、肠、肾、眼、鳃、脊髓、脾、血、精巢。通常肌肉无毒,且肉味鲜美可食,是养殖的极好鱼种。

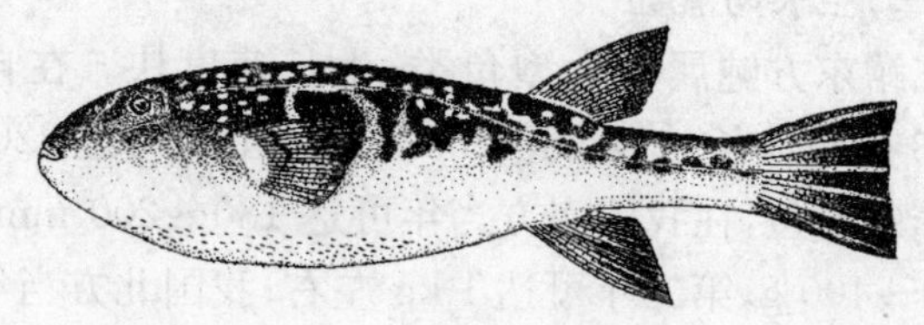

图 17-1　红鳍东方鲀(引自苏锦祥,2002)

一、生物学特性

(一)形态特征

红鳍东方鲀体近圆柱形,前部较粗圆,向后渐细狭,尾柄细长,其后部渐侧扁。头较大,吻圆钝,眼小而高位,较接近头顶,口小,上、下颌约等长,各具两枚喙状齿板,中央齿缝显著。头部与体背、腹面均被小强刺,各鳍无棘。头体背面和上侧面呈青黑色,少数有许多不规则的小黑斑,腹部白色。体侧在胸鳍后上方有一白边黑色大斑,大部分为胸鳍所盖。黑斑的前方、下方及后方有不规则的小黑斑。背鳍、尾鳍黑色,臀鳍白色。

(二)生活习性

红鳍东方鲀为近海暖温性底层鱼类,喜栖于沿岸海湾的礁石、沙泥带,平时常将身体埋于沙中,有时也进入咸淡水水域中。越冬场在黄海南部及东海北部外海,越冬后 3 月份开始向各沿海进行生殖洄游。生长的适宜温度为 15℃～28℃，最适水温为 22℃～26℃，幼鱼对 28℃～30℃的高温有较强的耐受能力。适宜盐度为 8～29，实际上偏低的盐度(8～20)有利于成活。

该鱼为肉食性鱼类，主要摄食贝类、甲壳类及其幼体、鱼类等。由于它们具有强壮的板状牙，能咬碎坚硬食物。

(三)生长与繁殖

红鳍东方鲀属较大型鱼类，生长速度快。在自然海区中，3 龄鱼体长一般可达 265 mm，4 龄鱼可达 320 mm。人工养殖的鱼，在我国南方当年可达 180～200 mm，体重达 300～400 g，第二年可达 1 kg 左右；我国北方当年苗只能长到 200 g 左右。

红鳍东方鲀雌鱼最小性成熟年龄为两龄，一般为 4～5 龄，最小成熟个体为 360 mm；雄鱼最小成熟年龄为两龄，一般为 3～4 龄，最小成熟个体为 350 mm。该鱼怀卵量较大，通常 1.5～3.0 kg 的雌鱼怀卵量为 20 万～30 万粒；体重 4.5 kg 的雌鱼怀卵量达 150 万粒左右。红鳍东方鲀为一次性产卵型鱼类，产卵期为 4～6 月份，盛期在 5 月中、下旬。产卵海区的环境条件，一般水深为 10～40 m，盐度为 32～33，产卵期的底层水温为 14℃～18℃。结群产卵，受精卵黏附在岩石、沙砾或海藻上孵化。

二、人工繁殖

红鳍东方鲀产沉性兼黏性卵，故繁殖与育苗方法与许多产浮性卵鱼类有较大的不同。

(一)亲鱼来源与培育

在自然繁殖季节(5 月初至 6 月)，从近海产卵场捕捞野生性成熟个体，进行人工采卵授精。由于该鱼为一次性产卵，产卵期比较集中，周期较短，故需抓住时机。性腺成熟的亲鱼腹部饱满、松软，生殖孔发红。若有些亲鱼腹部很膨大，但还挤不出卵，可运回育苗场暂养数日，等待完全成熟再采卵。为了避免性腺退化，可在采捕后立即注射少量 HCG（剂量为 500 IU/kg），争取在短时间内完成采卵受精。

亲鱼的另一来源是人工培育。可以在池塘培育也可以用网箱培育。当秋季气温开始下降时，挑选养殖的已达性成熟的、健壮的大个体，移入室内水泥池中越冬，放养密度为 1～2 kg/m^3 水体，水温保持 12℃左右，控制池表面照度在 300～1 000 lx，日换水约 1/2。投喂饵料为冰鲜杂鱼、贻贝肉、活沙蚕等，另添加维生素 C 和 E，日投喂 1 次，投饵率 2%～3%，加强管理，保持安静。3 月中下旬开始逐渐升温，每提高 0.5℃维持 5 天左右，至 4 月下旬水温维持在 15℃～16℃，此时与外界水温相差不大，要增加换水量。5 月上旬当水温上升至 17℃左右时，选择腹部膨大的亲鱼，并做好雌、雄比例（1∶1）搭配，准备催产。

（二）催产及授精

对于野生亲鱼，只要数量足、性腺成熟度好，现场采卵受精，可获得大批量的受精卵。人工培育的亲鱼也可在室内池中自然产卵。为了集中获得大量的受精卵，目前仍以激素催熟的人工授精的方法占多数。

催产常用药物为 LRH-A 和 HCG。注射剂量为 LRH-A 100～150 μg/kg，HCG 为 2 000～2 500 IU/kg，或 LRH-A 50～100 μg/kg＋HCG 1 000 IU/kg 雌鱼体重两者合用，雄鱼注射量减半。正常情况下经过一段效应时间（48～96 小时）后，可自行产卵，也可进行人工采卵授精。授精后静置 5～10 分钟，然后用干净海水冲洗几遍。初产出的卵卵膜柔软，受精后数小时卵膜变硬，表面光滑，为乳白色或淡黄色；未受精卵在 4～5 天后变成黄色，表面粗糙，易被捏碎。

（三）受精卵孵化

红鳍东方鲀的卵为沉性卵，卵受精后数日，其体积和质量均较受精初期减小 10%～15%，此时受精卵可按 600～700 粒/克计算。孵化时一定要通过充气或水流让受精卵在孵化器中悬浮起来。因此为适应沉性卵的孵化要求，需要设置专用的孵化器。常用的孵化器为聚乙烯材质，规格尺寸如图 17-2。

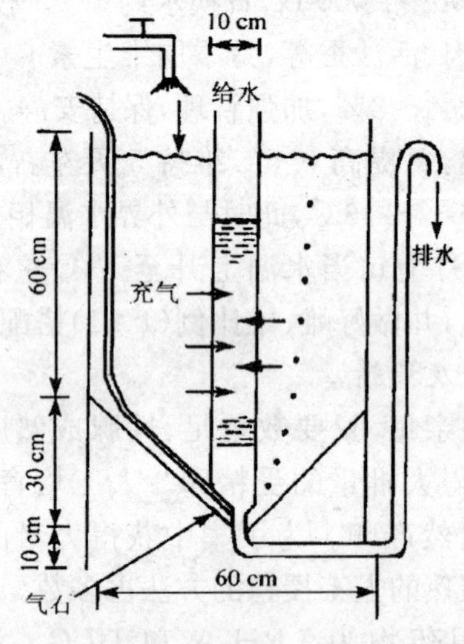

图 17-2　红鳍东方鲀孵化器

（引自雷霁霖，2005）

控制照度在 500 lx 左右，盐度为 32，水温在 13℃～22℃的范围，该孵化器可放受精卵 50 万～100 万粒。和其他鱼类一样，在适温范围内，随水温的提高胚胎孵化的时间缩短，如水温 13℃～15℃约需 15 天，15℃～17℃约需10天，19℃～21℃时需6～7天。红鳍东方胚胎发育进展时间不平衡，故仔鱼出膜时间常延长3～4天，第1天出膜很少，第2天孵出最多，占70%左右。仔鱼孵出一部分后，可暂时停止流水，将浮于水面的仔鱼用勺舀出或虹吸管吸出，其余卵可继续进行孵化。

若要进行运输，可用塑料袋充氧密封运输，每袋装20万～40万粒受精卵即可。

（四）胚胎及仔、稚鱼发育

红鳍东方鲀在18℃～20℃水温条件下的胚胎发育过程见表17-1。

表17-1　红鳍东方鲀胚胎发育时序（18℃～20℃）

受精后时间	发育期	主要特征
0 min	受精卵	胚胎开始发育
1 h 30 min	2细胞期	第一次分裂
3 h 45 min	4细胞期	第二次分裂
5 h 45 min	8细胞期	第三次分裂
15 h	多细胞期	细胞明显变小
36 h	高囊胚期	囊胚呈高帽状，突出于动物极
42 h	低囊胚期	囊胚高度下降，边沿向外扩展
71 h	胚胎绕卵黄2/3	晶体变黑，体干部出现少量黑色素
96 h	发眼期	眼球开始变黑，体干部点状色素增多
101 h	胚胎绕卵黄3/4	眼球发黑，体干部枝状黑色素增多
141 h	将孵期	即将破膜而出
150 h	孵化期	仔鱼开始大量孵出

（引自雷霁霖，2005）

初孵仔鱼全长为 2.4～2.6 mm，背部有大量黑色素细胞，油球表面有大量黄色素细胞，眼睛大、口凹小，体圆而粗短，胸鳍小而透明。

仔鱼孵出的第 3 天，全长为 2.7～3.2 mm，已开口，白天集中于水体中上层活动，夜间分布比较均匀，部分仔鱼已开始摄食小型轮虫，呈间歇性游动，且较缓慢。

孵出 5～6 天的仔鱼，全长为 3.2～4.0 mm，卵黄囊全部消失，仔鱼多集中于池中央光线较强的中上层水体中，游泳比较迅速，夜间趋光现象明显，呈局部集群，以摄食轮虫为主。

孵出后 10 天的仔鱼，全长为 4.7～5.8 mm，身体为暗黑色，胸鳍发达，鳍条出现，各鳍褶分化，臀鳍褶已分开，仔鱼出现相互攻击和离水后“鼓气”习性，以摄食轮虫为主。

孵出后 15 天，全长为 6～7 mm，背鳍、尾鳍、臀鳍已完全分化，体背部有大量黑色素和黄色素细胞，尾鳍由透明变成淡白色并出现黑点，已进入稚鱼期，开始摄食卤虫幼体，游泳速度显著加快，集群、趋光现象明显，攻击和残食现象加剧，个别鱼苗被咬受伤致死。

孵出后 20 天，全长为 8.5～9.5 mm，背部黑色素明显增加，以摄食卤虫幼体为主，各鳍均已完善，左、右胸鳍处的白色大圆斑开始出现，体色与体形近似成鱼。

孵出后的 62 天，全长为 40～47 mm，背部较黑，花纹清晰，胸斑较发达，背鳍基部黑斑也开始出现，体形和习性已酷似成鱼。

孵化后 80 天，全长为 54～60 mm，头形、体形、胸斑、尾斑、体色、花纹以及尾鳍形状均与成鱼相同，为典型幼鱼(图 17-3)。

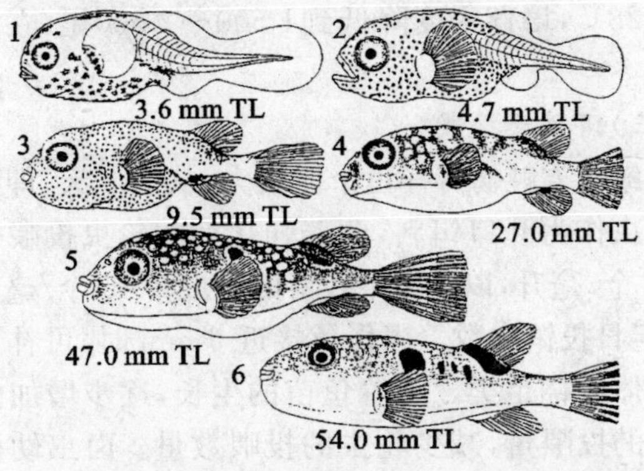

1. 孵化后 6 天；2. 10 日龄仔鱼；3. 20 日龄稚鱼；
4. 45 日龄稚鱼；5. 62 日龄稚鱼； 6. 80 日龄幼鱼

图 17-3 仔、稚、幼鱼发育(引自雷霁霖，2005)

三、鱼苗培育

(一)育苗设施

红鳍东方鲀育苗设施与常规的育苗设施基本相同。初期仔鱼的培育一般在室内水泥池进行，后期除继续室内培育外，还可转入室外池塘或海上网箱中进行“接力”培育。

室内用水泥池一般为 20～60 m^2。培育至 5～6 mm 时，需 10～15 天，开始出现互残现象。此时要进行分池，进行后续培育。

(二)培育条件与密度

培育池的光照强度控制在 500～1 000 lx，水温为 15℃～20℃，pH 值为 7. 8～8. 2，盐度为 28～30，可进行微量充气，初孵仔鱼的培养密度为 2 万～3 万尾/立方米水体。当培育至 5 cm 以后，可增加光照强度，以利水温的自然提升而加速鱼苗的生长，此时可把水温提升到

20℃～28℃，培育密度降低到1 500～2 500尾/立方米水体。

（三）饵料及投喂

红鳍东方鲀初孵仔鱼个体较大，从第 3 天，即可直接投喂轮虫作为开口饵料，营养强化后的轮虫投喂密度为10～15 个/毫升，以水体中残留的轮虫 2～5 个/毫升为指标，确定日投饵次数。当仔鱼接近 5 mm 时，可补充投喂卤虫幼体或桡足类。随着鱼苗的生长，逐步增加卤虫及桡足类的投喂量，减少轮虫的投喂数量。卤虫幼体的密度保持在 0.1～1.0 个/毫升。当鱼苗长至 9～10 mm 时，开始投喂糠虾、鱼肉糜等冰鲜饵料，或驯化配合颗粒饲料，直到出池。但不论使用什么饵料，务必保证质量和数量，以防残食加剧。

（四）日常管理

前期可采取静水、微充气培育，每日在投饵前换水一次，每次换水 1/3～1/2；后期应加大换水量，日换水 2～3 次；投喂冰鲜饵料后水质容易污染，应进行流水培育。投喂饵料要逐步加大投喂量和次数，尤其凌晨要及时投喂。当仔鱼 5～6 mm 时，个体间的差异增大，将出现互残现象，同时会因密度过大而影响生长速度，因此要及时分苗，降低密度，扩大水体进行后期培育。进入幼鱼期后，可按不同规格再分选 1 次，平时要加强水质检测和病害防治。

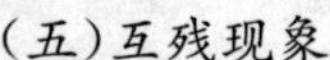

（五）互残现象

在红鳍东方鲀的苗种培育过程中会发生严重的互相残食现象，使成活率大大降低，严重时导致育苗失败，因此防止河鲀相互残食是苗种生产上的主要难点。红鳍东方鲀互相残食从全长 5 mm 即开始，尤其以 15～20 mm 后更严重。这主要是随着个体的增大，鱼苗规格不一、空

腹、投饵不适、饵料不足和密度过大等原因所致。所以预防的方法是尽量做到放养鱼苗整齐一致，投饵要求优质、充足、及时，坚持投早、投好、及时分选分养，避免密度过大等。

四、成鱼养殖

目前我国沿海红鳍东方鲀主要是网箱和池塘养殖。

(一)网箱养殖

1. 养殖设施

网箱养殖红鳍东方鲀与养殖其他鱼类的网箱有所不同。因其尖利的大板牙，又有残咬的天性，所以不仅要考虑网衣的安全性，还要考虑网箱面积与放养密度的关系。如前期养殖可用化纤网箱，后期养殖则需改用金属网箱，也可以使用合成树脂成型的网衣代替金属网箱。

2. 苗种放养

红鳍东方鲀养殖要尽量选用较大容积的网箱。随着河鲀的生长，要及时更换较大网目的网箱(表 17-2)。每立方米水体的投放量为：体重 100 g 以下的鱼种为 6～14 尾、体重 100～300 g 的为 5～9 尾、体重 300～500 g 的为 4～7 尾。

表 17-2 红鳍东方鲀放养规格与网目之间的关系

放养规格	10 cm 以下	10～17 cm	17～22 cm	22 cm 以上
网目	120～90 节	20～15 节	15～7 节	金属网箱 40 mm

3. 饵料及投喂

饲养红鳍东方鲀仍以鲜杂鱼为主，初期投喂切碎的玉筋鱼，随着鱼体长大改投沙丁鱼、鲐鱼、石首鱼等冷冻品和部分鲜活饵料，同时搭配投喂配合饲料等，实行各种饲料交替使用;每天的投喂次数,放养初期为3～4次,中期为两次,后期为1次;日投喂量以当天能摄食干净为宜。为防止残食,要尽早开始投喂。高温快速生长期,每日投饵量为体重的10%～20%,低温时可降低到2.0%左右。

4. 齿切除

齿切除工作是红鳍东方鲀养殖的一项特殊管理工作。通常第一次齿切除应在7月份,体重约50 g时进行。此时的水温有利于受伤尾鳍的再生,且不至于发生大量死亡。8～9月份进行切除,因处于高水温期,尾鳍再生缓慢,死亡率较高,其后果不理想。第二次齿切除是在翌年的5月份,对尾鳍的再生和生长都比较有利。

(二)池塘养殖

我国北方大多数红鳍东方鲀养殖池塘面积较大,为1～3公顷,池深2～2.5 m。

投放当年的苗种,规格应在3 cm以上,在水温较适宜的6～7月份。放养密度为每亩800～1 000尾。若放养越冬后的大规格鱼种(一般为100～150克/尾),其放养密度应掌握在每亩100～200尾。放养的规格尽量一致,健康活泼、无畸形。放养前最好进行药浴以防寄生虫等病害侵袭。

饵料以冰鲜杂鱼为主,最好加工成软颗粒饵料冰冻后投喂。日投饵两次,投饵率为3%～7%。注意池水的调节,最低每个潮汛要换水一次。

养殖期间要经常巡塘,观察养殖鱼的生长和摄食情况,注意防病、治病。

红鳍东方鲀除单养外,近年来也进行了与对虾混养的试验,每亩放养虾苗8 000～10 000尾,这样虾以鱼的残饵、粪便为食,鱼又吃掉病死虾,有利于阻断疾病的传

播，从而可使鱼、虾获得双丰收。

第二节 东方鲀其他养殖鱼类

一、假睛东方鲀

假睛东方鲀 *Takifugu pseudonmas*，俗称黑延巴、大黑皮等，是东方鲀属中体型较大、生长速度较快的一个品种。主要分布于中国、朝鲜和日本沿海，在我国主要分布于黄、渤海。假睛东方鲀口前位，齿锋利，无鳞片，无耳石。身体背部为青黑色，常有黑白花点，胸鳍上方两侧有一对对称的"大圆斑"，皮上具刺鳞(图 17-4)。

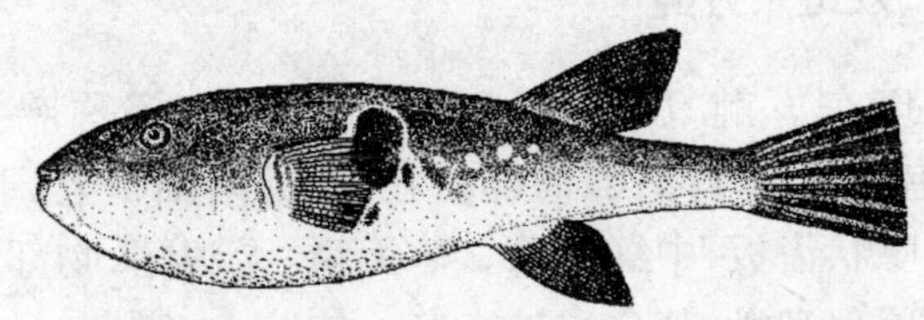

图 17-4 假睛东方鲀(引自苏锦祥，2002)

假睛东方鲀性贪食，系肉食性底层鱼类。

假睛东方鲀雌鱼最小成熟年龄为 3 龄，一般为 4～5 龄；雄鱼最小成熟年龄为两龄，一般为 3～4 龄。成熟雌鱼体长一般为 30～50 cm，体重为 1 000～4 500 g；雄鱼体长范围为 25～45 cm，体重为 900～3 500 g。

假睛东方鲀在山东南部的繁殖期为 5 月上旬到 5 月下旬，盛期为 5 月中旬。繁殖季节产卵场表层水温为 14℃～18℃，海水盐度为 33 左右。繁殖季节雌、雄亲鱼游近沿岸产卵，亲鱼产后很快游离产卵场。

假睛东方鲀的怀卵量随体长、体重的增加而增大。体重为 1 400～1 800 g 的亲鱼怀卵量为 39 万～60 万粒；体重为 2 100～2 500 g，怀卵量为 50 万～80 万粒；体重为 4 100 g 的亲鱼怀卵量可达 140 余万粒。

假睛东方鲀属一次性产卵鱼类，卵为沉性，遇水有黏性，易聚集成块。卵淡黄色不透明，卵径为 1.20～1.38 mm，内有大小不一的油球数个。因此孵化时需采用充气或流水措施，使卵子浮起，避免沉底结块。孵化在光照强度为 600～800 lx 的弱光下、温度为 14℃～20℃、盐度 32 左右的条件下进行。在一定范围内，随水温升高孵化速度加快，但孵化率会随之降低。孵化周期：16℃～17℃时需 9～10 天；19℃～21℃时需 6～7 天。

二、双斑东方鲀

双斑东方鲀 *Takifugu bimaculatus*，俗称鸡抱、抱鱼、花抱等。身体修长，前部粗壮，后部渐细。上、下颌各具两个喙状齿板，中缝显著。体无鳞，无腹鳍，吻部、头部两侧及尾部光滑，其余均被小刺。体腔大、鳔大、具气囊。体被侧面具 10 余条深褐色弧形横纹，腹面乳白色。胸鳍后上方具一白边黑斑。背鳍基底白色并具白边黑斑，胸鳍基底两侧各有一小黑斑（图 17-5）。

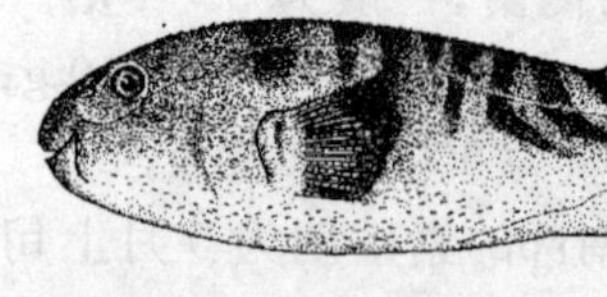

图 17-5　双斑东方鲀（引自苏锦祥，2002）

双斑东方鲀为暖温性底层鱼类，主要分布于我国黄海南部、东海和南海近海的河口、近岸水域。一般栖息在岛礁附近，生活在水深 40～50 m 处，对低盐度水域有较强的适应性。昼沉夜浮，以底栖动物为食，兼食浮游生物。

双斑东方鲀生殖期为 3～5 月份，产卵水温为 15℃～25℃，盐度为 22～33。雄鱼两龄达性成熟，雌鱼初次性成熟年龄为 3～4 龄，体重为 750～1 750 g，雄鱼成熟比雌鱼稍慢。每尾雌鱼怀卵量为 40 万～70 万粒。雌鱼性腺一次性成熟，一次产卵。产卵期在福建为 3～4 月份，以 4 月上、中旬为盛期；浙江为 3 月中旬至 6 月上旬，以 4 月下旬至 5 月上旬为盛期。

受精卵孵化要大充气，水温一般控制在 18℃以上，以 21℃～23℃为好，避免强光照射，经 117～156 小时仔鱼开始孵出，至孵出完毕需 3～4 天。在水温为 15℃～18℃下，受精卵约经 8 天(192 小时)的孵化，仔鱼才开始孵出。

双斑东方鲀受精卵乳白色，卵膜厚、不透明，卵径为 0.7～1.0 mm。

双斑东方鲀肉味鲜美，是我国和日本等亚洲国家传统的食用鱼类。但卵巢、肝脏、血液含有河豚毒素，需经严格处理之后方可食用。近年来，我国已开始对该鱼人工育苗进行试验，并实现了小规模生产，可望在近期内达到产业化生产水平，使其成为新的养殖对象。

三、黄鳍东方鲀

黄鳍东方鲀 *Takifugu xanthopterus*，头、胸部粗圆，微侧扁，躯干后部渐细，尾柄圆锥状，后部渐侧扁。体侧下缘纵行皮褶发达。头大，钝圆。吻短，钝圆。眼中等大，侧上位。口稍小，前位，呈横浅弧形状。上、下颌牙呈喙状，牙齿与上、下颌骨愈合，形成 4 个大牙板，中央缝显著。唇厚，有细裂纹，下唇较上唇长，其两端向上弯曲，伸达上唇外侧。侧线发达，无腹鳍。

体腔大，腹腔淡色，鳔大，有气囊。

黄鳍东方鲀体背面浅青灰色，有多条深蓝色斜行宽带，宽带有时断裂成斑带状。无胸斑，胸带附近的斜行宽带末端常呈椭圆状。背鳍基底有一椭圆形蓝黑色大斑。胸鳍基底内、外侧各具一蓝黑色圆斑。腹面乳白色。体侧下缘纵行皮褶幼鱼时呈黄色，成鱼时为乳白色。各鳍显明橘黄色（图 17-6）。

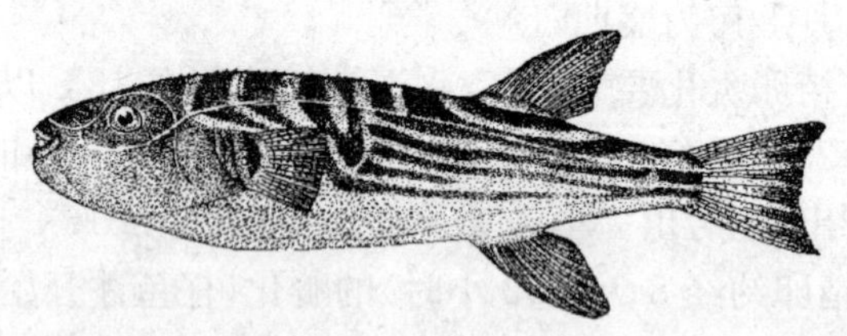

图 17-6　黄鳍东方鲀（引自苏锦祥，2005）

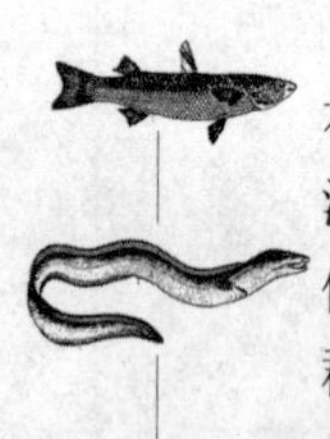

黄鳍东方鲀为暖温性近海底层中大型鱼类。主要分布于相模湾以南的日本太平洋沿海，以及朝鲜和中国沿海海域。主要摄食贝类、甲壳类、棘皮动物和鱼类等。个体较大，体长为 200～500 mm，大的可达 600 mm。喜集群，亦进入江、河口，幼鱼栖息于咸淡水中，冬期末性腺开始成熟，春季产卵。南方海域 4～5 月份开始出现幼鱼。每年 2 月份从外海游向近岸，10 月份由近岸向外海洄游越冬。本种分布广，各海区较常见，产量较高。卵巢和肝脏剧毒，大肠有毒，肌肉、皮、精巢无毒。

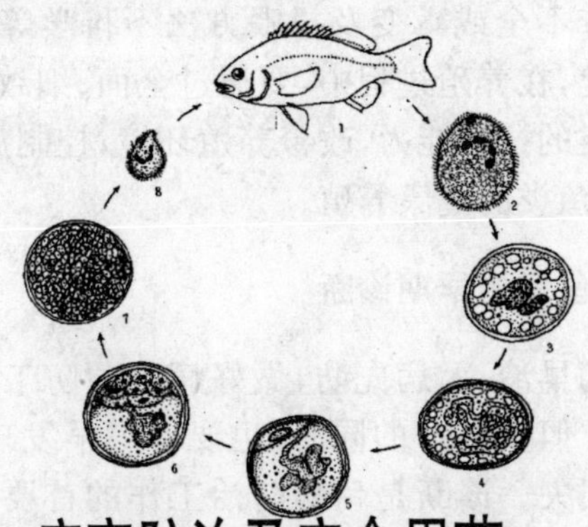

第十八章　病害防治及安全用药

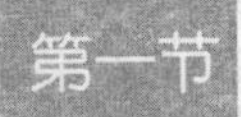

第一节　发病原因及诊断

一、发病原因

造成鱼病发生的原因，不仅仅是病原体的感染和侵害，还与养殖鱼类本身的健康状况及其栖息的环境密切相关。养殖的鱼类是病原生物的侵袭目标，病原生物是导致鱼病发生的先决条件，没有病原体，鱼病就不可能发生。但当水环境不能满足鱼的需要或不利于鱼体的生活，或部分鱼体的健康状况不良、体质较弱、抗病力差时，它们就更容易被感染，给疾病的发生提供了必要条件。另外饲养管理不善，例如养殖密度过高、饲料的质量差、营养成分不全或霉变及投喂方法不科学等，也易引起疾病。因此，在养殖过程中，要通过全面、细致的管理，提高养殖鱼类的抗病能力，改善养殖环境，控制病原生物的传播，实现鱼类的健康养殖。

二、鱼病的早期诊断

有病早治，无病先防，做好病害预防工作，才能防患于未然。但在“防”的同时，也要有病早发现、早治疗，才能减少损失。诊断是鱼病防治工作的首要环节，只有在正确诊断的基础上才能对症下药。在条件不完善的情况下，现场的检查与诊断尤其重要。

1. 活力与游动

正常健康的鱼，常集群静卧于池底，反应敏捷，若是病鱼，则一般离群独游，活动缓慢。

2. 摄食

健康正常的鱼，食欲旺盛，并且会定时游向食场，摄食时会成群聚集抢食。而病鱼，则反应迟钝、食欲减退，甚至不摄食。

3. 体色和体表

正常鱼的鳞片完整，体色鲜亮。而病鱼，体色发暗，色泽消退；有的体表上显现各种斑点，甚至鳞片脱落，皮肤充血、发炎、溃疡；有的病鱼鳞片竖立、腹部肿大、眼睛突出、鳍膜破裂等。

4. 鳃部

正常鱼的鳃丝是鲜红的，而病鱼的鳃丝黏液较多，附有污泥，甚至腐烂；有的鳃盖骨透明或有腐蚀空洞、鳃软骨外露等。

三、安全用药

发现鱼病就需要治疗。对症下药，这是众所周知的道理。但在鲆、鲽类的养殖生产中（包括其他水产品的养殖）却存在着诸如药物的选择不准确、搭配不合理或使用方法不当等许多问题，使养殖的鱼要么是病没治好，造成死亡；要么是病虽治好了，治疗药物却在鱼体内累积，造成鱼体中毒，达不到无公害产品的要求。

1.渔药使用的基本原则

渔用药物的使用准则，国家已有了明确的规定，该准则《无公害食品・渔用药物使用准则》(NY5071—2002)规定：渔用药物的使用应以不危害人的健康和不破坏水域的生态环境为基本原则。在养殖过程中对病害的防治，应严格遵循国家和有关部门对渔药使用的规定，严禁使用未经取得生产许可证、批准文号与没有生产标准的渔药。积极鼓励使用“三效”（高效、速效、长效）、“三小”（毒性小、副作用小、用量小）的渔药，提倡使用水产专用渔药、生物源渔药和渔用生物制品。病害发生时应对症用药，防止滥用渔药与盲目增大用药量或增加用药次数。水产品上市前，应有相应的休药期。休药期长短，应确保上市水产品的药物残留量符合《无公害食品・水产品中渔药残留限量要求》(NY5070—2002)，养殖用饲料中的药物添加应符合《无公害食品・渔用配合饲料安全限量要求》(NY5072—2002)，不得选用国家规定禁止使用的药物或添加剂，也不得在饲料中长期添加抗菌药物。

2.药物的选择与使用方法

在查清了病原的基础上，选择何种药物来治疗养殖鱼类的疾病，需要考虑以下几个方面：

第一要根据患病鱼的状况来确定。首先根据鱼的大小、吃食状况确定渔药的使用方法：是用药饵投喂、药浴浸泡，还是注射、涂抹等，然后再选择渔药。

第二要根据病原体来确定。要确认病原，对症下药，根据病毒、细菌、寄生虫等病原体的特点，选择用药。

第三要了解渔药的特性。药物是水溶性的，还是脂溶性的；是外用的，还是内服的；和其他药物能否混合使用等一系列问题都要了解，才能决定其使用方法。

第四要了解该药物是否经常使用，多次使用同一种药物，会导致病原菌的耐药性逐渐增强。

3. 渔药使用中应注意的问题

生产中经常遇到治疗失效的现象。出现此类问题后要认真分析、综合判断，不能盲目地下结论，更不能胡乱换药，盲目治疗。

首先，要仔细审核对病原体的鉴定是否正确，只有对病原体进行正确分析和鉴定，才能对症下药。

其次，考虑用药浓度是否足量，不能随意增减用药量、延长或缩短用药时间。

第三，所选药物是否初次使用，是否与其他药物混合使用，使用时的水温等环境因子的干扰等因素也要考虑到。

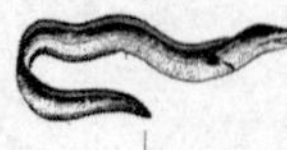

第二节 主要病害防治

一、病毒性疾病

1. 淋巴囊肿病

(1)症状：病原属虹彩病毒科的鱼淋巴囊肿病毒，又

称虹彩病毒病。病鱼的皮肤、鳍和尾部等处出现许多小水泡状囊肿物，尤其是口、背鳍和尾鳍处较多，严重患者可遍及全身，内部器官上也可感染。这些囊肿物多呈白色、淡灰色、灰黄色，有的带有出血灶而显微红色；囊肿的大小不一，小的仅 1～2 mm，大者 10 mm 以上，并常紧密相连成桑葚状。鱼体明显发黑、消瘦，直至死亡。此病全年可见，但在水温为 10℃～25℃时为发病高峰期。

(2)防治方法：目前对于病毒性疾病，尚无有效的治疗方法。因此，在引进亲本、苗种时，应严格检疫，发现携带病原者应彻底销毁。养殖过程中如发现病鱼要及时拣出，并隔离养殖，防止感染其他健康鱼。当囊肿数量少和病轻时，可割除病鱼的囊肿，并以每千克海水加 50 mg 的双氧水或聚乙烯吡咯烷酮碘浸浴 10～30 分钟，再将病鱼转养于清洁的池中，细心管理。

2. 传染性胰脏坏死病

(1)症状：病原为双 RNA 病毒。病鱼体色加深，鳞片疏松，鳍膜破裂，肝脏贫血，鳃呈贫血状褪色。有的眼球突出，腹部肿胀、腹腔积水，肛门多拖带线状白色粪便。缓慢浮游于水面，严重时身体失去平衡，腹部朝上，然后下沉池底，死亡。发病水温一般为 10℃～15℃。

(2)防治方法：同淋巴囊肿病。

3. 牙鲆弹状病毒病

(1)症状：病原为牙鲆弹状病毒。体表和鳍充血或出血，腹部膨胀，内有腹水。主要危害牙鲆，发病季节为冬季和早春，10℃左右的低水温为发病高峰期，超过 18℃时可痊愈。

(2)防治方法：将水温升至 18℃以上或鱼卵用每千克海水加有机碘 25 mg 的浓度浸泡 15 分钟。同时注意饲育水的消毒。

4. 大菱鲆疱疹病毒病

(1)症状：病原为大菱鲆疱疹病毒。病鱼反应迟钝，活力减弱；厌食，躺在水底，头尾常常翘起；严重感染的鱼，呼吸困难，对温度、盐度波动敏感。主要危害大菱鲆幼鱼，可引起快速死亡。

(2)防治方法：同淋巴囊肿病。

5. 真鲷虹彩病毒病

(1)症状：病原为虹彩病毒，属 DNA 病毒。病鱼体色变黑，体表和鳍出血，鳃褪色呈贫血状；脾、肾肥大。主要危害幼鱼，水温为 22.6℃～25.5℃时为发病高峰期，水温下降至 18℃以下可自然停止发病。

(2)防治方法：受精卵以每立方米水含 50 g 聚乙烯吡咯烷酮碘（PVP-I，含有效碘 10%）浸浴 15～20 分钟，再移入孵化池；孵化用水经紫外线或臭氧消毒。在养殖中要尽量减少对鱼体的应激反应，保持相对稳定的环境。

6. 病毒性神经坏死病

(1)症状：病原为野田病毒。病鱼不摄食、消瘦、体色发黑、游泳异常。腹部朝上，在水面作水平旋转或上下转动，呈痉挛状。解剖病鱼，鳔明显膨胀（有鳔类鱼），脑、脊髓、视网膜的神经组织中有空泡形成。对仔、稚鱼危害较大，25℃～28℃为发病高峰期。

(2)防治方法：尚无有效的治疗方法。养殖用水可用紫外线等消毒处理，预防发病。

7. 红细胞坏死病

(1)症状：病原为 VEN 病毒。病鱼无活力，对外界刺激反应弱，食欲减退，鳃和内脏颜色苍白。

(2)防治方法：改善养殖环境，经常使用抗病毒、抗菌药饵，防止并发症。发病后及时隔离，做好消毒处理。

二、细菌性疾病

1. 弧菌病

(1)症状：病原主要为弧菌属的鳗弧菌、副溶血弧菌、溶藻弧菌、哈维氏弧菌等，菌体革兰氏阴性。感染初期，病鱼食欲减退，离群独游，平衡失调，腹部朝天，打转。共同症状是体表有淤斑、褪色、溃烂，下颌出血溃疡，腹部膨大，肛门红肿，鳍条缺损，尾柄肌肉腐烂。眼角膜白浊，眼球出血。肝、脾、肾、肠均充血，肝脏肿大呈土黄色，肠道内有淡黄色黏液。该病多发在 4～11 月份，但以夏季高温期为盛。感染迅速，死亡率高。

(2)防治方法：弧菌为条件致病菌，只有在应激的条件下，才成为鱼类的致病菌。平时要保持良好的养殖环境，投喂新鲜优质饲料，操作要小心谨慎，避免鱼体受伤，定期对养殖区域和鱼体进行消毒，并适当在饲料中添加抗菌素、维生素等。一旦感染致病，可口服氟苯尼考、诺氟沙星、氧氟沙星等抗生素药饵，用量为 1～2 g/kg 饲料，疗程为 3～7 天。还可用磺胺甲基嘧啶 0.2 g/kg 鱼体重或土霉素 50～80 mg/kg 鱼体重，5 天为一疗程。

2. 爱德华氏菌病

(1)症状：病原为迟钝爱德华氏菌，革兰氏阴性，具有周鞭毛，运动活泼。病鱼体表多处溃疡，上、下颌溃烂，尾鳍糜烂；鳃丝上布满芝麻大的小白点；内脏也有小白点状的病灶，并有腐臭味。腹部严重膨胀，腹腔内积水呈胶水状，或充满气体使腹部膨胀。多数病鱼直肠脱落垂肛。眼球外突，角膜混浊。主要流行于夏秋季节（水温高于 20℃），幼鱼、成鱼均可感染。

(2)防治方法:爱德华氏菌为条件致病菌,防治方法可参考弧菌病。另外,可用甲氧苄氨嘧啶(TMP)加上磺胺嘧啶(SD)合剂(以1+5的配比混合)100 mg/kg饲料,连续投喂3～5天。或每天每千克鱼用四环素药50～70 mg,制成药饵,连续投喂7～10天。

3.巴斯德氏菌病

(1)症状:病原为杀鱼巴斯德氏菌,革兰氏阴性短杆菌。病鱼除体色略发黑外,体表无其他症状。但活动缓慢,食欲不振或不吃食,不久即死亡。心脏、脾脏和肾脏肥大,暗红色,长有许多小白点。流行于春末和夏季,适宜水温为20℃～25℃,盐度突然降低时也易发生。主要危害幼鱼。

(2)防治方法:养殖期间经常换用新水,避免养殖用水富营养化,不投喂腐败变质的饵料。定期用四环素或氨苄青霉素,每天每千克鱼体用药20～50 mg,制成药饵,连续投喂5～7天。

4.链球菌病

(1)症状:病原为一种链球菌,革兰氏阳性。病鱼体色发黑,眼球突出、白浊、充血,鳃盖发红,烂鳃,鳍膜出血,尤其是尾鳍基部往往含有脓血的疖疮或溃疡。心脏白浊、肥厚;肝脏因出血和脂肪变性而褪色;肠道也有严重的炎症。病鱼无食欲、离群、游动缓慢,常静止于网箱底部,但临死时有的做间歇性狂游。该病是目前鰤鱼养殖中的一种流行快、危害大的细菌性疾病。从幼鱼到成鱼,在高温的夏季和水温为20℃左右的秋季,均会发生此病。

(2)防治方法:治疗该病可用盐酸强力霉素的剂量为20～50 mg/kg鱼体重,混入饵料中投喂,每天1次,连续

5～7 天。或用含螺旋霉素 25～40 mg/kg 的药饵投喂，连喂 7～10 天。投喂含 0.05%土霉素或金霉素的药饵，1 周为一疗程。

5. 屈桡杆菌病

(1)症状：病原为柱状屈桡杆菌。鱼体变黑、离群慢游、不摄食、体消瘦。鳃盖、鳃瓣充血发炎，鳃丝末端腐烂缺损，鳃上有污物，黏液增多。一般在水温 15℃以上时开始发病，常见于池塘养殖，死亡率较高。

(2)防治方法：同弧菌一样，屈桡杆菌为条件致病菌。保持水质清新，避免鱼体受伤，是其最好的预防措施。口服氟苯尼考、诺氟沙星等抗生素药饵 1～3 mg/kg 鱼体重，疗程为 3～7 天。用优氯净、消毒灵、等消毒剂 10～20 mg/L 海水加抗生素 20 mg/L，海水增氧浸泡 20～30 分钟，连续 2～3 天。

6. 假单胞菌病

(1)症状：病原为荧光假单胞菌。病鱼表皮有严重炎症，以致鳞片脱落，皮肤褪色、溃疡，鳍条腐烂；病鱼腹腔积水，肠道内充满土黄色黏液。病鱼头部向下，作挣扎游动。全年均有发生，特别是受伤时易感染流行。

(2)防治方法：荧光假单胞菌，也为条件致病菌之一，防治措施同弧菌病。

7. 气单胞菌病

(1)症状：病原为由多种嗜水性气单胞菌等感染发病。病鱼离群独游，鱼体发黑，食欲减退，以至于完全不摄食。肛门红肿，腹部膨大。剖开肠管，肠壁局部充血、发炎，肠内有大量的淡黄色黏液。水温多在 25℃以上时发病。病程短，3～5 天即可大部分死亡。

(2)防治方法：一是高温期控制投饵量，不投喂变质的饲料；二是搞好环境卫生。发病时投喂大蒜素 1～2 g/kg饲料；或口服盐酸黄连素药饵 2～4 g/kg 饲料，疗程为 3～5 天，第一天药量加倍；口服氟苯尼考药饵 2～3 g/kg 饲料，疗程为 3～7 天；复方新诺明加上甲氧苄氨嘧啶(TMP)1～2 g/kg 饲料，第一天药量加倍，连续投喂 3～5 天。

8. 滑走细菌病

(1)症状：病原为滑走细菌。发病鱼种的体侧鳞片脱落，体表或吻端、尾鳍充血以至于糜烂。病重的鱼种，不摄食，不停地绕网箱环游，并把吻端伸出水面，呈"缺氧浮头"状。经 3～7 天后，鱼体间断性翻转，最后衰竭而死亡。

(2)防治方法：严防鱼体受伤，必要时可用适量的抗生素进行药浴，间断性投喂渔用多种维生素和抗生素，以提高苗种的抗病能力。同时，要加强水质管理，不投喂不新鲜饲料，注意饲料投喂量，定期添加抗生素，以减少体表碰伤导致滑走细菌的感染。

用盐酸土霉素、四环素、金霉素等抗生素纯粉剂，每天投喂量为 50～75 mg/kg 鱼体重，连续投喂 10 天。

三、寄生虫性疾病

1. 刺激隐核虫病

(1)症状：病原为刺激隐核虫，也叫海水小瓜虫(图 18-1)，主要寄生在鱼的体表和鳃上。肉眼可见在病鱼体表出现一些白色小点，严重时形成一层浑浊的白膜。病鱼体黑消瘦，黏液增多，呼吸困难，最终因鳃组织毁损窒息而死亡。水温在 20℃以上时开始流行，水温 23℃～27℃时盛发，流行季节为 4～7 月份。寄生于多种养殖鱼

类，从苗种至成鱼都可被侵袭，传播快，死亡率高。水温为 15℃～25℃时可出现流行高峰。

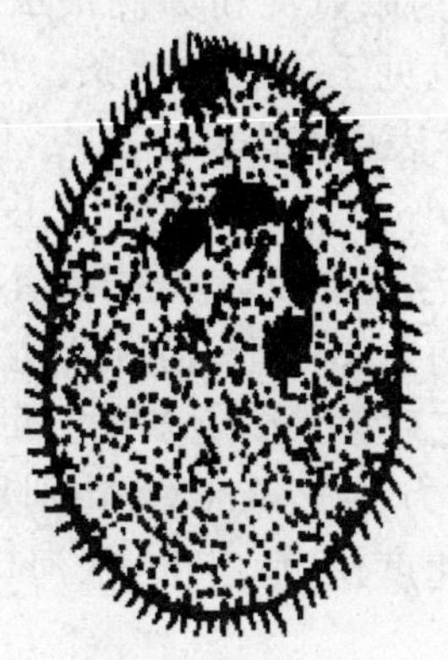

图 18-1　隐核虫(引自孟庆显，1996)

(2)防治方法：保证水流畅通，水质清洁，降低放养密度；发现死鱼及时捞出，不可随意丢弃于水中，以免隐核虫形成包囊进行增殖，增加传染源；严格消毒使用工具，定期用淡水浸洗，预防病原寄生。

第一，根据鱼的耐受程度，用淡水浸泡 5～10 分钟，并辅以抗生素治疗，以防继发性细菌感染。实践证明，对于寄生虫性疾病，应首选淡水浸泡这一既经济、便捷，又安全、可靠的方法。

第二，用福尔马林 200 mL/m^3 海水增氧浸泡 20 分钟。

第三，用硫酸铜 0.4 mg/L 海水浸泡 20 分钟也有疗效。但硫酸铜药性较烈，大黄鱼对其特别敏感，所以，使用时应根据具体情况，加倍小心操作。

第四，灭虫灵 0.5 mL/L 海水，浸泡 3～5 分钟。

2. 淀粉卵涡鞭虫病

(1)症状：病原为眼点淀粉卵涡鞭虫(图 18-2)，主要寄生于鱼的鳃上，也见于体表和鳍条。病症类似于前述的刺激隐核虫病，体表也有许多小白点，但镜检可以发现虫体明显比隐核虫小，且不是寄生在上皮组织内，而是寄生在其表面。病鱼浮于水面，鳃盖开闭不规则，鳃呈灰白色，鳃组织破坏。病鱼不吃食，游泳无力，有时急速越出水面，而后侧卧水底死亡。该病多发于每年 3～10 月份，常见发病水温范围为 18℃～30℃，特别是水体中硝酸盐含量较高时，传播速度快、危害大，在河口低盐地区发病程度较轻。

(2)防治方法：防治方法同刺激隐核虫。

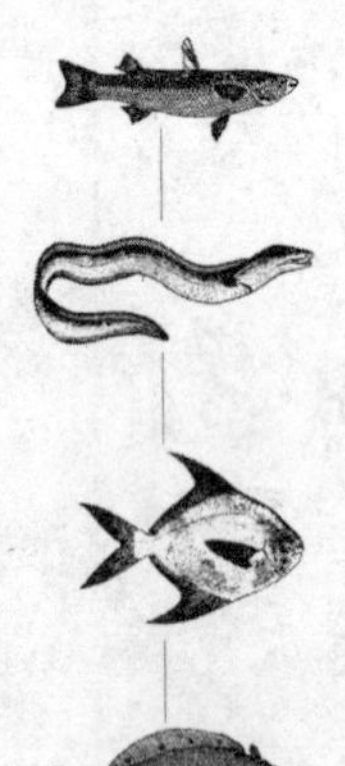

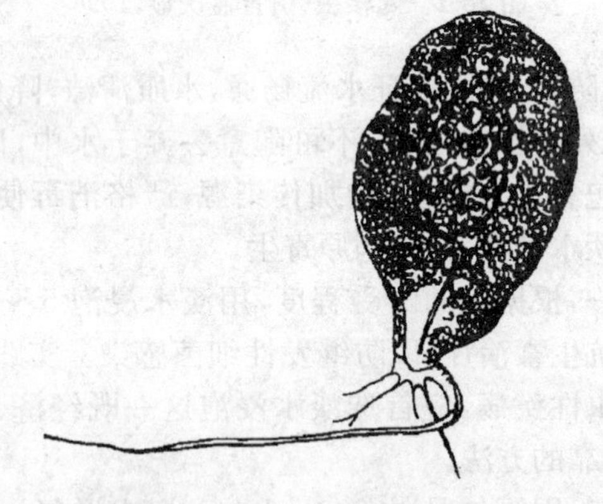

图 18-2　淀粉卵涡鞭虫营养体

(引自俞开康，2000)

3. 车轮虫病

(1)症状：病原为车轮虫属的多个种(图 18-3)，主要寄生在鱼的鳃、体表、鳍上。虫体以附着盘，附着在鳃丝及体表，不断转动。虫体的齿钩，能使鳃的上皮组织脱落、增生、黏液分泌过多。如果寄生数量少时，无明显症状；大量寄生时，则鳃丝黏液大量分泌，直到呼吸机能发生障碍，衰竭而死亡。全年均可发生，高温季节尤甚。主要危害鱼苗和鱼种。

(2)防治方法：同刺激隐核虫的防治方法。

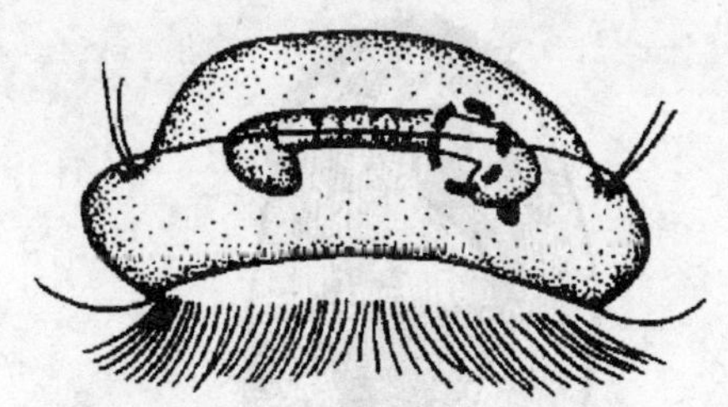

图 18-3　车轮虫(引自俞开康，2000)

4. 瓣体虫病

(1)症状：病原为瓣体虫属的一些种类(图 18-4)，生产上统称纤毛虫，寄生在鱼体的皮肤和鳃上。病鱼分泌大量黏液，鳃盖闭合困难，也叫"开鳃病"。典型症状是在体表形成不规则的白斑，故又称白斑病。病鱼胸鳍从体侧向外伸直，浮于水面，2～3 天内沉到网箱底部死亡，具有较大的隐蔽性，应特别注意观察。主要危害苗种，病程短，蔓延迅速，如不及时进行处理，死亡率可达 90%以上。

(2)防治方法：同刺激隐核虫病的预防方法。

第一，用淡水浸泡病鱼 2～4 分钟，事先在每升淡水中加入 20 mg 抗生素，隔日重复 1 次。

第二，每立方米海水加 200～250 mL 福尔马林，增氧浸泡5～10分钟，有显著疗效。对于操作较难的网箱来说，可将网衣提起至0.5 m，用1 000 mL福尔马林分4次，加海水50倍直接泼洒，前后操作20分钟左右，可收到良好效果。

第三，每升海水用驱虫剂（如鱼药海虫净、纤虫清等）5～10 mg，增氧浸泡5分钟；或灭虫灵0.5 mL浸泡也有疗效。

图18-4 石斑瓣体虫（引自俞开康，2000）

5. 指状拟舟虫病（盾纤毛虫病、嗜腐虫病）

（1）症状：病原为盾纤目嗜污科中的指状拟舟虫（图18-5）和海洋尾丝虫。病鱼食欲不振或不摄食，体色变黑，黏液增多；一些严重感染的鱼体体表、鳍、鳃盖内侧发红出血，有的溃烂。此病多发生于水温15℃～20℃时。

（2）防治方法：用25～30 mg/kg海水的福尔马林全池泼洒，12～24小时后换水，视病情轻重连续用药2～3天；或用150～200 mg/kg海水的福尔马林浸洗1～2小时；或高锰酸钾10 mg/kg海水浸洗7～10分钟。

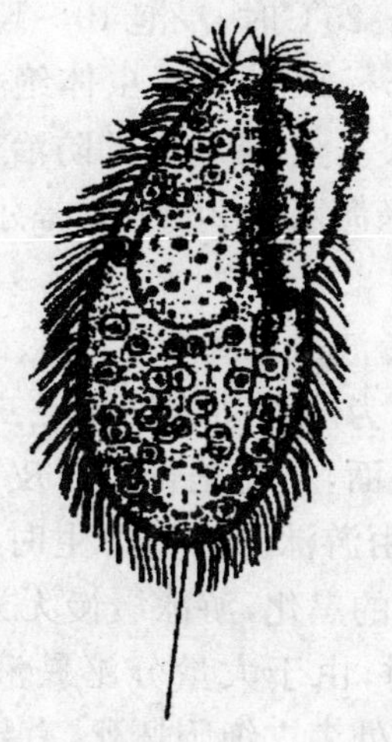

图 18-5　指状拟舟虫（引自雷霁霖，2005）

6. 贝尼登虫病

（1）症状：病原为梅氏新贝尼登虫，寄生在鱼体表、鳍条、眼睛及鳃上。虫体不但吸食宿主的上皮细胞、黏液和血液，其后吸盘大钩还会钩、撕宿主的表皮和肌肉，造成组织损伤。大量寄生时，病鱼皮肤黏液增多，局部呈白斑状，鳞片脱落，肌肉溃疡穿孔，眼球发白，出现烂颌、烂尾、瞎眼等症状。4～11 月份，水温为 13℃～29℃时为主要的流行季节。水流缓慢，水质较肥，且放养密度大的地区，发病程度严重、死亡率高。

（2）防治方法：降低放养密度，适当混养少量的石斑鱼、美国红鱼、虾虎鱼等，可有效地限制贝尼登虫的繁殖；亦可用生石灰等泼洒或挂袋预防。

第一，在每升淡水中加 20 mg 诺氟沙星、氟苯尼考等抗生素浸泡。当水温为 10℃～20℃时，浸泡 15～20 分钟；当水温为20℃～25℃时，浸泡10～15分钟；当水温为25℃以上时，浸泡5～10分钟。虫体绝大部分变白脱落而死亡，这是本病最安全、最有效的防治方法。

第二，每立方米海水加250 mL福尔马林，增氧浸泡20分钟。

7. 口丝虫病(鱼波豆虫病)

(1)症状：病原为一种动物性鞭毛虫，种名未定。该虫可寄生于鱼体表面，主要是寄生于皮肤和鳃的上皮表面，也可在水中自由游泳。少量寄生时，症状不明显，只是体色有一定程度的黑化，游泳缓慢无力，摄食不良。当在体表大量寄生时，由于大量分泌黏液，出现白云状病斑，随病情加重，患处表皮细胞坏死，有出血、浮肿甚至溃疡症状，腹腔内有腹水贮留。寄生于鳃时，可看到鳃的黏液过多。在水温为25℃左右时，对养殖牙鲆危害很大，一旦发病，短时期内可造成大量死亡。

(2)防治方法：预防措施同其他寄生虫。治疗方法可用福尔马林100 mg/kg海水药浴1小时，可杀死此虫。

四、其他病害及防治

1. 气泡病

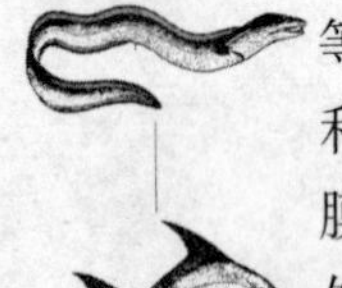

(1)症状：主要症状是在鱼的体内和体表出现大小不等和数目不一的气泡。仔鱼多见于鳍的边缘、皮下组织和卵黄囊，稚鱼多发生在肠道、体腔，幼鱼往往在眼和角膜下、鳃丝或疏松结缔组织中，有的还可出现在血管等处。此病可使鱼漂浮于水面而失掉平衡，严重时导致大量死亡。气泡病是海水中溶入过饱和的氧而引起的。

(2)防治方法：灌注饱和度以下的新水或降低水温。

2. 浮头与泛池

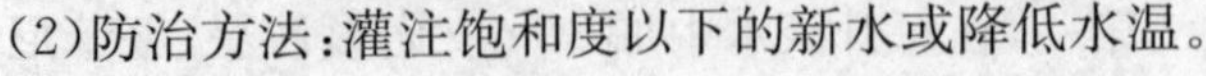

(1)症状:阴雨或闷热天气,在后半夜至凌晨阶段,因水体缺氧,鱼会成群上浮于水面呼吸空气,严重时惊动驱赶也不下沉。若不及时采取措施,便会引起窒息死亡。

造成缺氧的原因有放养密度过大、水流不畅、充气不足、水体富营养化、浮游生物繁殖过度及天气等。

(2)防治方法:在夏季高温季节,特别是异常天气的下午、后半夜开动增氧机增氧;大换水以及平时坚持施用生石灰;保持合理的放养密度等。

3. 白化症

(1)症状:鲆、鲽类人工繁殖过程中经常出现白化现象,原因较为复杂。普遍认为主要原因与饵料营养有关。

(2)防治方法:苗种饲育期投喂部分天然浮游动物,饲料中添加脂溶性维生素 A 等。

4. 畸形

(1)症状:畸形鱼多数为体形弯曲,有的上、下颌缩短或伸长,有的鳃盖不能闭合、鳍弯曲或缩短。发病原因比较复杂,有些尚未被研究清楚。但在胚胎和胚后的发育过程中由于不良环境因素的作用,如水温、溶解氧、重金属、农药或某些化学药物污染,虽未达到致死的浓度,但可使鱼变为畸形;缺乏某些营养物质,也是其原因。

(2)防治方法:人工繁殖期应保持环境因素稳定,保证水源不被污染和营养饵料充足。

5. 营养缺乏症

(1)症状:体表发黑或正常,消瘦,有的眼睛突出,生长缓慢,大部分病鱼均患有脂肪肝综合症。遇到外界刺激,如水质突变、降温、拉网等刺激,则应激能力差,会发生大批死亡。泼洒有刺激性的杀菌剂、杀虫剂,也会导致死亡。营养缺乏症是由饲料单一、营养不全面、缺乏多种维生素等原因引起的。

(2)防治方法:在饲料中定期添加“海水鱼多维”5～10 g/kg 饲料,和“水产专用维生素 C”3 g/kg 饲料,连续投喂,可预防、治疗此病。

附录一　无公害食品　海水养殖用水水质

NY 5052—2001

发布时间:2001 年 9 月 3 日

实施时间:2001 年 10 月 1 日

发布单位:中华人民共和国农业部

1.范围

本标准规定了海水养殖用水水质要求、测定方法、检验规则和结果判定。

本标准适用于海水养殖用水。

2.规范性引用文件(略)

3.要求

海水养殖水质应符合表 1 要求。

表 1　海水养殖水质要求

序号	项目	标准值
1	色、臭、味	海水养殖水体不得有异色、异臭、异味
2	大肠菌群,个/升	≤45 000,供人生食的贝类养殖水质≤500
3	粪大肠菌群,个/升	≤2 000,供人生食的贝类养殖水质≤140
4	汞,毫克/升	≤0.000 2
5	镉,毫克/升	≤0.005
6	铅,毫克/升	≤0.05
7	六价铬,毫克/升	≤0.01

（续表）

序号	项目	标准值
8	总铬,毫克/升	≤0.1
9	砷,毫克/升	≤0.03
10	铜,毫克/升	≤0.01
11	锌,毫克/升	≤0.1
12	硒,毫克/升	≤0.02
13	氰化物,毫克/升	≤0.005
14	挥发性酚,毫克/升	≤0.005
15	石油类,毫克/升	≤0.05
16	六六六,毫克/升	≤0.001
17	滴滴涕,毫克/升	≤0.000 05
18	马拉硫磷,毫克/升	≤0.000 5
19	甲基对硫磷,毫克/升	≤0.000 5
20	乐果,毫克/升	≤0.1
21	多氯联苯,毫克/升	≤0.000 02

4. 测定方法

海水养殖用水水质按表2提供方法进行分析测定。（表2略）

5. 检验规则（略）

6. 结果判定

本标准采用单项判定法，所列指标单项超标，判定为不合格。

附录二　无公害食品　渔用药物使用准则 NY 5071—2002

发布时间:2002 年 7 月 25 日

实施时间:2002 年 9 月 1 日

发布单位:中华人民共和国农业部

1. 范围

本标准规定了渔用药物使用的基本原则、渔用药物的使用方法以及禁用渔药。

本标准适用于水产增养殖中的健康管理及病害控制过程中的渔药使用。

2. 规范性引用文件

下列文件中的条款通过本标准的引用而成为本标准的条款。凡是注日期的引用文件,其随后所有的修改单(不包括勘误的内容)或修订版均不适用于本标准,然而,鼓励根据本标准达成协议的各方研究是否可使用这些文件的最新版本。凡是不注日期的引用文件,其最新版本适用于本标准。

NY 5070 无公害食品水产品中渔药残留限量

NY 5072 无公害食品渔用配合饲料安全限量

3. 术语和定义

下列术语和定义适用于本标准。

3.1 渔用药物 fishery drugs:用以预防、控制和治疗水产动植物的病、虫、害,促进养殖品种健康生长,增强机体抗病能力以及改善养殖水体质量的一切物质,简称"渔药”。

3.2 生物源渔药 biogenic fishery medicines：直接利用生物活体或生物代谢过程中产生的具有生物活性的物质或从生物体提取的物质作为防治水产动物病害的渔药。

3.3 渔用生物制品 fishery biopreparate：应用天然或人工改造的微生物、寄生虫、生物毒素或生物组织及其代谢产物为原材料，采用生物学、分子生物学或生物化学等相关技术制成的，用于预防、诊断和治疗水产动物传染病和其他有关疾病的生物制剂。它的效价或安全性应采用生物学方法检定并有严格的可靠性。

3.4 休药期 withdrawal time：最后停止给药日至水产品作为食品上市出售的最短时间。

4. 渔用药物使用基本原则

4.1 渔用药物的使用应以不危害人类健康和不破坏水域生态环境为基本原则。

4.2 水生动植物增养殖过程中对病虫害的防治，坚持“以防为主，防治结合”。

4.3 渔药的使用应严格遵循国家和有关部门的有关规定，严禁生产、销售和使用未经取得生产许可证、批准文号与没有生产执行标准的渔药。

4.4 积极鼓励研制、生产和使用“三效”（高效、速效、长效）、“三小”（毒性小、副作用小、用量小）的渔药，提倡使用水产专用渔药、生物源渔药和渔用生物制品。

4.5 病害发生时应对症用药，防止滥用渔药与盲目增大用药量或增加用药次数、延长用药时间。

4.6 食用鱼上市前，应有相应的休药期。休药期的长短，应确保上市水产品的药物残留限量符合 NY 5070 要求。

4.7 水产饲料中药物的添加应符合 NY 5072 要求，不得选用国家规定禁止使用的药物或添加剂，也不得在饲料中长期添加抗菌药物。

5. 渔用药物使用方法

各类渔用药物的使用方法见表 1。

表 1　渔用药物使用方法

渔药名称	用途	用法与用量	休药期/天	注意事项
氧化钙（生石灰）calcii oxydum	用于改善池塘环境，清除敌害生物及预防部分细菌性鱼病	带水清塘：200～250 mg/L（虾类：350～400 mg/L）全池泼洒：20～25 mg/L（虾类：15～30 mg/L）		不能与漂白粉、有机氯、重金属盐、有机络合物混用
漂白粉 bleaching powder	用于清塘、改善池塘环境及防治细菌性皮肤病、烂鳃病、出血病	带水清塘：20 mg/L 全池泼洒：1.0～1.5 mg/L	≥5	1. 勿用金属容器盛装。2. 勿与酸、铵盐、生石灰混用
二氯异氰尿酸钠 sodium dichloroiso-cyanurate	用于清塘及防治细菌性皮肤溃疡病、烂鳃病、出血病	全池泼洒：0.3～0.6 mg/L	≥10	勿用金属容器盛装

（续表）

渔药名称	用途	用法与用量	休药期/天	注意事项
三氯异氰尿酸 trichloroiso-cyanuric acid	用于清塘及防治细菌性皮肤溃疡病、烂鳃病、出血病	全池泼洒：0.2～0.5 mg/L	≥10	1. 勿用金属容器盛装 2. 针对不同的鱼类和水体的 pH，使用量应适当增减
二氧化氯 chlorine dioxide	用于防治细菌性皮肤溃疡病、烂鳃病、出血病	浸浴：20～40 mg/L，5～10 分钟。全池泼洒：0.1～0.2 mg/L，严重时 0.3～0.6 mg/L	≥10	1. 勿用金属容器盛装 2. 勿与其他消毒剂混用
二溴海因	用于防治细菌性和病毒性疾病	全池泼洒：0.2～0.3 mg/L		
氯化钠（食盐）sodium choiride	用于防治细菌、真菌或寄生虫疾病	浸浴 1%～3%，5～20 分钟		
硫酸亚铁（硫酸低铁、绿矾、青矾）ferrous sulphate	用于治疗纤毛虫、鞭毛虫等寄生性原虫病	全池泼洒：0.2 mg/L（与硫酸铜合用）		1. 治疗寄生性原虫病时需与硫酸铜合用 2. 乌鳢慎用

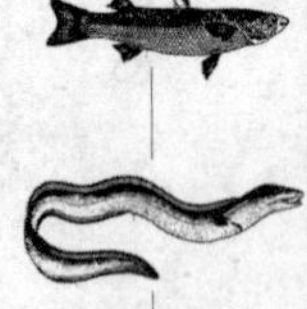

（续表）

渔药名称	用途	用法与用量	休药期/天	注意事项
硫酸铜（蓝矾、胆矾、石矾）copper sulfate	用于治疗纤毛虫、鞭毛虫等寄生性原虫病	浸浴：8 mg/L（海水鱼类：8～10 mg/L），15～30分钟 全池泼洒：0.5～0.7 mg/L（海水鱼类：0.7～1.0 mg/L）		1. 常与硫酸亚铁合用 2. 广东鲂慎用 3. 勿用金属容器盛装 4. 使用后注意池塘增氧 5. 不宜用于治疗小瓜虫病
高锰酸钾（锰酸钾、灰锰氧、锰强灰）potassium permanganate	用于杀灭锚头鳋	浸浴：10～20 mg/L，15～30分钟 全池泼洒：4～7 mg/L		1. 水中有机物含量高时药效降低 2. 不宜在强烈阳光下使用
四烷基季铵盐络合碘（季铵盐含量为50%）	对病毒、细菌、纤毛虫、藻类有杀灭作用	全池泼洒：0.3 mg/L（虾类相同）		1. 勿与碱性物质同时使用 2. 勿与阴性离子表面活性剂混用 3. 使用后注意池塘增氧 4. 勿用金属容器盛装

(续表)

渔药名称	用途	用法与用量	休药期/天	注意事项
大蒜 crow's treacle, garlic	用于防治细菌性肠炎	拌饵投喂:10～30 g/kg 体重,连用 4～6 天(海水鱼类相同)		
大蒜素粉(含大蒜素10%)	用于防治细菌性肠炎	0.2 g/kg 体重,连用 4～6 天(海水鱼类相同)		
大黄 medicinal rhubarb	用于防治细菌性肠炎	全池泼洒:2.5～4.0 mg/L(海水鱼类相同) 拌饵投喂:5～10 g/kg 体重,连用 4～6 天(海水鱼类相同)		投喂时常与黄岑、黄柏合用(三者比例为5∶2∶3)
黄芩 raikai skullcap	用于防治细菌性肠炎、烂鳃、赤皮、出血病	拌饵投喂:2～4 g/kg 体重,连用 4～6 天(海水鱼类相同)		投喂时需与大黄、黄柏合用(三者比例为2∶5∶3)。

（续表）

渔药名称	用途	用法与用量	休药期/天	注意事项
黄柏 amur-corktree	用于防治细菌性肠炎、出血	拌饵投喂：3～6 g/kg 体重，连用 4～6 天(海水鱼类相同)		投喂时需与大黄、黄芩合用(三者比例为 3∶5∶2)。
五倍子 chinese sumac	用于防治细菌性烂鳃、赤皮、白皮、疖疮	全池泼洒：2～4 mg/L(海水鱼类相同)		
穿心莲 common andrographis	用于防治细菌性肠炎、烂鳃、赤皮	全池泼洒：15～20 mg/L； 拌饵投喂：10～20 g/kg 体重，连用 4～6 天		
苦参 lightyellow sophora	用于防治细菌性肠炎、竖鳞	全池泼洒：1.0～1.5 mg/L 拌饵投喂：1～2 g/kg 体重，连用 4～6 天		

（续表）

渔药名称	用途	用法与用量	休药期/天	注意事项
土霉素 oxytetracycline	用于治疗肠炎病、弧菌病	拌饵投喂：50～80 mg/kg体重，连用4～6天（海水鱼类相同，虾类：50～80 mg/kg体重，连用5～10天）	≥30（鳗鲡） ≥21（鲶鱼）	勿与铝、镁离子及卤素、碳酸氢钠、凝胶合用
噁喹酸 oxolinic acid	用于防治细菌性肠炎病、赤鳍病，香鱼、对虾弧菌病，鲈鱼结节病，鲱鱼疖疮病	拌饵投喂：10～30 mg/kg体重，连用5～7天（海水鱼类：1～20 mg/kg体重；对虾：6～60 mg/kg体重，连用5天）	≥25（鳗鲡） ≥21（鲤鱼、香鱼） ≥16（其他鱼类）	用药量视不同的疾病有所增减
磺胺嘧啶（磺胺哒嗪）sulfadiazine	用于治疗鲤科鱼类的赤皮病、肠炎病，海水鱼链球菌病	拌饵投喂：100 mg/kg体重，连用5天（海水鱼类相同）		1. 与甲氧苄氨嘧啶（TMP）同用，可产生增效作用 2. 第一天药量加倍

（续表）

渔药名称	用途	用法与用量	休药期/天	注意事项
磺胺甲噁唑（新诺明、新明磺）sulfamethoxazole	用于治疗鲤科鱼类的肠炎病	拌饵投喂：100 mg/kg 体重，连用 5～7 天	≥30	1. 不能与酸性药物同用 2. 与甲氧苄氨嘧啶（TMP）同用，可产生增效作用 3. 第一天药量加倍
聚维酮碘（聚乙烯吡咯烷酮碘、皮维碘、PVP－1、伏碘）（有效碘 1.0%）povidone－iodine	用于防治细菌性烂鳃病、弧菌病、鳗鲡红头病。并可用于预防病毒病：如草鱼出血病、传染性胰腺坏死病、传染性造血组织坏死病、病毒性出血败血症	全池泼洒：海、淡水幼鱼、幼虾：0.2～0.5 mg/L，海、淡水成鱼、成虾：1～2 mg/L；鳗鲡：2～4 mg/L。浸浴：草鱼种：30 mg/L，15～20 分钟；鱼卵：30～50 mg/L（海水鱼卵：25～30 mg/L），5～15 分钟		1. 勿与金属物品接触 2. 勿与季铵盐类消毒剂直接混合使用

（续表）

渔药名称	用途	用法与用量	休药期/天	注意事项
氟苯尼考 florfenicol	用于治疗鳗鲡爱德华氏病、赤鳍病	拌饵投喂：10.0 mg/kg体重，连用4～6天	≥7(鳗鲡)	
磺胺间甲氧嘧啶（制菌磺、磺胺—6—甲氧嘧啶）sulfamonomethoxine	用于治疗鲤科鱼类的竖鳞病、赤皮病及弧菌病	拌饵投喂：50～100 mg/kg体重，连用4～6天	≥37(鳗鲡)	1. 与甲氧苄氨嘧啶(TMP)同用，可产生增效作用 2. 第一天药量加倍
注1：用法与用量栏未标明海水鱼类与虾类的均适用于淡水鱼类				
注2：休药期为强制性				

6. 禁用渔药

严禁使用高毒、高残留或具有三致毒性（致癌、致畸、致突变）的渔药。严禁使用对水域环境有严重破坏而又难以修复的渔药，严禁直接向养殖水域泼洒抗菌素，严禁将新近开发的人用新药作为渔药的主要或次要成分。禁用渔药见表2。

表2　禁用渔药

药物名称	化学名称（组成）	别名
地虫硫磷 fonofos	O-2基-S-苯基二硫代磷酸乙酯	大风雷
六六六 BHC(HCH) benzem, bexachloridge	1,2,3,4,5,6-六氯环已烷	
毒杀芬 camphechlor (ISO)	八氯莰烯	氯化莰烯

（续表）

药物名称	化学名称(组成)	别名
林丹 lindane，gammaxare，gamma－BHCgamma－HCH	γ-1,2,3,4,5,6-六氯环已烷	丙体六六六
滴滴涕 DDT	2,2-双(对氯苯基)-1,1,1-三氯乙烷	
甘汞 calomel	二氯化汞	
硝酸亚汞 mercurousnitrate	硝酸亚汞	
醋酸汞 mercuricacetate	醋酸汞	
呋喃丹 carbofuran	2,3-氢-2,2-二甲基-7-苯并呋喃-甲基氨基甲酸酯	克百威、大扶农
杀虫脒 chlordimeform	N-(2－甲基-4-氯苯基)N',N'-二甲基甲脒盐酸盐	克死螨
双甲脒 anitraz	1,5-双-(2,4-二甲基苯基)-3-甲基1,3,5-三氮戊二烯-1,4	二甲苯胺脒
氟氯氰菊酯 flucythrinate	(R,S)-α-氰基-3-苯氧苄基-(R,S)-2-(4-二氟甲氧基)-3-甲基丁酸酯	保好江乌 氟氰菊酯
五氯酚钠 PCP－Na	五氯酚钠	
孔雀石绿 malachitegreen	C23H25CIN2	碱性绿、盐基块绿、孔雀绿
锥虫胂胺 tryparsamide		
酒石酸锑钾 antimonyl potassium tarttate	酒石酸锑钾	

(续表)

药物名称	化学名称(组成)	别名
磺胺噻唑 sulfathiazolumST,norsultazo	2-(对氨基苯碘酰胺)-噻唑	消治龙
磺胺脒 sulfaguanidine	N1一脒基磺胺	磺胺胍
呋喃西林 furacillinum,nitrofurazone	5-硝基呋喃醛缩氨基脲	呋喃新
呋喃唑酮 furazolidonum,nifulidone	3-(5-硝基糠叉胺基)-2-噁唑烷酮	痢特灵
呋喃那斯 furanace,nifurpirinol	6-羟甲基-2-[-5 硝基-2-呋喃基乙烯基]吡啶	P—7138(实验名)
氯霉素(包括其盐、酯及制剂)cbloram-Phennicol	由委内瑞拉链霉素产生或合成法制成	
红霉素 erythromycin	属微生物合成,是 Streptomyceseyythreus 产生的抗生素	
杆菌肽锌 zincbacitracinpremin	由枯草杆菌 Bacillussubtilis 或 B. 1eicheniformis 所产生的抗生素,为一含有噻唑环的多肽化合物	枯草菌肽
泰乐菌素 tylosin	S. fradiae 所产生的抗生素	
环丙沙星 ciprofloxacin(CIPRO)	为合成的第三代喹诺酮类抗菌药,常用盐酸盐水合物	环丙氟哌酸
阿伏帕星 avoparcin	阿伏霉素	
喹乙醇 olaquindox	喹乙醇	喹酰胺醇羟乙喹氧

(续表)

药物名称	化学名称(组成)	别名
速达肥 fenbendazole	5-苯硫基-2-苯并咪唑	苯硫哒唑氨甲基甲酯
己烯雌酚(包括雌二醇等其他类似合成等雌性激素) diethylstilbestrol, stilbestrol	人工合成的非甾体雌激素	己烯雌酚,人造求偶素
甲基睾丸酮(包括丙酸睾丸素、去氢甲睾酮以及同化物等雄性激素) methyltestosterone, metandren	睾丸素 C17 的甲基衍生物	甲睾酮甲基睾酮

参考文献

[1] 张春霖,等.黄渤海鱼类调查报告[M].北京:科学出版社,1955

[2] 张仁斋,陆穗芬,等.中国近海鱼卵与仔鱼[M].上海:上海科学技术出版社,1985

[3] 成庆泰,郑葆珊.中国鱼类系统检索[M].北京:科学出版社,1987

[4] 苏锦祥,李春生.中国动物志[M].北京:科学出版社,2002

[5] 朱元鼎,张春霖,等.东海鱼类志[M].北京:科学出版社,1963

[6] 孟庆显.海水养殖动物病害学[M].北京:中国农业出版社,1996

[7] 俞开康,等.海水养殖病害诊断与防治手册[M].上海:上海科学技术出版社,2000

[8] 李鲁晶,陈大刚,等. 工厂化鱼虾蟹育苗技术[M]. 北京:中国农业出版社,2003
[9] 居礼,王玉堂,等. 海水鱼类集约化养殖技术[M]. 北京:海洋出版社,2004
[10] 雷霁霖. 海水鱼类养殖理论与技术[M]. 北京:中国农业出版社,2005
[11] 童裳亮. 鱼类生理学[M]. 北京:科学出版社,1988
[12] 苏锦祥. 鱼类学与海水鱼类养殖[M]. 北京:中国农业出版社,2000
[13] 陆忠康. 简明中国水产养殖百科全书[M]. 北京:中国农业出版社,2001
[14] 谢忠明. 鲽鳎鱼养殖技术[M]. 北京:金盾出版社,2004
[15] 谢忠明. 大黄鱼养殖技术[M]. 北京:金盾出版社,2004
[16] 福建省科学技术厅. 大黄鱼养殖[M]. 北京:海洋出版社,2004
[17] 王涵生,方琼珊,郑乐云. 赤点石斑鱼仔稚幼鱼的形态发育和生长[J]. 上海水产大学学报,2001(4):307-312
[18] 刘家富. 人工育苗条件下的大黄鱼胚胎发育及其仔、稚鱼形态特征与生态的研究[J]. 现代渔业信息,1999(7):20-24
[19] 丁永良,曲善庆. 回眸工业化养鱼 30 年[J]. 现代渔业信息,2003(1):9-14
[20] 姜言伟,等. 渤海半滑舌鳎早期形态及发育特征的研究[J]. 海洋水产研究,1988(9):193-201
[21] 王开顺,等. 圆斑星鲽胚胎及仔鱼发育的观察[J]. 中

国水产科学,2003(6):451-456

[22] 郑惠东.圆斑星鲽的人工繁殖及育苗技术[J].福建水产,2003(3):15-17

[23] 柳学周,庄志猛,马爱军,等。半滑舌鳎繁殖生物学及繁殖技术研究[J].海洋水产研究,2005(5):7-14

[24] 郑镇安,等.鲈鱼人工繁殖及育苗研究[C]//两岸水产养殖学术研讨会论文集.台湾水产试验所印行,1993:177-183

[25] 林丹军,张建,等.大黄鱼的人工繁殖研究[J].福建师范大学学报(自然科学版),1991(3):71-79

[26] 沙学绅.大黄鱼卵子和仔、稚鱼的形态特征[J].海洋科学集刊,1962(2):31-49

[27] 陈昌生,黄佳明鸣,何华武,等.高体鰤胚胎及仔稚幼鱼的形态观察[J].中国水产科学,1998(1):25-29

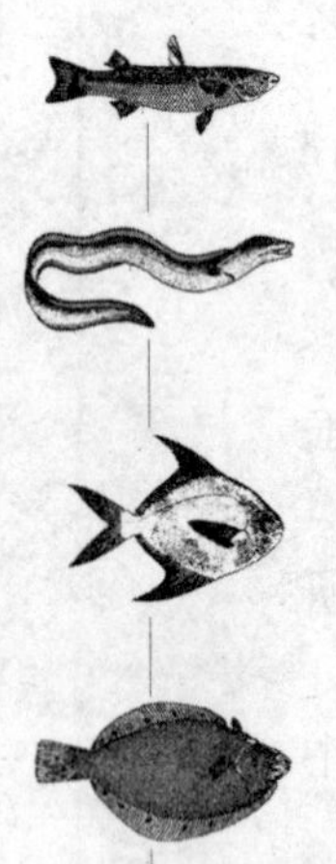